青少年信息学奥林匹克竞赛实战辅导丛书

程序设计与应用

（中学·Pascal）

丛书主编　沈　军　李立新　王晓敏
本册主编　林厚从　朱学兴　杨志军　谢志峰

东南大学出版社
·南京·

内 容 提 要

　　程序设计涉及语言、环境和应用三个方面，学习程序设计的关键在于培养融合这三个方面的系统化思维方法。针对起步阶段的中小学学生，如何利用有限的课外时间，在短时间内达到较好的效果，是值得思考的问题。本书按照认知的规律，第1章首先认识计算机及利用其工作的基本方法。第2章到第7章以 FreePascal 语言为例介绍计算机编程语言的相关知识及其基本应用。在此基础上，第8章和第9章结合大量实例介绍基本的数据结构、基础算法及其应用，突出实战训练特点。第10章给出一套全国青少年信息学奥林匹克分区联赛（NOIP）的初赛及复赛模拟试题（含答案和具体分析），以检测学习的效果。附录部分详细总结了 FreePascal 语言编程的相关知识及其开发环境的使用和调试技巧。由此，实现程序设计系统化思维方法的训练。

　　本书主要面向广大中小学生学习程序设计的教学和训练需求，同时也非常适合普通高等学校本科以及专科学生学习程序设计课程的教学和学习参考用书。对一般的程序设计爱好者，本书也具有重要的参考价值。

图书在版编目(CIP)数据

程序设计与应用（中学·Pascal）/林厚从主编 . —南京：东南大学出版社，2010.1(2016.4 重印)

（青少年信息学奥林匹克竞赛实战辅导丛书）

ISBN 978－7－5641－1853－2

Ⅰ.程…　Ⅱ.林…　Ⅲ.Pascal 语言－程序设计－青少年读物　Ⅳ.TP312

中国版本图书馆 CIP 数据核字(2009)第 163775 号

程序设计与应用(中学·Pascal)

责任编辑	张　煦
责任印制	张文礼
出版发行	东南大学出版社
出 版 人	江建中
社　　址	江苏省南京市玄武区四牌楼 2 号
邮　　编	210096
经　　销	江苏省新华书店
印　　刷	南京玉河印刷厂
排　　版	锦虹图文
开　　本	787 mm×1092 mm　1/16
印　　张	20
字　　数	512 千字
书　　号	ISBN 978－7－5641－1853－2
版　　次	2010 年 1 月第 1 版
印　　次	2016 年 4 月第 7 次印刷
印　　数	15501—17500 册
定　　价	40.00 元

（凡有印装质量问题，请与我社读者服务部联系。电话:025－83792328）

丛书序

得益于计算机工具的特殊结构,以计算机技术为核心的信息技术现在已在整个社会发展中起到了极其重要的作用。同时,由于信息技术的本质在于不断创新,因而人们将 21 世纪称为信息世纪。根据人类生理特征,青少年时期正处于思维活跃、充满各种幻想的黄金年代,孕育着创新的种子和潜能。长期的实践活动告诉我们,青少年信息学奥林匹克竞赛可以让广大的青少年淋漓尽致地展现其思维的火花,享受创新带来的美感。因此,该项活动得到了全国各地广大青少年朋友的喜爱,越来越多的青少年朋友怀着浓厚的兴趣加入到这项活动中来。

从本质上看,计算机科学是一种思维学科,正确的思维训练可以播种持续创新的优良种子。相对于其他学科的竞赛,信息学竞赛覆盖知识面更为宽广,涉及了数学、数据结构、算法、计算几何、人工智能等相关的专业知识。如何在短时间内有效地掌握这些知识的主体,并能灵活地应用其解决实际问题,显然是一个值得认真思考的问题。

知识学习与知识应用基于两种不同的思维策略,尽管这两种策略的统一本质上依赖于选手自身的领悟,但是如何建立两种策略之间的桥梁、快速地促进选手自身的领悟,显然是教材以及由其延伸的教学设计与实施过程所应考虑的因素。竞赛训练有别于常规的教学,要在一定的时间内取得良好的效果,需要有一定的技术方法,而不应拘泥于规范。从学习的本质看,各种显性知识的学习是相对容易的。或者说,只要时间允许,总是可以消化和理解的。然而,隐性知识的学习和掌握却是较难的。由于隐性知识的学习对竞赛和能力的提高起到决定性的作用,因此,仅仅依靠选手自身的感悟,而不能从隐性知识的层面重新组织知识体系,有目的地辅助选手自身的主动建构,显然是不能提高竞赛能力的。基于上述知识,结合多年来开展青少年信息学竞赛活动的经验,我们组织了一批有长期一线教学经验的教练员和专家、教授,编写出版了这套《青少年信息学奥林匹克竞赛实战辅导丛书》。

丛书的主要特点如下:

1. 兼顾广大青少年课外学习时间短暂与知识内容较多的矛盾,考虑我国青少年信息学竞赛的特点和安排,丛书分为四个层次,分别面向日常常规训练、数据结构与数学知识强化、重点专题解析和精选试题解析,既考虑知识体系的系统性及连续训练的特点,又考虑各个层次选手独立训练的需要。

2. 区别于常规的教学模式,丛书中每册书的体系设计以实战需要为核心主线，突出重点，整个体系从逻辑上构成符合某种知识体系学习规律的系统化结构。

3. 围绕实战辅导需求，在解析知识和知识应用关系所蕴涵的递归思维策略的基础上，重构知识点关系，采用抛锚式和支架式并重的教学思路，突出并强化知识和知识应用两者之间的联系。

4. 在显性知识及其关系基础上，强调知识应用模式及其建构的学习方法的教学，注重学习思维和能力的训练，实现知识应用能力和竞赛能力的提高，强化从程序设计及应用的角度来进行训练的特点。

5. 整套丛书的设计，不仅注重竞赛实战的需要，还考虑选手未来的发展，强调计算机程序设计正确思维的训练和培养，以不断建立持续创新的源泉。

值此邓小平同志"计算机的普及要从娃娃抓起"重要讲话发表 25 周年之际，我们期望以此奉献给广大读者朋友一套立意新、选材精、内容丰富的青少年信息学奥赛读本。

本套丛书的编写与出版，得到了东南大学出版社的大力支持，在此表示衷心的感谢！

沈军　李立新　王晓敏
2008 年 12 月

前　言

学习程序设计的关键是方法和思想,尤其是中小学生的起步阶段,教学的重点应该放在培养学生浓厚的编程兴趣、良好的编程习惯和算法思想上,要避免繁杂的概念和次要知识,抓住核心的、主要的知识点。基于此,我们组织了江苏省几位优秀的一线教练员,编写了本册教材。

本书紧密围绕"程序＝算法＋数据结构"这一核心思想,通过大量实例的分析和剖析,让读者充分体会"程序是怎样炼成的"。本书主要内容包括:

第1章讲述程序设计必须掌握的一些基础知识,如二进制思想、计算机系统的组成、计算机编程解题的一般过程以及算法的基本概念、特征、描述和三种基本结构。

第2章到第7章以 FreePascal 语言作为载体,以大量应用实例为主线,讲述程序设计语言的基本语句和语法、基本思想、基本应用。

第8章介绍了程序设计过程中用到的基础算法,如穷举法、递推法、递归法、回溯法、动态规划以及一些专用算法,如查找、排序、高精度运算、进制转换等。

第9章介绍了一些基本的数据结构,如普通线性表、栈、队列、树、图等,重点突出数据结构服务于算法的思想,强调数据结构的具体应用。

第10章给出了一套青少年信息学奥林匹克分区联赛(NOIP)的初赛、复赛模拟试题、具体分析和答案。

附录部分给出了 ASCII 码对照表、FreePascal 的常用运算符、FreePascal 编译和运行过程中的出错信息、FreePascal 的常用过程和函数、FreePascal 的调试技巧等。

同时,每一章节后都精选了大量实战例题,以便读者进一步消化书本内容和检测自己的学习情况。

本书第1～第2章由杨志军编写,第4～第5章由谢志锋编写,第6～第7章由朱学兴编写,第3章、第8～第10章及附录部分由林厚从编写。

由于水平有限,书中难免有不当之处,恳请谅解,也欢迎广大读者批评指正,不胜感激!

编　者
2009 年 8 月

目　　录

第1章　程序设计基础

1.1　二进制

计算机就其本身来说是一种智能化的电器设备，为了能够快速存储、处理、传递信息，其内部采用了大量的电子元器件，而对这些电子元器件而言，电路的通和断、电压的高和低，这两种状态最容易实现、也最稳定，同时也容易实现对电路本身的控制。所以，我们将计算机所能处理的状态用0,1来表示，即用二进制数表示计算机内部的所有运算和操作。

二进制数运算非常简单，其主要法则是：

0+0=0　0+1=1　1+0=1　1+1=0　0*0=0　0*1=0　1*0=0　1*1=1

由于运算简单，用电子元器件很容易实现，所以计算机内部都用二进制编码进行数据的传送和计算。计算机中还用到八进制数和十六进制数，它们都可以与生活中的十进制数相互转换。不同进制数的"基数"各不相同，如表1-1所示。

表1-1　计算机中的常用进制

进　制	基　数	运算规则
二进制	0,1	逢二进一
八进制	0,1,2,3,4,5,6,7	逢八进一
十六进制	0,1,2,…,9,A,B,C,D,E,F	逢十六进一

不同进制数由于基数不同造成了每位上代表的值的大小（"权"）各不相同。如：

$$(219)_{10}=2*10^2+1*10^1+9*10^0$$

$$(11010)_2=1*2^4+1*2^3+0*2^2+1*2^1+0*2^0$$

$$(273)_8=2*8^2+7*8^1+3*8^0$$

$$(27AF)_{16}=2*16^3+7*16^2+10*16^1+15*16^0$$

将十进制数转换为任意进制数的方法是"拆分成整数部分和小数部分分别转换"，整数转换的方法是"除以所定的进制数，取余逆序"。比如把39和245分别转换成二进制和八进制数的过程如图1-1所示。

— 1 —

$$(39)_{10} = (100111)_2 \qquad (245)_{10} = (365)_8$$

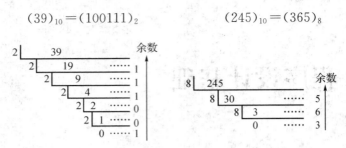

图 1－1　十进制整数转换成其他进制数

十进制小数转换的方法是"将小数部分乘以进制数取整,作为转换后的小数部分,直到为零或精确到小数点后几位"。如 $(0.35)_{10} = (0.01011)_2$,$(0.125)_{10} = (0.001)_2$。

而任意进制数转换成十进制数,只要"按权值展开"即可,如:

$$(219)_{10} = 2 * 10^2 + 1 * 10^1 + 9 * 10^0 = 219$$

$$(11010)_2 = 1 * 2^4 + 1 * 2^3 + 0 * 2^2 + 1 * 2^1 + 0 * 2^0 = 26$$

$$(273)_8 = 2 * 8^2 + 7 * 8^1 + 3 * 8^0 = 187$$

$$(7AF)_{16} = 7 * 16^2 + 10 * 16^1 + 15 * 16^0 = 1967$$

1.2　计算机系统的组成

一个完整的计算机系统包括硬件和软件两大部分。计算机的硬件系统由运算器、控制器、存储器、输入设备和输出设备五部分组成。

1.2.1　运算器

运算器依照程序的指令功能,完成对数据的加工和处理。它能够提供算术运算(加、减、乘、除)和逻辑运算(与、或、非)。

1.2.2　控制器

控制器是计算机的控制中心,按照人们事先给定的指令步骤,统一指挥各部件有条不紊地协调动作。控制器的功能决定了计算机的自动化程度。

运算器和控制器通常做在一块半导体芯片上,称为中央处理器或微处理器,简称为 CPU。

1.2.3　存储器

计算机的存储器分为内存储器(内存)和外存储器(外存)。内存使用半导体材料制造,通过电路和 CPU 相连接。计算机工作时,将用户需要的程序与数据装入内存,CPU 到内存中读取指令与数据;在运算过程中产生的结果,由 CPU 将其写入内存。一旦切断电源,这种可读写内存中的信息将全部丢失。外存储器用来放置需要长期保存的数据,它解决了内存不能断电保存数据的缺点。

1.2.4 输入设备

计算机在与人进行会话、接受人的命令或是接收数据时,需要用到的设备叫做输入设备。常用的输入设备有键盘、鼠标、扫描仪、游戏杆等。

1.2.5 输出设备

输出设备是将计算机处理的结果以人们能够认识的方式输出的设备。常用的输出设备有显示器、音箱、打印机、绘图仪等。

半个世纪以来,计算机已发展成为一个庞大的家族,尽管各种类型计算机在性能、结构、应用等方面存在着差别,但是它们的基本组成结构却是相同的。现在我们所使用的计算机硬件系统的结构一直沿用了由美籍著名数学家冯·诺依曼提出的模型,它由运算器、控制器、存储器、输入设备、输出设备五大功能部件组成。各种各样的信息,通过输入设备,进入计算机的存储器,然后送到运算器,运算完毕把结果送到存储器存储,最后通过输出设备显示出来。整个过程由控制器进行统一控制。计算机的整个工作过程及基本硬件结构如图1-2所示。

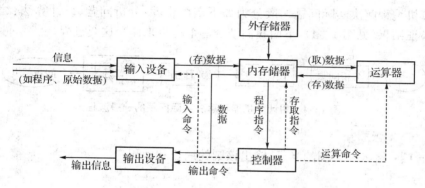

图1-2 计算机的基本结构

随着信息技术的发展,各种各样的信息,如文字、图像、声音等经过编码处理,都可以变成数据。所以,计算机就能够实现多媒体信息的处理,如图1-3所示。

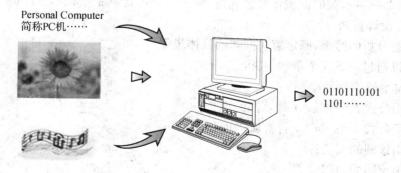

图1-3 计算机处理多媒体信息

软件是支持计算机运行的各种程序以及开发、使用和维护这些程序的各种技术资料的总称。没有软件的计算机硬件系统称为"裸机","裸机"是无法做任何事情的,计算机只有在配备了完善的软件系统之后才有实际的使用价值。因此,软件是计算机与用户之间的一座桥梁,是计算机不可缺少的部分。随着计算机硬件技术的发展,计算机软件也在不断完善。计算机软件分为系统软件和应用软件两大类。用户直接使用的软件通常为应用软件,而应用软件通常是通过系统软件来指挥计算机的硬件完成其功能的。系统软件至少包括操作系统和语言处理系统。操作系统(Operation System,OS)是计算机系统中用于指挥和管理其自身的软件,是硬件的第一级扩充,是软件中最基础的部分,用于支持其他软件的开发和运行。语言处理系统介于应用软件与操作系统之间,它的功能是把用高级语言编写的应用程序翻译成等价的机器语言程序,而具有这种翻译功能的编译或解释程序是在操作系统支持下运行的。实际上我们使用计算机时,并不是直接使用计算机的硬件,与我们直接打交道的是应用软件;然后由应用软件在"幕后"与操作系统打交道,再由操作系统指挥计算机完成相应的工作。

1.3　计算机编程解题的一般过程

用计算机编程解决实际问题一般分为如下四个步骤:分析问题、设计算法、编写程序和运行程序验证结果(见图1-4),下面我们结合一个题目来体会这个过程。

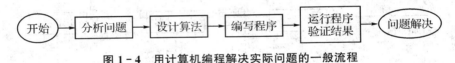

图1-4　用计算机编程解决实际问题的一般流程

【例1-1】　输入一个圆的半径,输出该圆的周长和面积。
【问题分析】
步骤1　分析问题
要编写程序,首先要对问题进行详细的分析,弄清楚已知什么,要求什么,怎么求。
本题已知一个圆的半径 r,要求的是该圆的周长和面积。由数学知识可知,圆的周长计算公式是 $l=2\times\pi\times r$,圆的面积计算公式是 $s=\pi\times r\times r$,其中 $\pi=3.141\,592\,6$。
步骤2　设计算法
根据问题分析的结果,确定解决问题的具体步骤。
本题可以通过以下5个步骤解决:
(1) 从键盘输入圆的半径 r;
(2) 利用公式 $l=2\times\pi\times r$ 计算圆的周长;
(3) 利用公式 $s=\pi\times r\times r$ 计算圆的面积;
(4) 输出该圆的周长;
(5) 输出该圆的面积。
步骤3　编写程序
采用一种程序设计语言将设计的算法实现。本题用 FreePascal 语言实现的代码如下:

```
program yuan(input,output);
const pi=3.1415926;
var r,l,s:real;
begin
    readln(r);
    l:=2*pi*r;
    s:=pi*r*r;
    writeln('l=',l:10:2);
    writeln('s=',s:10:2);
end.
```

步骤 4　运行程序验证结果

将以上程序输入到 FreePascal 的编辑窗口中,保存、调试并运行,然后输入符合题意的不同数据(半径),查看输出的结果是否正确,是否按照题意解决了问题。

比如,输入:

10

输出:

l=　　　62.83

s=　　　314.16

1.4　算法的概念及特征

1.4.1　算法的概念

所谓算法,就是解决一个实际问题的方法和步骤。

在第 1.3 节中,我们根据半径求圆的周长和面积这一问题,采用的是"公式法(解析法)",求解过程共分为 5 个步骤。

算法是程序设计的"灵魂",世界著名计算机科学家 N•Wirth 指出:程序=算法+数据结构,可见,算法在程序设计中具有多么重要的地位。

1.4.2　算法的特征

一般而言,算法具有如下 5 个特征:

(1) 可行性

算法中的每一个操作都应该是计算机可以执行的。程序设计语言就是由一些基本操作(命令)和运算组成的,如输入操作(readln)、输出操作(writeln)、赋值运算(:=)等。

(2) 确定性

算法中的每一步都必须有确切的含义,不能有二义性。如"增加 X 的值",并没有说明增加多少,计算机就无法执行运算。例 1-1 中求圆的面积的公式就很明确。

（3）有穷性

一个算法必须在执行有限次运算或操作后结束。例1-1的算法就只有5个步骤。

（4）输入

算法执行前一般会有若干个输入，但有时也可以没有输入。例1-1中就要输入半径r。

（5）输出

算法执行完毕，至少要有一个输出，据此判断算法的正确性。例1-1中最后输出周长l和面积s的值。

1.5　算法的描述及三种基本结构

1.5.1　算法的描述

算法一般用以下几种方法描述：自然语言、流程图、N-S图、伪代码、程序等。

自然语言就是人们日常使用的语言。用自然语言描述算法虽然比较自然和容易接受，但叙述繁琐冗长，容易出现"二义性"。例1-1中算法设计时采用的就是自然语言。

流程图是用一组几何图形表示计算机中各种类型的操作，在图形上附以扼要的文字和符号说明，并用带有箭头的流线表示操作的先后次序。用流程图描述算法，能够将解决问题的步骤清晰、直观地表示出来。表1-2列出了流程图使用的基本符号及其含义。

表1-2　流程图基本图形及含义

图形符号	名　称	含　义
开始　结束	起止框	表示算法的开始或结束
（平行四边形）	输入框、输出框	表示输入操作或输出操作
（矩形）	处理框	表示一个操作或运算
条件	判断框	用来根据给定的条件是否满足，决定执行两条路径中的某一路径
→ ← ↓ ↑	流线	表示程序执行的路径，箭头代表方向
○	连接圈	表示算法流向的出口连接点或入口连接点，同一对出口与入口的连接圈内，必须标以相同的数字或字母

1.5.2　算法的三种基本结构

任何一个算法都可以转换成以下三种基本结构：顺序结构、分支结构和循环结构。

（1）顺序结构

顺序结构是一种最简单、最基本的控制结构。计算机依次执行所有的操作步骤，不遗漏、不重复。如图 1-5 所示，算法先执行 A，再执行 B，最后执行 C。

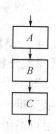

【例 1-2】　给变量 x、y 分别赋值，再交换 x 和 y 的值，最后输出 x 和 y 的值。

图 1-5　顺序结构

【问题分析】

用自然语言描述如下：

① 给 x，y 赋初值，比如 $x\leftarrow 1$，$y\leftarrow 2$；

② 设置一个临时变量 m，将 x 中的数据赋给 m，即 $m\leftarrow x$，则 $m=1$；

③ 将 y 中的数据赋给 x，即 $x\leftarrow y$，则 $x=2$；

④ 将 m 中的数据赋给 y，即 $y\leftarrow m$，则 $y=1$；

⑤ 输出 x，y 的值，即 $x=2$，$y=1$。

用流程图描述如图 1-6 所示：

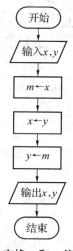

图 1-6　交换 x 和 y 值的流程图

（2）分支结构

分支结构由一个判断条件和两个分支构成，根据判断条件的成立与否，决定执行哪一条分支，如图 1-7(a)所示，条件成立就执行 A，否则执行 B。也可能出现如图 1-7(b)所示的情况，条件不成立时什么也不做。

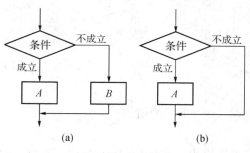

(a)　　　　　　　　　　　　　(b)

图 1-7　分支结构

【例1-3】 输入两个数,输出较大者。

【问题分析】

设置一个变量 max,用于存放较大数。输入 a、b 两个数后,将 a 与 b 进行比较,把较大者送给变量 max,最后输出 max 的值。

用自然语言描述如下:

① 输入 a、b 的值;

② 如果 $a>b$,那么 $max \leftarrow a$,否则 $max \leftarrow b$;

③ 输出 max 的值。

用流程图描述如图1-8所示:

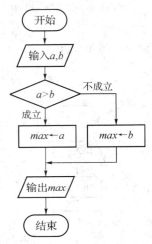

图1-8 求两个数中较大者的流程图

(3) 循环结构

循环结构又称重复结构,目的是将某一条或某一组语句重复执行若干次,其中的"某一条或某一组语句"叫循环体。循环结构一般有两种类型,一是"当型"循环,先判断条件是否成立,如果成立再执行循环体(见图1-9);一是"直到型"循环,先执行循环体,再判断条件是否成立,如果不成立再执行循环体(见图1-10)。其中的"判断条件"称为循环控制条件。

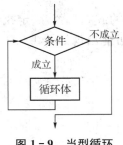

图1-9 当型循环

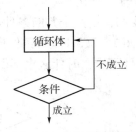

图1-10 直到型循环

【例1-4】 求 $1+2+3+\cdots+100$ 的值。

【问题分析】

本题可以用"解析法"直接算出结果:$(1+100)\times100/2=5\ 050$,但是在计算机中一般采

用循环结构来实现。可以将本题抽象成如下一个生活问题:
假设有一个空箱子,第 1 次向里面放 1 支笔,第 2 次向里面
放 2 支笔,…,第 100 次向里面放 100 支笔,最后统计箱子中
一共有多少支笔。很明显,我们重复做的事是"每次向箱子
中放 i 支笔",i 从 1 到 100。设结果为 sum,那么这一操作可
以抽象成:$sum \leftarrow sum + i$。

　　用自然语言描述如下:

① $sum \leftarrow 0$;

② $i \leftarrow 1$;

③ 如果 $i > 100$,那么转⑥;

④ $sum \leftarrow sum + i$;

⑤ $i \leftarrow i + 1$,转③继续;

⑥ 输出 sum 的值。

用流程图描述如图 1-11 所示:

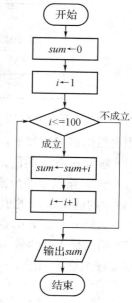

图 1-11　求 1 到 100 和的流程图

1.6　算法的应用举例

【例 1-5】　输入 a、b 两个整数,输出它们的大小关系($>$、$<$、$=$)。

【问题分析】

　　输入 a、b 的值,比较 a 是否大于 b,如果 a 比
b 大则输出"$>$";否则比较 a 是否小于 b,如果 a
比 b 小则输出"$<$";否则输出"$=$"。

　　用自然语言描述如下:

　　(1) 输入 a 和 b 的值;

　　(2) 如果 $a > b$,则输出"$>$"后转(4);

　　(3) 如果 $a < b$,则输出"$<$"后,否则输出
"$=$";

　　(4) 结束。

　　用流程图描述如图 1-12 所示:

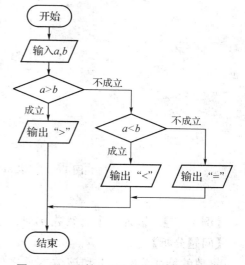

图 1-12　比较 a 和 b 大小关系的流程图

【例 1-6】　输入 m、n 两个自然数,输出它们的最大公约数。

【问题分析】

　　求两个自然数的最大公约数一般采用"辗转相除法"。设有 m、n 两数,求其最大公约数
的步骤是:计算 $m \div n$ 的余数 r,若 $r = 0$,则 n 即为 m 和 n 的最大公约数;若 $r \neq 0$,则把除数 n
作为新的被除数,把余数 r 作为新的除数,继续求 $m \div n$ 的余数,直到余数为 0,此时的除数
即为自然数 m 和 n 的最大公约数。例如 $m = 204$,$n = 85$,求其最大公约数过程如下:

m	n	r
204	85	34
85	34	17
34	17	0

所以 204 与 85 的最大公约数是 17。

用自然语言描述如下：

（1）输入 m 和 n 的值；

（2）求 m 除以 n 的余数 r；

（3）n 的值给 m，r 的值给 n；

（4）如果 r 不等于 0，则转（2）继续；

（5）输出最大公约数 m。

用流程图描述如图 1-13 所示：

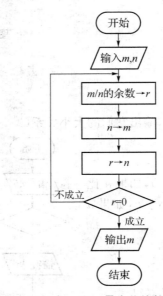

图 1-13 求 m 和 n 最大公约数的流程图

【例 1-7】 输入一个自然数 n，判断它是否为素数（质数）。

【问题分析】

素数的特征为除了 1 和该数本身之外，不能被任何其他整数整除。因此，我们可以用"穷举法"解决本题，即用 $2、3、\cdots、n-1$ 逐个去除 n，如果都除不尽，则 n 必为素数；只要有一个数能除尽，则 n 一定不是素数。

用自然语言描述如下：

（1）输入 n 的值；

（2）设除数为 i，i 的值从 2 变化到 $n-1$；

（3）用 i 去除 n，得到余数为 r；

（4）如果 $r=0$，则表示 n 能被 i 整除，n 不是素数，输出"n 不是素数"，转（7）；否则，表示

n 不能被 i 整除，n 仍可能为素数，则转(5)继续；

(5) 将 i 的值加 1；

(6) 如果 $i \leqslant n-1$，则转(3)继续；否则，表示 n 已被 2 到 $n-1$ 除，且都不能被整除，可以判断 n 必为素数，输出"n 是素数"，转(7)；

(7) 结束。

用流程图描述如图 1-14 所示：

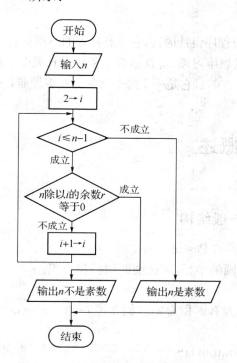

图 1-14　判断 n 是否为素数的流程图

习　题　1

1-1　已知梯形的上底 a、下底 b 和高 h，求梯形的面积。请用自然语言和流程图分别描述求解算法。

1-2　输入 a、b、c 三个整数，输出它们当中的最大数。请用自然语言和流程图分别描述求解算法。

1-3　求 $1+4+7+\cdots+100$ 的和。请用自然语言和流程图分别描述求解算法。

1-4　输入 m、n 两个自然数，输出它们的最小公倍数。请用自然语言和流程图分别描述求解算法。

第 2 章　Pascal 的基本语法

Pascal 语言是一种高级程序设计语言,它具有良好的结构化程序设计特性,有利于培养良好的程序设计风格和严谨的思维习惯,特别适合于程序设计教学。Pascal 具有多种版本,目前竞赛中一般采用 FreePascal 2.0.4,它是一个跨平台的专业编译器,支持现有的所有操作系统。

2.1　Pascal 程序概述

2.1.1　Pascal 程序的一般结构

我们首先来看一个简单的 Pascal 程序。

【例 2-1】　已知一个圆的半径,求该圆的周长和面积。

【问题分析】

设圆的半径为 r,周长为 l,面积为 s,我们知道 $l=2×\pi×r$,$s=\pi×r×r$。

【示范程序】

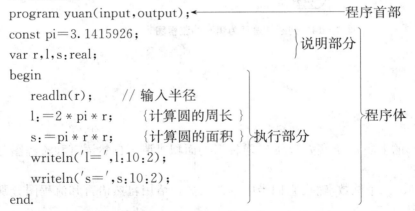

```
program yuan(input,output);          程序首部
const pi=3.1415926;                  说明部分
var r,l,s:real;
begin
    readln(r);      // 输入半径
    l:=2 * pi * r;      {计算圆的周长 }      程序体
    s:=pi * r * r;      {计算圆的面积 } 执行部分
    writeln('l=',l:10:2);
    writeln('s=',s:10:2);
end.
```

可以看到,Pascal 程序由程序首部和程序体组成。

(1) 程序首部

程序首部是程序的开头部分,首先写上 program,表示一个程序开始了。接着给所编写的程序取一个名字,如例 2-1 中的 yuan。在程序名的后面,一般要加上程序参数,如例 2-1 中的"input"、"output",用于程序与外界的联系。最后,写上一个分号表示程序首部的结束。

(2) 程序体

程序体是程序的主体部分,由说明部分和执行部分组成。

说明部分用来定义和说明程序中用到的数据。在程序中用到的所有标号、常量、类型、变量、记录、文件、过程和函数都必须在说明部分说明后才能在程序的执行部分中使用。如例 2-1 中定义的常量"const pi＝3.1415926;"、定义的变量"var r,l,s:real;"。

执行部分是程序的核心部分,以"begin"开头,以"end"结束,其间是一些具体操作的语句,语句之间用";"隔开。整个程序结束后加上一个"."。Pascal 程序允许一行写一条语句,也允许一行写几条语句,甚至允许空行;也可以在程序的任何位置插入注释(用{}或//分隔)以便阅读,注释对程序的执行不起任何作用。

2.1.2　Pascal 程序中的符号

(1) 基本符号

① 26 个英文字母(包括大小写);

② 10 个数字符号(0~9);

③ 其他特殊符号,如＋、－、*、/、＝、＜、＞、[、]、{、}等。

(2) 保留字

保留字又称关键字,是 Pascal 语言中有固定意义的一批英文单词或简写,如 program、var、begin 等。它们都有专门的用途,用于固定的位置,不能作它用。

Pascal 中一共有 36 个保留字,根据作用的不同,分为 6 类。

①程序、函数、过程的起始符号

program、function、procedure

② 说明部分的专用定义符号

array、const、file、label、packed、var、record、set、type、of

③ 语句专用符号

case、do、downto、else、for、goto、if、repeat、then、to、until、while、with、forward

④ 运算符号

and、div、in、mod、not、or

⑤ 分隔符号

begin、end

⑥ 空指针常量

nil

(3) 标识符

标识符是用来说明程序、常量、变量、过程、函数、文件和类型等名称的符号。

在 Windows 操作系统下,标识符以英文字母或下划线开头,后面可以跟英文字母、数字和下划线的任意组合,英文字母不区分大小写。标识符一般分为两大类。

① 标准标识符

标准标识符是 Pascal 中预先定义好的标识符,有固定的含义。一共有 40 个左右的标准标识符,分为 5 大类。

标准常量名:false、true、maxint 等;

标准类型名:boolean、char、integer、real、text 等;

标准文件名:input、output 等;

标准函数名:abs、trunc、odd、ord、round、sqr、sqrt、eof、eoln 等;

标准过程名:get、read、readln、write、writeln 等。

② 自定义标识符

自定义标识符是用户按标识符定义的规则自己定义的,用来给常量、变量、类型、函数、过程和程序命名的。自定义标识符应注意以下几点:不能与保留字同名;不能与标准标识符同名;尽量遵循"见名知义"的原则。

【例 2 - 2】 判断下面的自定义标识符是否正确,错误的请说明原因。

begin、start、third、3th、pi、π、f&j、name_of_school

【问题分析】

错误的标识符	原　　因
begin	与保留字同名
3th	标识符一定要以英文字母或下划线开头
π	不是英文字母、数字、下划线
f&j	标识符中含有非法符号 &

2.2　Pascal 中的数据

数据是指计算机能够识别和处理的数、字符及符号。比如例 2 - 1 中的 3.1415926、pi、r、s、l 等。数据有三个要素:数据类型、数据范围、能参与的运算。在编写程序时必须说明每个数据的类型,所执行的运算必须与数据类型一致,否则编译时会给出错误信息。下面就简要介绍 Pascal 中最常用的几种数据类型。

2.2.1　整型

整型也叫整数类型,包括正整数、负整数和零。整型数只能由正负号和数字组成,不能出现其他字符。

整型数的具体类型和取值范围如表 2 - 1 所示。可用于整型数运算的符号有＋、－、*、div(整除取商)、mod(整除取余)。

表 2 - 1　整型数的分类

名　　称	类型标识符	取值范围
字节型	byte	0～255
短整型	shortint	－128～+127
标准型	integer	－32 768～+32 767
字　　型	word	0～65 535
长整型	longint	－2 147 483 648～+2 147 483 647
64 位长整型	int 64	－9 223 372 036 854 775 808～+9 223 372 036 854 775 807

【例 2 - 3】 计算下列表达式的值。

① 5 div 2

② 5 mod 2

③ 5 div(−2)

④ 5 mod(−2)

⑤ (−5)div 2

⑥ (−5)mod 2

⑦ (−5)div(−2)

⑧ (−5)mod(−2)

【问题分析】

① 5 div 2＝2

② 5 mod 2＝1

③ 5 div(−2)＝−2

④ 5 mod(−2)＝1

⑤ (−5)div 2＝−2

⑥ (−5)mod 2＝−1

⑦ (−5)div(−2)＝2

⑧ (−5)mod(−2)＝−1

其中,对于 a div b 来说,a、b 同号时运算结果为正,异号时运算结果为负;a mod b 运算结果的正负取决于被除数 a。

【例 2 - 4】 设 x 是一个三位正整数,求 x 各位数字之和。如 123 的各位数字之和为 $1+2+3=6$。

【问题分析】

x 的百位数为:x div 100

x 的十位数为:x div 10 mod 10

x 的个位数为:x mod 10

所以,x 的各位数字之和为:x div 100＋x div 10 mod 10＋x mod 10。

2.2.2 实型

实型也叫实数类型,包括正实数、负实数和实数零。有两种方法表示实数:十进制表示法和科学计数法。十进制表示法就是我们日常使用的带小数点的表示方法,如 3.141 592 6;科学计数法就是采用指数形式的表示方法,如 3.4000000000000000E＋0003 表示 3.4×10^3,即 3 400。

Pascal 除支持 real 型实数外,还支持 4 种实数类型:单精度型(single)、双精度型(double)、扩展型(extended)和装配十进制型(comp)。

可用于实数的运算符号有＋、−、*、/。实数运算的结果仍为实数,若整数参与实数运算,Pascal 系统自动将整数转换为实数然后再运算,结果也为实数。

【例 2 - 5】 计算下列表达式的值。

① 4 div 2

② 4/2

③ 5 div 2

④ 5/2

⑤ 4 div 2/2

⑥ 4/2 div 2

【问题分析】

① 4 div 2＝2

② 4/2＝2.0000000000000000E＋000

③ 5 div 2＝2

④ 5/2＝2.5000000000000000E＋000

⑤ 4 div 2/2＝2/2＝1.0000000000000000E＋000

⑥ 因为 4/2＝2.0000000000000000E＋000，实数不能参与 div 运算，所以错误无结果。

2.2.3　字符型

字符型数据就是用一对单引号括起的字符，这些字符来自于 ASCII 码字符集，如：'A'、'1'、'?'等。注意'1'是字符型数据，而 1 是整型数据。在 Pascal 中，字符型的标识符是 char。

字符串型是另一种比较常用的数据类型，它的标识符是 string，最多可以存储 255 个字符。字符串型数据也是用单引号括起的，如'Hello'、'FreePascal'等。

需要注意的是字符型数据是严格分大小写的，如'A'和'a'是不一样的。

【例 2－6】　下面几种情况分别需要使用哪种数据类型表示。

① 统计有多少名学生的成绩大于 90 分；

② 计算圆的周长；

③ 记录学生是否为团员。

【问题分析】

① 学生的人数是整数，用整型表示；

② 圆的周长是实数，用实型表示；

③ 只有两种情况：是或不是，可以用字符型表示，如用"Y"表示是，用"N"表示不是；也可以用两个整数 0 和 1 表示。

2.2.4　布尔型

布尔型也叫逻辑型，用于表示逻辑上的真(true)和假(false)，类型标识符是 boolean。布尔型运算符有 not(非)、and(与)、or(或)，其结果也为布尔型。

表 2－2 是 3 种布尔运算的"真值表"。布尔运算符的运算次序(优先级)为：not→and→or。

表 2－2　布尔运算的真值表

x	y	not x	x and y	x or y
true	true	false	true	true
true	false	false	false	true
false	true	true	false	true
false	false	true	false	false

【例 2－7】　表示语文成绩 x 和数学成绩 y 都大于 90 分。

【问题分析】

因为两个条件都要满足，即 $x>90$ 和 $y>90$ 要同时成立，所以：$(x>90)$ and $(y>90)$。

2.3　Pascal 中的量

计算机中的量分为常量和变量。

2.3.1　常量

常量是指程序中一些具体的数、字符、字符串和布尔值。常量在程序的整个运行过程中值保持不变。常量有四种类型:整型、实型、字符型、布尔型。

说明常量的语法格式是:

const ＜常量标识符＞＝＜常量＞;

例如:const pi＝3.1415926;

给常量命名时要注意:

(1) 常量定义要放在程序的常量说明部分,即程序首部之后,执行部分之前;

(2) 常量必须遵循先定义后使用的原则;

(3) 一个 const 命令可以同时定义几个常量。

【例 2－8】　判断下面的常量定义有哪些错误。

const m＝100;

　　　　n,p＝50;

　　　　s＝100 or 55;

　　　　t:＝true;

　　　　m＝20;

【问题分析】

这一段常量定义的错误有:

① m 定义了两次,应去除一个;

② 若 n,p 都是 50,应该写成 $n＝50;p＝50$;

③ s 不能既表示 100 又表示 55,值必须唯一;

④ t:＝true;不符合语法格式,应写成 t＝true。

2.3.2　变量

变量是指在程序执行过程中,其值可以改变的量。变量也必须先定义后使用。

变量说明的语法格式是:

var ＜变量标识符＞:＜变量类型＞;

例如:var r,l,s:real;

变量有三个要素:变量名、变量类型和变量值。

(1) 变量名

变量名要用一个合法的标识符来表示,要遵循自定义标识符的命名规则。

(2) 变量类型

一个变量只能有一种确定的数据类型。一旦被说明,就决定了该变量的取值范围,也决定了该变量所能进行的运算操作。变量类型可以是标准数据类型,也可以是经过类型说明的类型标识符。

(3) 变量值

变量值在程序运行中才被赋予,可以通过输入语句或赋值语句来实现,并且它的值可以被多次改变。

【例 2 - 9】 判断下面的变量说明中哪些是错误（非法）的。

```
var  x1＝integer;
     x2,x3:real;
     ch1:'A';
     x2:boolean;
```

【问题分析】

这一段变量定义的错误有：

（1）x1＝integer;不符合语法格式，应该写成 x1:integer;

（2）x2 定义了两次，应去掉一个；

（3）ch1 的变量类型不符合要求。

【例 2 - 10】 说明下面程序中用到的常量和变量。

```
program yuan(input,output);
const pi＝3.1415926;
var r,l,s:real;
begin
    readln(r);
    l:＝2 * pi * r;
    s:＝pi * r * r;
    writeln('l=',l:10:2);
    writeln('s=',s:10:2);
end.
```

【问题分析】

pi 是字符型常量，r、l、s 是实型变量。

2.4 Pascal 中的函数

函数可以完成特定的计算功能。一个或多个原始数据，通过函数处理，可以得到一个结果。原始数据称为自变量（或参数），结果称为函数值（或返回值）。每个函数都有一个名称，使用函数就是调用函数名，并将原始数据代入，以求得一个函数值。

调用函数的一般形式为：函数名（参数表）。但是，函数调用不能作为一个单独的语句，而只能出现在表达式中。

函数分为标准函数和自定义函数两种，标准函数是 Pascal 系统中已经存在的函数，可以直接调用。表 2-3 列出了一些 FreePascal 提供的常用标准函数。

表 2 - 3　标准函数

函　数	含　义	自变量类型	函数值类型	举　例
abs(x)	求 x 的绝对值	整型或实型	与 x 相同	abs(-3)$=$3
sqr(x)	求 x 的平方	整型或实型	与 x 相同	sqr(5)$=$25
sqrt(x)	求 x 的平方根	整型或实型	实型	sqrt(100)$=$10.0
frac(x)	求 x 的小数部分	整型或实型	实型	frac(3.01)$=$0.01
int(x)	求 x 的整数部分	整型或实型	整型	int(3.01)$=$3
trunc(x)	求 x 的整数部分	实型	整型	trunc(1.999)$=$1
round(x)	求最接近 x 的整数	实型	整型	round(1.54)$=$2
ord(x)	求 x 的序号	顺序类型	整型	ord('A')$=$65
random(x)	产生 0 到 $x-1$ 之间的随机整数	整型	整型	random(10)为 0 到 9 之间的一个随机整数
chr(x)	求序号为 x 的字符	整型	字符型	chr(48)$=$'0'
pred(x)	求 x 的前趋值	顺序类型	与 x 相同	pred('B')$=$'A'
succ(x)	求 x 的后继值	顺序类型	与 x 相同	succ('A')$=$'B'
odd(x)	判断 x 是否为奇数	整型	布尔型	odd(-8)$=$false

需要说明的是：

（1）trunc(x)是截尾函数，就是截去自变量的小数部分，所以要求自变量为实型，而函数值为整型。

（2）round(x)是舍入函数，就是数学中的四舍五入，它与截尾函数的关系为：

当 $x \geqslant 0$ 时，round(x)$=$trunc($x+0.5$)，trunc(x)$=$round($x-0.5$)；

当 $x < 0$ 时，round(x)$=$trunc($x-0.5$)，trunc(x)$=$round($x+0.5$)。

（3）随机函数 random(x)的自变量可有可无。无自变量时，函数值取[0,1)之间的随机小数；有自变量且为整数类型时，函数值取[0,自变量)之间的随机整数。

（4）chr(x)和 ord(x)构成一对反函数，如 chr(ord('A'))$=$'A'。

（5）pred(x)和 succ(x)构成一对反函数，如 pred(succ(8))$=$8。

（6）ord(true)$=$1；ord(false)$=$0。

（7）frac(x)和 int(x)有如下关系：frac(x)$=$$x-$int($x$)。

【例 2 - 11】　设 x 是一个实数，将 x 的整数部分和小数拆分开，如将 12.34 拆分为 12 和 0.34。

【问题分析】

x 的整数部分为：trunc(x)或 int(x)；而 x 的小数部分为：$x-$trunc(x)或 frac(x)。

—— 19 ——

2.5 Pascal 中的表达式

2.5.1 运算符

Pascal 语言的基本运算符如表 2-4 所示。

表 2-4 运算符

	运算符	操作数类型	结果类型
算术运算	+、−、*	整数或实数	整数或实数
	/	整数或实数	实数
	div、mod	整数	整数
关系运算	=、<>	除文件类型外的各种数据类型	布尔型
	<、>	标准类型、枚举型、子界型	
	<=、>=	标准类型、枚举型、子界型、集合	
	in	顺序类型和集合	
逻辑运算	not、and、or	布尔型	布尔型
集合运算	+、−、*	集合	集合
赋值运算	:=	除文件类型外的各种数据类型	除文件类型外各种数据类型

2.5.2 表达式

在程序中,由运算对象(常量、变量、函数)、运算符和括号按照一定次序组成的有意义的式子称为表达式,它等价于数学中的代数式。

在书写表达式时应该注意以下几点:

(1) 乘号(*)不能省略,例如 a*b 不能写成 ab;

(2) 不允许连续出现两个运算符,例如 a/(−b)不能写成 a/−b;

(3) 表达式中只能使用圆括号"("和")",且必须成对出现;

(4) 代数式转换成表达式,必要时要添加括号,以保证运算顺序的正确。

(5) 表达式要写成一行的形式,如 $\frac{1}{2}$ 要写成 1/2。

【例 2-12】 将下列代数式分别转换为 Pascal 表达式。

(1) $\frac{1}{2}abc$

(2) $a+\dfrac{b}{c+d}$

(3) $\dfrac{1}{n^2}(\dfrac{m}{2})^5$

(4) $y+\sqrt{y^2+1}$

【问题分析】

(1) (1/2)*a*b*c 或 a*b*c/2

(2) a+b/(c+d)

（3）sqr(sqr(m)) * m/(sqr(n) * sqr(sqr(2)) * 2)

（4）y＋sqrt(y * y＋1)

当一个表达式中出现两个以上运算符时,必须规定它们运算的先后次序,即运算的"优先级"。表达式中的运算符优先级定义如下:

（1）同级运算符从左到右运算,不同级运算符按从高到低的顺序运算;

（2）括号内的运算符最先运算;

（3）运算符的高低顺序依次为:

① not

② *　/　div　mod　and

③ ＋　－　or

④ ＜　＜＝　＞　＞＝　＝　＜＞

表达式一般分为算术表达式、关系表达式和逻辑表达式三大类。

（1）算术表达式

通过算术运算符将运算对象连接起来的表达式。

【例 2－13】　写出一个求整数 x 除以 3 的余数的表达式。

【问题分析】

用运算符 mod 来求得两个整数相除的余数,因此表达式为:$x \bmod 3$。

（2）关系表达式

用来对同类型两个数据进行比较的式子,结果为逻辑型。

【例 2－14】　写出分数 x 大于等于 60 分的表达式。

【问题分析】

数学公式中的"≥"转换成表达式时,用"＞＝"表示,因此表达式为:x＞＝60。

（3）逻辑表达式

通过逻辑运算符将一些关系表达式连接起来的复杂表达式。

【例 2－15】　写出某一年份 x 是闰年的表达式。

【问题分析】

判断某一年是否是闰年有两个条件"能被 4 整除但不能被 100 整除"或"能被 400 整除",因此表达式为:$(x \bmod 400＝0)$or$((x \bmod 4＝0)$and$(x \bmod 100＜＞0))$。

习　题　2

2－1　选择题。

（1）下列常量定义中,正确的是(　　　)。

（A）const d＝40 or d＝100

（B）const s:0.5

（C）const s＝2.15

（D）const s:＝(2＞5)

（2）下列变量说明中,不合法的是(　　　)。

（A）var a＝real;

（B）var r:real;

（C）var red:integer;

（D）var s1,s2:integer;

(3) 表达式 35 div 3 mod 4 的值是(　　)。

(A) 0　　　　　　　(B) 2　　　　　　　(C) 3　　　　　　　(D) 6

(4) 表达式 sqrt(abs(−100) ∗ sqr(round(3.7)))的值是(　　)。

(A) 30　　　　　　　(B) 40　　　　　　　(C) 30.0　　　　　　　(D) 40.0

2-2　计算下列表达式的值。

(1) 100/5＋2 ∗ 30

(2) 15/5 ∗ 4

(3) 66 div 7 mod 6

(4) trunc(17/3)

(5) int(17/3)

2-3　把下列代数式转换成 Pascal 表达式。

(1) xy^3

(2) $ax^2 + bx + c$

(3) $\dfrac{n \ast (n+1)}{a+b}$

(4) $\dfrac{\sqrt{s(s-a)(s-b)(s-c)}}{2}$

2-4　找出下列程序中的错误。

(1) program ex1(input,output);

    const x:＝1;

    var x,y:integer;

    begin

        readln(x);

        y:＝x/3;

        writeln(x,y);

    end.

(2) program ex2(input,output);

    var a,b:integer;

    begin

        a:＝1.2;

        b:＝'A';

    end.

2-5　阅读程序,写出运行结果。

(1) program ex3(input,output);

    var x,y:integer;

    begin

        x:＝1;

        y:＝2;

        x:＝x＋y;

        y:＝x−y;

        x:＝x−y;

        writeln(x,'　',y);

    end.

（2）program ex4(input,output)；

　　var a,b,c,m,n:integer；

　　begin

　　　　m:=234；

　　　　a:=m div 100；

　　　　b:=(m div 10) mod 10；

　　　　c:=m mod 10；

　　　　n:=c * 100+b * 10+a；

　　　　writeln(n)；

　　end.

2-6　编程解决以下问题。

（1）输入长方形的长和宽，计算它的周长和面积。

（2）输入 x 的值，分别输出 x^2、x^3、x^4、$x+x^2+x^3$ 的值。

知识拓展　FreePascal 的安装与使用。

（1）FreePascal 的安装过程如图 2-1 所示。

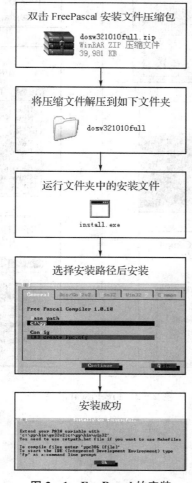

图 2-1　FreePascal 的安装

（2）FreePascal 的使用方法如图 2 - 2 所示。

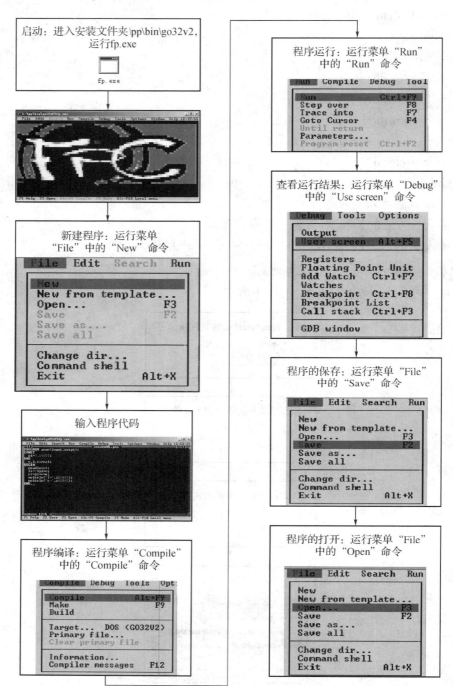

图 2 - 2　FreePascal 的使用

第 3 章　Pascal 的基本语句

计算机程序是指"指示计算机每一步动作"的一组指令。指令通俗地讲就是程序设计语言中的"语句"，了解和掌握每条语句的功能和使用方法，是学习程序设计的基础。程序中的指令不同，或者指令的书写顺序不同，程序的作用就不尽相同。不同的程序设计语言，其指令系统也不完全相同。

一个完整的程序设计过程，一般包括 6 个步骤：提出问题、分析问题、设计算法、编写程序、上机调试、数据测试。

Pascal 语言是一种标准的"结构化程序设计语言"，所有程序的结构都可以分解为 3 种基本结构，即顺序结构、分支结构、循环结构，其基本语句也都是围绕着这三种基本结构设计的。

3.1　顺序结构的程序设计

如图 3-1 所示，从顺序结构的流程图可以看出，使用这种结构的程序是严格按照语句书写的先后顺序执行的，写在前面的语句先执行，写在后面的语句后执行。这是一种最基本、最简单的程序结构。

图 3-1　"顺序结构"的流程图

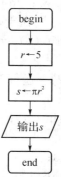

图 3-2　"求圆的面积"的流程图

【例 3-1】　求半径为 5 的圆的面积。

【问题分析】

用计算机语言重新描述一下问题，就是"已知一个圆的半径为 5，输出此圆的面积"，流程图如图 3-2 所示。

【示范程序】

```pascal
program ex3_1;
const pi=3.1415926;
var r,s:real;
begin
    r:=5;
    s:=pi*r*r;
    writeln(s);
end.
```

【程序说明】

(1) 运行程序后,输出 7.853981500000000E+001。

(2) 此程序中涉及的两个主要语句是赋值语句和输出语句。

(3) 赋值语句的功能是给变量赋值。"r:=5;"的作用是把 5 赋给变量 r;"s:=pi*r*r;"的作用是先计算表达式 pi*r*r 的值,再将计算结果赋给变量 s。其中,":="称为"赋值号",它的左边必须是一个变量名,右边是一个表达式。赋值语句具有"计算"的功能,但要注意赋值类型兼容性和范围,比如,把 30 000 赋给一个 integer 类型的变量是可以的,但把 300 000 赋给一个 integer 类型的变量就是不合法的,因为 integer 类型要求数据范围在 −32 768 与 32 767 之间。同样,把 12.5 赋给一个 integer 类型的变量也是不合法的,因为 12.5 是 real 类型;但是,把 12 赋给一个 real 类型的变量是可以的。

(4) 输出语句的功能是输出变量或表达式的值。"writeln(s);"的作用是把变量 s 的值输出到屏幕上。7.853981500000000E + 001 表示 $7.853981500000000 \times 10^1$。同理,−0.0000987在输出时,就是−9.87E−5。本题如果想输出数学表示形式,即 78.539815,则可以利用 writeln 语句的"场宽"来解决,将语句改成"writeln(s:10:6);"即可。其中,":10"表示输出 s 时占据的总位数为 10 位,包括小数点和符号位;":6"表示小数部分保留 6 位,最后一位采取四舍五入法取值。

(5) 除了 writeln 语句,还有一个输出语句是 write 语句。"write(s);"的作用也是输出变量 s 的值,区别在于 writeln 输出完毕后要多输出一个换行符。"writeln(a,b);"等价于"write(a);write(b);writeln;",其中,"writeln;"的作用仅仅是换行。

【例3-2】 运行下面的程序后,屏幕上的输出结果是什么。

```pascal
program ex3_2;
var a,b:integer;
begin
    a:=3;
    b:=a;
    b:=a+1;
    a:=a+1;
    b:=b+1;
    writeln('a=',a,'  b=',b);
end.
```

【程序说明】

(1) 运行程序后,屏幕输出:

a=4 b=5

（2）在一个 writeln 或 write 语句中，若需要同时输出多个变量或表达式的值，则各个"输出项"之间用逗号隔开，例如"writeln('a=',a,'　b=',b);"语句中就有 4 个输出项，其中'a='和'b='为字符串，是按引号中的原样输出。输出项也可以是表达式，此时输出的是整个表达式的值，如"writeln(3∗5−2);"输出 13。

（3）变量通过赋值语句实现值的动态变化，本例中变量值的变化情况如表 3-1 所示。需要注意的是，一个变量定义后但未赋值前，值是一个随机数，而不一定是 0。所以，强烈建议养成一个良好的编程习惯：所有变量在使用前都赋初值。

表 3-1　变量值的变化情况

语　　句	变量 a 的值	变量 b 的值
程序开始前	—	—
执行完 a:=3;	3	—
执行完 b:=a;	3	3
执行完 b:=a+1;	3	4
执行完 a:=a+1;	4	4
执行完 b:=b+1;	4	5

（4）本例中赋值语句"a:=a+1;"的含义是：将变量 a 原来的值取出后加上 1，然后再赋给变量 a。我们通常将赋值语句"a:=a+1;"中的 a 称为"计数器"。与之相类似的将"a:=a+x;"中的 a 称为"累加器"，将"a:=a∗x;"中的 a 称为"累乘器"。

【例 3-3】　运行下面的程序后，屏幕上的输出结果是什么。

```pascal
program ex3_3;
var m:integer;
    ch:char;
    f:boolean;
begin
    m:=1997;
    ch:='?';
    f:=true;
    writeln(m:5);
    writeln(ch:5);
    writeln(f:2);
    writeln('ok!':5);
end.
```

【程序说明】

（1）运行程序后，屏幕输出（□表示一个空格）

□1997

□□□□?

true

□□ok!

— 27 —

(2) 本例中用到的都是"单场宽",如果实际数据场宽超过规定的场宽,则按实输出;如果实际数据场宽小于规定的场宽,则补上"前导空格",即右对齐。

【例 3-4】 运行下面的程序后,屏幕上的输出结果是什么。

```pascal
program ex3_4;
var b:real;
begin
    b:=-1234.345678;
    writeln(b);
    writeln(b:12:8);
    writeln(b:12:2);
    writeln(b:6:8);
    writeln(b:8:2);
    writeln(b:8:4);
    writeln(b:0:0);
    writeln(b:8:0);
end.
```

【程序说明】

运行程序后,屏幕输出:

-1.234345678000000E+003　　{输出浮点数形式}

-1234.34567800　　{共计 12 位,小数部分补到 8 位,总位数超过 12 位,按实输出}

□□□□-1234.35　　{总计 12 位,小数部分 2 位,所以强行将场宽扩展到所需要的位数,前补 4 个空格}

-1234.34567800　　{小数部分 8 位,实际只有 6 位,所以小数后补 2 个 0}

-1234.35

-1234.3457

-1234　　{场宽":0:0"形式表示只输出整数部分,小数部分四舍五入}

□□□-1234　　{场宽":X:0"形式表示将总场宽限制在 X 位,小数部分四舍五入}

【例 3-5】 输入半径 r,输出圆的面积。

【问题分析】

在例 3-1 中,我们学习了"求半径为 5 的圆的面积",如果要求半径是 10、8.3 等其他任意值的圆的面积,该怎么做呢?我们当然不希望每次都到程序中修改赋值语句,这时可以使用 Pascal 中的"读入语句",先阅读下面的程序。

【示范程序】

```pascal
program ex3_5;
const pi=3.1415926;
var r,s:real;
begin
    readln(r);
```

```
        s:=pi * r * r;
        writeln(s:10:2);
    end.
```

【程序说明】

(1) 运行程序,输入:10,输出:314.16;输入:8.3,输出:216.42。

(2) 当程序运行到"readln(r);"语句时,会退出到桌面,等待用户从键盘输入一个数给变量 r。使用 readln 语句时要注意"赋值相容性",即从键盘输入的数的类型必须与程序中定义的该变量类型保持相容。比如,程序中定义了变量的类型为整数,就不能从键盘输入一个实数。但若在程序中定义的变量的类型为实数,是可以从键盘输入一个整数的。

【例 3 - 6】 运行下面的程序后,屏幕上的输出结果是什么。

```
program ex3_6;
var r,s,t,k,m:integer;
begin
    readln(r);
    read(s,t);
    readln(k);
    read(m);
    writeln('r=',r,'s=',s,'t=',t,'k=',k,'m=',m);
end.
```

【程序说明】

(1) 运行程序,输入:

1 2 3

4 5 6 6

7 8 9

输出:

r=1 s=4 t=5 k=6 m=7

(2) "read(m);"与"readln(m);"的区别在于:从键盘读入 m 的值后,光标并不换到下一行。

(3) "read(s,t);"的作用在于:依次读入两个数,分别给 s 和 t。需要注意的是:从键盘输入两个数时,两数之间需要用一个空格隔开,而不是用逗号。

【例 3 - 7】 运行下面的程序后,屏幕上的输出结果是什么。

```
program ex3_7;
var a,b,c,i,k,j,l,m,n:char;
begin
    readln(a,b,c);
    readln(i,k,j,l);
    readln(m,n);
    writeln('a=',a,'b=',b,'c=',c);
    writeln('i=',i,'k=',k,'j=',j,'l=',l);
```

```
        writeln('m=',m,'n=',n);
        readln;
end.
```

【程序说明】

(1) 运行程序,输入:

1 2 3 4 5

6 7 8 9 0

10 20

输出(□表示一个空格):

a=1　b=□　c=2

i=6　k=□　j=7　l=□

m=1　n=0

(2) 因为键盘上的任意一个键都是一个字符,所以,在输入字符型变量的值时一定要注意不要有任何多余的按键,包括空格、回车等。本例中,变量 *b* 的值就是一个空格。

(3) 一般情况下,输入数据的类型、个数、格式都应该按照程序中的要求,最好不要在一个程序中混用 read 和 readln,以免造成输入错误。

(4) 如果把本例中的 3 个 readln 语句都换成 read 语句,则输入 1 2 3 4 5,就会立刻输出:

a=1　　　b=□　c=2

i=□　　　k=3　j=□　l=4

m=□　　n=5

(5) 如果把程序中的所有变量都定义成 integer 类型,则会输出:

a=1　　　b=2　　c=3

i=6　　　k=7　　j=8　l=9

m=10　　n=20

(6) 程序结束之前的语句"readln;"中没有任何输入项,作用是自动停到屏幕,以便看到程序的运行结果,只要按键盘上的任意一个键就可以回到程序的编辑状态。"readln(a,b);"等价于"read(a);read(b);readln;"。

3.2 分支结构的程序设计

在日常生活中经常会遇到两者选其一的情况,比如,如果明天不下雨,学校就组织我们去郊游;否则就组织我们去看电影。在结构化程序设计中,这种情况称为"分支结构",又称为"选择结构"。分支结构是对"给定的条件"判断其是否成立,或者判断其满足哪一种情况,从而在两条或者多条不同的路径中选择其一,进行相应的处理。分支结构是程序的三种基本结构之一。在 Pascal 语言中,分支结构的实现要用到两条语句:if 语句和 case 语句。

3.2.1 简单分支结构

【例 3-8】 从键盘输入一个整数,判断并输出它是奇数还是偶数。

【示范程序】

program ex3_8;

var x:integer;

begin

 write('please input integer x:');

 readln(x);

 if x mod 2=1 then writeln('jishu') else writeln('oushu');

  {如果 x 是奇数,那么输出'jishu',否则输出'oushu'}

end.

【程序说明】

(1) if 语句的格式有以下两种书写形式:

if 布尔表达式 then 语句 1 else 语句 2;

if 布尔表达式 then 语句 1

    else 语句 2;

if 语句的功能是判断"布尔表达式"的真假,如果值为真,那么执行语句 1;否则执行语句 2,对应的流程图如图 3-3 所示。

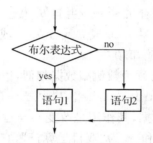

图 3-3   if 语句的流程图

(2) 注意事项:在 if 语句中,语句 1 的后面,else 的前面是没有";"的。

(3) "布尔表达式"是 if 语句的关键,它的值只有 true 和 false 两种情况。一般在布尔表达式中会用到各种关系运算符(大于>,小于<,等于=,大于等于>=,小于等于<=,不等于<>)和逻辑运算符(not,and,or)等。本例中的"x mod 2=1"也可以改成"odd(x)=true",或者直接写成"odd(x)"。odd 是 Pascal 语言提供的一个"标准函数",odd(x)的作用就是判断 x 是不是奇数,是就返回 true,否则返回 false。

(4) 例 3-8 中 if 语句的流程图如图 3-4 所示。

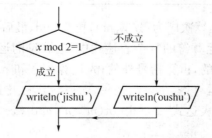

图 3-4   例 3-8 中 if 语句的流程图

【例3-9】 输入3根小木棒的长度，判断能否用它们搭出一个三角形。

【示范程序】

```
program ex3_9;
var a,b,c:integer;
begin
    write('please input integer a,b,c:');
    readln(a,b,c);
    if (a+b>c) and (a+c>b) and (b+c>a) then writeln('ok');
end.
```

【程序说明】

(1) 此处的布尔表达式是一种"逻辑表达式"，"and"表示要同时满足3个条件，即"任意两边之和大于第三边"。由一个或多个"逻辑运算符"将多个类型相容的表达式联结起来的式子，称为"逻辑表达式"。逻辑运算符有三个：not(逻辑非)、and (逻辑与)、or(逻辑或)，它们的基本含义解释如下：

not a　　　　　　　　表示非 a，即不是 a。如 not$(x>y)$表示 $x<=y$。

$(a>0)$ and $(b>0)$　　表示只有 $a>0$ 成立并且 $b>0$ 也成立时，表达式的结果才为 true。

$(a>0)$ or $(b>0)$　　　表示只要 $a>0$ 成立或者 $b>0$ 成立时，表达式的结果就为 true。

(2) 使用逻辑运算符时的注意事项

① 与算术运算的运算对象必须为数值型数据相似，逻辑运算的运算对象必须为布尔型数据，逻辑运算的结果为逻辑值 true 或 false。其中，not 是一个"单目运算符"，它的前面不应再有其他要被运算的布尔型数据，其作用是改变参与运算的布尔型数据的逻辑值，例如：not true 的逻辑值为 false。and 和 or 为"双目运算符"，它们的前后均应有要参与运算的布尔型数据。三种逻辑运算的结果(俗称真值表)如表3-2所示。

表3-2　逻辑运算的真值表

a	b	not a	not b	a and b	a or b
true	true	false	false	true	true
true	false	false	true	false	true
false	true	true	false	false	true
false	false	true	true	false	false

② 三个逻辑运算符的运算次序为：先算 not，再算 and，最后算 or。在一个既有逻辑运算符，又有关系运算符和算术运算符的复杂表达式中，运算符的运算次序(优先级)为：先算括号(Pascal 中只有小括号)内的，再算括号外的；先运算函数和 not，接着运算 ＊、/、div、mod、and，再运算＋、－、or，最后运算>、=、<、>=、<=、<>。例如：$a=$true，$b=$false，$x=7$，$y=12$，$m=3$，$n=35$，则布尔表达式"a and not$(m>n)$ and $(x<y-m)$ or $(a$ or $b)$"的值为 true。

③ 因为运算符优先级的关系，Pascal 语言规定：在进行逻辑运算时，如果操作数本身是一个布尔表达式，则必须用括号将其括起来，否则会造成逻辑上与原意不符。例如：设变量 a

与 b 的值已确定,则表达式 $(a<5)$ and $(b>=0)$ 中的两个操作数 $(a<5)$ 与 $(b>=0)$ 加不加括号,其意义完全不一样。不加括号时,由于 and 运算优先级高于"$<$",此时首先运算的是 5 and b,从而造成匪夷所思的结果。

（3）本例中的 if 语句没有 else 子句,表示条件不成立时什么也不做,对应的流程图如图 3－5 所示。

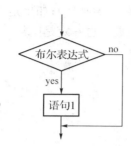

图 3－5　没有 else 子句的 if 语句流程图

【**例 3－10**】　输入 a、b 两个整数,如果 a 大于 b,请交换 a 与 b 的值,最后再输出 a 和 b 的值。

【**示范程序**】

```pascal
program ex3_10;
var a,b,temp:integer;        {temp 是用来交换两个数的临时变量}
begin
    write('please input integer a,b:');
    readln(a,b);
    if a>b then begin        {如果 a>b,那么用以下三个语句交换 a、b 两数}
        temp:=a;
        a:=b;
        b:=temp;
    end;
    writeln('a=',a,'b=',b);
end.
```

【**程序说明**】

程序中出现了如下格式的 if 语句:

if 布尔表达式 then begin

　语句 1;

　语句 2;

　…

end;

其中,"begin…end;"称为复合语句,在此表示当布尔表达式成立时,要执行多条语句来完成一个任务,具体流程图如图 3－6 所示。

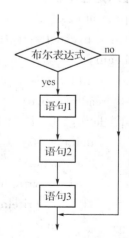

**图 3－6　带有复合语句的
if 语句流程图**

【例 3 - 11】 输入一个年份,判断并输出它是否是闰年。

【问题分析】

先举几个例子,2009 年不是闰年,2008 年是闰年;1900 年不是闰年,2000 年又是闰年。关于闰年的判断,我国民间有句口诀"四年一闰,百年不闰,四百年又闰",含义是如果输入的年份不是 4 的倍数,则一定不是闰年(又称平年);如果是 4 的倍数,还不一定是闰年,必须不能是 100 的倍数;但如果是 400 的倍数则也一定是闰年。

【示范程序】

```pascal
program ex3_11;
var year:integer;
begin
    write('please input year:');
    readln(year);
    if (year mod 4=0) and (year mod 100<>0) or (year mod 400=0)then write('yes')
                                                    else write('no');
    readln;
end.
```

【例 3 - 12】 输入一元二次方程 $ax^2+bx+c=0$ 的三个系数 a、b、c,输出该方程的解;如果无解则输出"no solution"。

【问题分析】

一个一元二次方程是否有解,主要看 b^2-4ac(数学上称为 delta)与 0 的大小关系,如果 delta>0,则有两个不同的解 $\dfrac{-b\pm\sqrt{\text{delta}}}{2a}$;如果 delta=0,则有两个一样的解 $\dfrac{-b+\sqrt{\text{delta}}}{2a}$;如果 delta<0,则无实数解。本例中,我们不区分 delta>0 或 delta=0 这两种情况,而都认为它们有两个解。开平方在 Pascal 语言中用 sqrt 函数实现,比如 sqrt(16)=4。

【示范程序】

```pascal
program ex3_12;
var a,b,c,delta:real;
begin
    write('please input a,b,c:');
    readln(a,b,c);
    delta:=b*b-4*a*c;
    if delta>=0
      then begin
             writeln('x1=',(-b+sqrt(delta))/(2*a):8:2);
             writeln('x2=',(-b-sqrt(delta))/(2*a):8:2);
           end
      else writeln('no solution');
end.
```

3.2.2 分支结构嵌套

if 语句可以轻松地解决两种情况的判断,但是如果程序中有三种甚至更多种情况需要判断和分别处理该怎么办呢? 先看下面的例子。

【例 3-13】 符号函数的求值。符号函数是指判断一个数是正数、负数还是零的函数。即

$$y = \begin{cases} 1 & x > 0 \\ 0 & x = 0 \\ -1 & x < 0 \end{cases}$$

【问题分析】

本题可以分为 3 种情况分别判断和处理,即采用 3 个并列的 if 语句分别判断 3 种情况,参考程序见 ex3_13_1。但如果想用 if…then…else 语句,该怎么做呢? 观察如图 3-7 和图 3-8 所示的流程图。图 3-7 首先是一个大的分支结构,然后在 else 子句后又"套"了一个分支结构(虚线区域内)。图 3-8 首先也是一个大的分支结构,然后在 if 子句后又"套"了一个分支结构(虚线区域内)。这两种情况都称为"分支结构的嵌套",区别在于嵌套的位置不同,一个是嵌套在 else 子句后,一个是嵌套在 if 子句后,参考程序分别见 ex3_13_2、ex3_13_3。

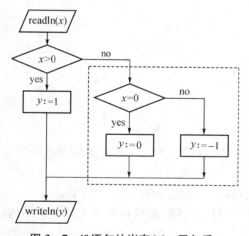

图 3-7 if 语句的嵌套(else 子句后)

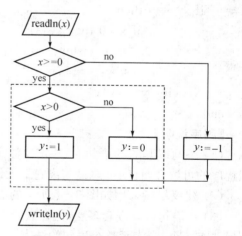

图 3-8 if 语句的嵌套(if 子句后)

【示范程序】

```pascal
program ex3_13_1;
var x,y:integer;
begin
    write('please input x:');
    readln(x);
    if x>0 then y:=1;
    if x=0 then y:=0;
    if x<0 then y:=-1;
    writeln('y=',y);
end.
```

```pascal
program ex3_13_2;
var x,y:integer;
begin
    write('please input x:');
    readln(x);
    if x>0 then y:=1
            else if x=0   then y:=0
                            else y:=-1;
            writeln('y=',y);
end.
```

```pascal
program ex3_13_3;
var x,y:integer;
begin
    write('please input x:');
    readln(x);
    if x>=0 then
            if x>0 then y:=1
                    else y:=0
            else y:=-1;
    writeln('y=',y);
end.
```

【程序说明】

(1) 书写嵌套的 if 语句时,一定要注意 if、then、else 的配对问题,尽量采用缩进格式,增强程序的可读性,且 else 总是与离它最近的前面一个 then 配对。

(2) 建议尽量采用如图 3-7 所示的嵌套格式,即 if 语句嵌套在 else 子句后。

(3) if 语句可以嵌套多层,但在嵌套中,只要没有复合语句,则只有整个大的分支结构结束后才有一个";"表示整个语句的结束。

【例 3-14】 利用 if 语句的嵌套实现例 3-11,即"输入一个年份,判断并输出它是否是闰年"。

【问题分析】

年份是 400 的倍数一定是闰年,如 2000 年。此外,如果年份是 4 的倍数但不是 100 的倍数也是闰年,如 2012 年。

其流程图如图 3-9 所示。

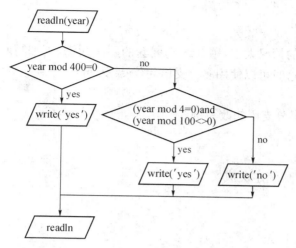

图 3 - 9 用 if 语句的嵌套实现闰年的判断

【示范程序】

```pascal
program ex3_14;
var year:integer;
begin
    write('please input year:');
    readln(year);
    if year mod 400=0
        then write('yes')
        else if(year mod 4=0)and(year mod 100<>0) then write('yes')
                                                  else write('no');
    readln;
end.
```

【例 3 - 15】 输入一个学生成绩 $x(100 \geqslant x \geqslant 0)$,判断该学生的成绩是优秀(excellent, $100 \geqslant x \geqslant 90$)、良好(good,$90 > x \geqslant 80$)、合格(pass,$80 > x \geqslant 60$),还是不合格(poor,$x < 60$)。

【示范程序】

```pascal
program ex3_15;
var x:real;
begin
    write('please input score:');
    readln(x);
    if x>=90 then writeln('excellent')
            else if x>=80 then writeln('good')
                        else if x>=60 then writeln('pass')
                                    else writeln('poor');
end.
```

3.2.3 多分支语句

如果一件事情分的情况太多,用 if 语句嵌套的层次太深,则编写起来比较麻烦,容易出错,可读性也比较差,这时可以使用多分支语句(case 语句)。

【例 3-16】 用多分支语句改写例 3-15。

【示范程序】

```pascal
program ex3_16;
var x:real;        {成绩定义成实数}
    y:integer;
begin
    write('please input score:');
    readln(x);
    y:=trunc(x) div 10;
    case y of       {根据 trunc(x) div 10 的不同值,执行不同的操作}
    10,9:writeln('excellent');      {10,9 称为常数表}
        8:writeln('good');
        7:writeln('normal');
        6:writeln('pass');
    0,1,2,3,4,5:writeln('poor');
    else   writeln('input data error');
    end;
end.
```

【程序说明】

(1) case 语句的格式为:

```
case 分支条件表达式 of
    常数表 1:语句组 1;
    常数表 2:语句组 2;
    常数表 3:语句组 3;
    ……
    常数表 n:语句组 n;
    else      语句组 n+1
end;
```

(2) case 语句的书写关键是"分支条件表达式"的确定,即本例中的 trunc(x) div 10。分支条件表达式的值必须是有序类型(如整型、字符型等),经常会用到 mod、div 这些运算,所以,多分支语句也称为"分情况语句",就是根据分支条件表达式的值,来决定下一步走哪一个分支。本例中共有 6 种情况,具体如图 3-10 所示。

(3) 每个常数表可以只有一个常数,也可以有多个常数,且多个常数之间用逗号隔开,常数之间的先后顺序可以调换。需要注意的是,一个常数只能出现在一个常数表中,即保证不会出现同一个值跳转到多个语句组中的情况。

（4）语句组可以是一条语句，也可以是一个复合语句。

（5）else 子句可以缺省。如果有 else 子句，则 else 和语句组 $n+1$ 之间没有冒号。

（6）Pascal 程序中，任何时候 end 语句之前的一个语句末尾"；"都可以省略。

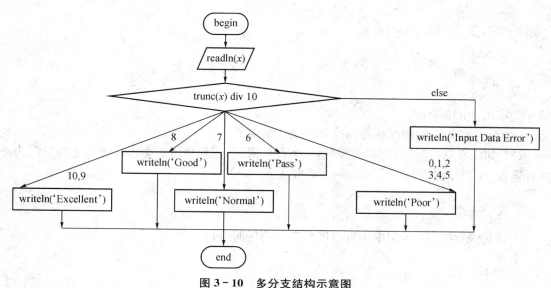

图 3 - 10　多分支结构示意图

【例 3 - 17】　输入两个数值（均不为零）及一个算术运算符，输出其运算的结果。

【问题分析】

考虑到基本的算术运算符只有四种（加＋、减－、乘 * 、除/），为了方便判断，根据输入的算术运算符分四种情况分别进行处理；同时为了提高程序的交互性，增加了对数据输入错误的判断。

【示范程序】

```
program ex3_17;
var x,y,s:real;
    ch    :char;
begin
    writeln('input x & y & ch:');
    readln(x);
    readln(y);
    readln(ch);
    case ch of
        '+':  s:=x+y;
        '-':  s:=x-y;
        '*':  s:=x*y;
        '/':  s:=x/y;
        else  begin writeln('input error');halt;end
    end;
    writeln(x:0:2,ch,y:0:2,'=',s:0:2)
end.
```

【程序说明】

(1) 运行程序,输入:3

     6.1

      *

 输出:3.00 * 6.10＝18.30

 输入:56

   789

   &

 输出:input error

(2) halt 语句表示程序执行到这儿就强行结束了。

(3) 如果没有"运算数均不为零"这个条件的限制,则程序可能会出现做除法时分母为0这种错误,所以要将语句"′/′: s:=x/y"改成:

 ′/′: if y<>0 then s:=x/y

       else begin writeln(′input error′);halt;end

也就是说,在 case 语句中也可以嵌套其他的任何语句。

3.3　循环结构的程序设计

在程序中,经常需要对某一条或某一组语句重复执行多次,这就是"循环"的概念。例如,语句"write(′*′);"可以在屏幕上输出一个*号,如果想要输出 50 个*号,只要把这个语句重复执行 50 遍即可。这种处理模式在程序设计语言中是用"循环结构"来实现的。循环结构是程序的三种基本结构之一,是指当某个条件满足时反复执行某些语句。重复执行的一条或一组语句,称为"循环体"。重复执行的次数一般是由"循环控制条件"决定的。

在 Pascal 语言中,根据循环条件的描述方法不同,循环结构有三种形式:一种是"计数循环",就是使循环体重复执行规定的次数;另一种是"当型循环",就是当条件满足时反复执行循环体;再一种是"直到型循环",就是反复执行循环体直到条件满足时为止。

3.3.1　计数循环(**for/to/do** 语句)

【例 3 - 18】　阅读下列程序。

【示范程序】

```pascal
program ex3_18;
var i:integer;
begin
    writeln('output 10 @');
    for i:=1 to 10 do
        write('@');
    writeln;
end.
```

【程序说明】

（1）本程序的流程图如图 3-11 所示，运行程序后输出@@@@@@@@@@。

（2）语句"for i：=1 to 10 do write('@')；"简称为 for 语句；"i"称为循环变量；"1"称为循环变量 i 的初值；"10"称为循环变量 i 的终值；"write('@')；"称为循环体；for、to、do 是三个保留字。注意"do"的后面没有"；"，只有在整个循环语句结束后才有"；"。整个循环语句的执行过程对应流程图图 3-11 中的虚线区域，具体含义解释如下：

① 给循环变量 i 赋初值 1。

② 当循环变量 i 的当前值小于等于终值 10 时，执行一次循环体"write('@')；"，否则结束循环，执行循环结构后面的语句"writeln；"。

③ 循环变量自动加 1，即 $i：=i+1$。

④ 转②继续。

（3）循环变量的类型必须是有序类型，比如整型、字符型。如果定义循环变量 k 为 real 类型，则语句"for k：=1.5 to 3.5 do writeln(k)；"是非法的。定义循环变量 ch 为 char 类型，则语句"for ch：='a' to 'z' do write(ord(ch)：3)；"是合法的，它的作用是依次输出所有小写字母的 ASCII 码。

（4）编程时要养成"循环体缩进"的书写习惯，提高程序的"可读性"。

（5）循环体也可以是一组语句，此时要采用复合语句"begin…end"的形式。

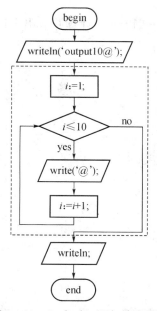

图 3-11　for/to/do 语句的流程图

【例 3-19】　编程找出四位整数 $abcd$ 中满足下述关系的数：$(ab+cd)\times(ab+cd)=abcd$。

【问题分析】

首先，四位整数 $abcd$ 的范围从 1 000 到 9 999，这些数中哪些是满足条件（一个数的高两位数与低两位数和的平方等于该数本身）的，哪些不满足，一开始并不清楚，所以只能逐个去判断。这种方法称为"枚举法"，又称"穷举法"，是用计算机解题的一种最常用的方法，一般用循环结构实现。

现在问题就变成了如何将一个四位整数 *abcd* 的高两位与低两位分离。根据数学知识，将 *abcd* 整除 100 便可得到高两位 *ab*；而将 *abcd* 除以 100 取余数就可得到低两位 *cd*。如 *abcd*＝1234，则 1234 div 100＝12；1234 mod 100＝34。

【示范程序】

```pascal
program ex3_19;
var i,m,n,k:longint;
begin
    for i:=1000 to 9999 do
    begin
        m:=i div 100;
        n:= i mod 100;
        k:=(m+n)*(m+n);
        if k=i then writeln(i);
    end;
    readln;
end.
```

【例 3－20】　从键盘输入 $n(n<1\,000)$，计算并输出 $1+2+3+4+\cdots+n$ 的和。

【示范程序】

```pascal
program ex3_20;
var i,s,n:longint;
begin
    write('input n:');
    readln(n);
    s:=0;
    for i:=1 to n do s:=s+i;
    writeln('1+2+3+...+',n,'=',s);
    readln;
end.
```

【程序说明】

（1）运行程序，输入：10

　　输出：$1+2+3+\cdots+10=55$

（2）本程序由于循环体很简单，所以把整个循环体写在 do 的后面（没有换行）也是可以的。

（3）循环变量的值在循环体中只能"引用"，但决不允许"修改"，如"for i:=1 to n do i:=i+2;"是"非法"语句。因为"计数循环"是指循环体的重复执行次数是事先计算出来的，而"i:=i+2;"破坏了程序的结构，使得循环的次数不确定了。

（4）循环结束后，循环变量的值是 *n* 的后继。一般而言，当 for 循环结束后，它的循环变量就没有任何价值了，最好不要再调用，甚至可以把该变量另作他用。

【例 3－21】　从键盘输入一个整数 $n(1<n<2\,000\,000\,000)$，如果是素数（质数），就输出 "prime"，否则就输出 "no"。

【问题分析】

素数是指除了 1 与它本身以外不能被任何其他整数整除的数。根据此定义，对于 n 而言，只要 2 到 $n-1$ 之间的所有整数都不能整除 n，就可以判定 n 是素数。反之，如果 2 至 $n-1$ 中任意一个整数能整除 n，则 n 不是素数。这样，只需要使用 for 循环，穷举 n 可能的约数，并及时进行判断即可。

【示范程序】

```pascal
program ex3_21_1;
var n,i:longint;
begin
    write('input n:');
    readln(n);
    for i:=2 to n-1 do
        if n mod i=0 then begin
                            writeln('no');
                            halt;
                          end;
    writeln('prime');
end.
```

【程序说明】

（1）运行程序，键盘输入：10，输出：no。

　　　　　键盘输入：23，输出：prime。

（2）由于约数总是成对出现，如 100 的约数有 2 与 50、4 与 25、5 与 20、10 与 10 等，所以本题的循环终值可以优化成 "n div 2"，甚至为 "trunc(sqrt(n))"。

（3）语句 "halt;" 用于强行终止程序的运行。本题中只要找到一个约数，就说明输入的 n 不是素数，因此有必要提前退出程序。在程序的任何地方遇到 halt 语句，都会强行终止程序的执行。类似的语句还有 break、continue、exit。break 是跳出 "本层循环"；continue 是忽略 "本次循环的后继语句"，直接执行 "下次循环"；exit 是退出（子）程序。本题也可以把程序改成如下形式，请读者阅读体会。

```pascal
program ex3_21_2;
var n,i:longint;
    yes:boolean;        {用一个布尔型变量标记一个数是否是素数}
begin
    write('input n:');
    readln(n);
    yes:=true;        {先假设这个数是素数}
    for i:=2 to trunc(sqrt(n)) do
        if n mod i=0 then begin        {找到了一个约数}
```

```
                    yes:=false;        {作"不是素数"的标记}
                    break;        {跳出循环,提前结束判断}
                end;
        if yes=true then writeln('prime')        {判断有没有找到约数}
                else writeln('no');
end.
```

【例 3-22】 阅读下列程序,写出运行结果,体会 downto 的含义。

```
program ex3_22;
var x,y:integer;
begin
    y:=1;
    for x:=5 downto 1 do
        y:=y*x;
    writeln('y=',y);
end.
```

【程序说明】

(1) 运行程序后,输出:$y=120$。

(2) 在 for 循环中,使用"to"关键字时,一般要求初值小于等于终值,否则循环体一次也不执行。也可以使用关键字"downto",这时要求终值小于等于初值,如图 3-12 所示。不论哪种形式,for 循环中循环体执行的次数都是:abs(终值-初值)+1。

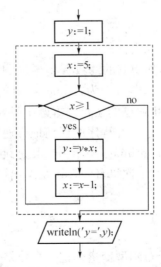

图 3-12 for/downto/do 的流程图

【例 3-23】 输入一个班级中 20 个学生的成绩(整数),输出它们的平均分。

【示范程序】

```
program ex3_23;
var s,i,a:integer;
```

```
begin
    s:=0;      {累加器清 0}
    writeln('input 20 score:');
    for i:=1 to 20 do      {重复执行 20 次}
    begin
        read(a);      {读入一个成绩}
        s:=s+a;      {累加}
    end;
    writeln('average=',s/20:10:2);
end.
```

3.3.2　当型循环(while/do 语句)

【例 3-24】　阅读下列程序,体会 while 循环的含义。

【示范程序】

```
program ex3_24;
var i:integer;
begin
    writeln('output 10 @');
    i:=1;
    while i<=10 do
    begin
        write('@');
        i:=i+1;
    end;
    writeln;
end.
```

【程序说明】

(1) 本题同例 3-18 的作用一样,也是输出 10 个'@'。虚线区域内的程序代码作用等价于语句"for i:=1 to 10 do write('@');"。

(2) 当型循环 while/do 语句的格式为:

while 布尔表达式 do
　　循环体

它的含义和执行过程如图 3-13 所示。

(3) 循环体可以是一条语句,也可以是复合语句。

(4) 与 for/to/do 语句不同的是,while/do 语句中的"循环控制变量"值必须手动更改,如 i:=i+1;否则将造成"死循环"。

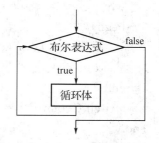

图 3-13　while/do 循环的流程图

【例 3-25】　编程输出 1 到 100 之间的所有奇数。

【示范程序】

```
program ex3_25;
```

```
var x:integer;
begin
    x:=1;
    while x<=100 do
    begin
        write(x:5);
        x:=x+2;
    end;
end.
```

【程序拓展】

(1) 程序中语句"x:=x+2"可以修改成"x:=x+1"吗?为什么?哪种方法更好?

(2) 若本程序改成 for/to/do 语句实现,应该怎么写?

【例 3-26】 从键盘输入若干个字符(以'♯'作为结束),计算输入的字符中字母"a"或"A"出现的次数。

【问题分析】

显然,编写程序时是无法确定循环体执行的次数的,但循环结束的条件很明确,就是"读入的是一个字符'♯'"。据此设计的当型循环算法如下:

① 设一个计数器 count,置初值为 0。

② 输入一个字符。

③ 当该字符为'♯'时转⑤,否则执行循环体:如果字符为"a"或"A"时,计数器加 1。

④ 输入下一个字符,转③。

⑤ 输出计数器的值,结束。

【示范程序】

```
program ex3_26;
var ch:char;
    count:integer;
begin
    count:=0;
    read(ch);
    while ch<>'♯'do
    begin
        if (ch='a') or (ch='A') then count:=count+1;
        read(ch);
    end;
    writeln('count=',count)
end.
```

【例 3-27】 从键盘输入一个正整数 $x(x<2\,000\,000\,000)$,输出它的各位数字之和。

【问题分析】

本题首先遇到的难题是"无法知道输入的数是几位数",其次是"如何分解出一个整数的各位数字"。我们知道,一个整数除以 10 的余数就是这个数的个位数;然后用整除的方法将它缩小 10 倍赋给它本身,继续求出它的个位数;如此重复,当它变为 0 的时候就已经求出了所有位的数字了。同时,在这个过程中对求出的数字不断进行累加即可得各位数字之和。例如,输入的数 x 为 328,累加器 s 初始化为 0,则分解和累加的过程如下:

① x 除以 10 的余数为 8,s 被赋值 8;x 被 10 整除的结果为 32,x 被赋值 32。

② x 除以 10 的余数为 2,s 被赋值 10;x 被 10 整除的结果为 3,x 被赋值 3。

③ x 除以 10 的余数为 3,s 被赋值 13;x 被 10 整除的结果为 0,x 被赋值 0。

④ $x=0$,循环结束,输出 s 的值。

【示范程序】

```pascal
program ex3_27;
var x,t,s:longint;
begin
    readln(x);
    s:=0;
    while x<>0 do
    begin
        t:=x mod 10;
        s:=s+t;
        x:=x div 10
    end;
    writeln(s)
end.
```

【程序说明】

运行程序,输入:1234567

输出:28

【例 3－28】　编程输入两个自然数 m、n,输出它们的最小公倍数。

【问题分析】

m 和 n 的最小公倍数是指满足(s mod $m=0$) and (s mod $n=0$)的最小的 s,主要的算法流程如图 3－14 所示。

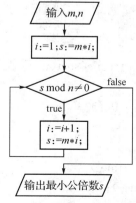

图 3－14　求最小公倍数的主要流程图

【示范程序】

```pascal
program ex3_28；
var m,n,i,s:longint；
begin
    write('input m,n：')；
    readln(m,n)；
    i：=1；
    s：=m * i；
    while s mod n <> 0 do
    begin
        i：=i+1；
        s：=m * i；
    end；
    writeln('Lcm[',m,',',n,']=',s)
end.
```

【程序说明】

(1) 运行程序,输入:35 47

输出:lcm[35,47]=1 645

(2) 若想要让循环体执行的次数尽可能少,可以把 m,n 中较大的数赋给 m,为什么?

(3) while 循环与 for 循环相比,循环体执行的次数是不确定的,由"循环控制条件(布尔表达式)"和"循环体中对循环控制变量的修改"决定。

(4) 所有 while 循环的程序与 for 循环的程序都可以相互转换。

【例 3 - 29】 用 while/do 语句改写例 3 - 21,即判断一个数是否是素数。

【示范程序】

```pascal
program ex3_29_1；
var n,i:longint；
    yes:boolean；
begin
    write('input n：')；
    readln(n)；
    yes：=true；
    i：=2；
    while (yes=true) and (i<=trunc(sqrt(n))) do
    begin
        if n mod i=0 then yes：=false；
        i：=i+1；
    end；
    if yes=true then writeln('prime')
                else writeln('no')；
end.
```

```
program ex3_29_2;
var n,i:longint;
begin
    write('input n:');
    readln(n);
    i:=2;
    while i<=trunc(sqrt(n)) do
    begin
        if n mod i=0 then begin write('no');halt;end;
        i:=i+1;
    end;
    writeln('prime');
end.
```

3.3.3　直到型循环（repeat/until 语句）

repeat/until 语句的格式如下，执行过程如图 3 - 15 所示。

repeat
　　循环体
until　布尔表达式；

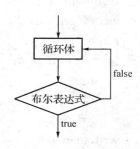

图 3 - 15　repeat/until 语句的流程图

【例 3 - 30】　用 repeat/until 语句实现例 3 - 26。

【示范程序】

```
program ex3_30;
var ch:char;
    count:integer;
begin
    count:=0;
    repeat
        read(ch);
        if (ch='a') or (ch='A') then count:=count+1;
    until ch='#';
    writeln('count=',count)
end.
```

【程序说明】

repeat/until 语句与 while/do 语句的主要区别如表 3 - 3 所示。

表 3 - 3   repeat/until 语句与 while/do 语句的主要区别

repeat/until 语句	while/do 语句
先执行循环体,后判断条件	先判断条件,后执行循环体
循环体中即使有多条语句,也无需用复合语句	循环体中如果有多条语句,必须用复合语句
当条件不成立时,执行循环体	当条件成立时,执行循环体
至少执行一次循环体	循环体可能一次也不执行

【例 3 - 31】 编程输入两个自然数 m、n,采用"辗转相除法"求出它们的最大公约数。

【示范程序】

```pascal
program ex3_31;
var m,n,r:longint;
begin
    write('input m,n:');
    readln(m,n);
    write('gcd[',m,',',n,']=');
    repeat
        r:=m mod n;
        m:=n;
        n:=r;
    until r=0;
    writeln(m);
end.
```

【程序说明】

(1) 运行程序,输入:100 75

输出:gcd[100,75]=25

(2) 请读者把本程序改用 while/do 语句实现。

3.3.4 循环嵌套

与分支结构的嵌套类似,当一个循环体中又包含一个循环体时,称为"循环嵌套"。其中,外面的循环称为"外层循环",包含在外层循环中的循环称为"内层循环"。根据循环嵌套的层数不同,又有双重循环、三重循环等。

【例 3 - 32】 输出 2 到 100 之间的所有素数。

【问题分析】

在例 3 - 21 中,我们已经掌握了"判断一个数 n 是否是素数"的方法,现在只要在其外面再套上一层循环,穷举 n 的值即可。

【示范程序】

```pascal
program ex3_32;
var n,i:integer;
```

```
        yes:boolean;
    begin
        for n:=2 to 100 do        {穷举 2 到 100 之间的数}
        begin
            yes:=true;        {先假设 n 是素数,然后试着去找 n 的约数}
            for i:=2 to trunc(sqrt(n)) do      {穷举可能的约数}
                if n mod i=0 then begin      {找到一个约数}
                                yes:=false;      {假设不成立,不是素数,作标记}
                                break;      {立刻退出内层循环}
                            end;
            if yes then write(n:8);      {如果一个约数也没找到,表示该数是素数,输出}
        end;
        readln;
    end.
```

【例 3 - 33】　若一个三位数 abc,满足 $abc=a^3+b^3+c^3$,则称 abc 为水仙花数。如 153 满足 $1^3+5^3+3^3=1+125+27=153$,所以 153 是水仙花数。编程输出所有的水仙花数。

【问题分析】

一种方法是直接穷举所有的三位数(i 从 100 到 999),然后逐个判断 i 是否满足条件,满足则输出。这种方法需要分解出 i 的每一位数,程序见 ex3_33_1。另一种方法是采用"三重循环"分别穷举三位数的百位、十位、个位,优点是不需要分解每一位,程序见 ex3_33_2。

【示范程序】

```
program ex3_33_1;
var i,a,b,c:integer;
begin
    for i:=100 to 999 do
    begin
        a:=i div 100;        {求百位}
        b:=(i-a*100) div 10;        {求十位}
        c:=i mod 10;        {求个位}
        if a*a*a+b*b*b+c*c*c=i then writeln(i);
    end;
    readln
end.


program ex3_33_2;
var a,b,c:integer;
begin
    for a:=1 to 9 do        {穷举百位}
        for b:=0 to 9 do        {穷举十位}
```

```
            for c:=0 to 9 do      {穷举个位}
                if a*a*a+b*b*b+c*c*c=a*100+b*10+c then writeln(a*100+b*10+c);
        readln
end.
```

【程序说明】

运行程序后,输出:

153

370

371

407

【例3-34】 编程输出如下三角形图案。

```
＃＃＃＃＃＃＃＃＃＃＃
 ＃＃＃＃＃＃＃＃＃
  ＃＃＃＃＃＃＃
   ＃＃＃＃＃
    ＃＃＃
     ＃
```

【问题分析】

编程打印各种字符图形是一种常见的基础训练题,它用于考察一个选手的观察力和总结归纳的能力,比如每行"＃"的个数和行号的关系。具体实现只要采用循环嵌套即可,首先用一个外层循环控制打印多少行,每一行的输出又包括左边的对齐、若干"＃"的输出以及一个换行,而若干"＃"的输出采用一个内层循环控制。

【示范程序】

```
program ex3_34;
var i,j,k:integer;
begin
    for i:=6 downto 1 do      {外层循环,控制打印的行数}
    begin
        write(' ':30-i);        {每行先输出 30-i 个空格,实现对齐的效果}
        for k:=1 to 2*i-1 do write('＃');      {每行输出 2*i-1 个"＃"}
        writeln;        {换行}
    end;
    readln
end.
```

3.3.5 循环的综合应用

【例3-35】 已知斐波那契数列的前几个数分别为 $1,1,2,3,5,8,13,\cdots$,编程输入一个数 $k(k<47)$,输出此数列的前 k 项。

【问题分析】

仔细观察该数列,发现该数列的第 1 项和第 2 项值为 1,从第 3 项开始,每一项的值都是它的前两项之和。

假设用 now 表示要求的当前项值,m 表示 now 的前一项值,n 表示 m 的前一项值。初始化 n=1,m=1,根据 now=m+n,很容易求出第 3 项。那如何求第 4 项呢?只要执行"n:=m;m:=now;now:=n+m;",以此类推,就可以依次求出第 5 项、第 6 项……,这种方法一般称为"迭代法"。

【示范程序】

```pascal
program ex3_35;
var k,now,m,n,count:longint;
begin
    writeln('input k:');
    readln(k);
    writeln('output:');
    n:=1;       {第 1 项}
    m:=1;       {第 2 项}
    count:=2;       {count 为计数器}
    write(n:12,m:12);       {输出前两项}
    while count<k do       {控制输出的项数}
    begin
        now:=n+m;       {求出当前项值}
        if count mod 5=0 then writeln;       {每输出 4 项换一行}
        write(now:12);
        n:=m;       {迭代}
        m:=now;       {迭代}
        count:=count+1;       {计数器加 1}
    end;
    writeln
end.
```

【程序说明】

运行程序,输入:20

输出:

1	1	2	3	5
8	13	21	34	55
89	144	233	377	610
987	1 597	2 584	4 181	6 765

【例 3-36】 编程求 1 000 的阶乘值(1 000!)尾部有多少个连续的 0。

【问题分析】

因为 1 000!=1×2×3×…×1 000,求结果的尾部有多少个 0,也就是要统计 1 000!

有多少个因子 10;又由于 10＝5×2,因而需要统计有多少个因子 5 和因子 2。显然在 1 到
1 000的所有数中,因子 5 的个数比因子 2 的个数少,因此,只要统计 1 到 1 000 的所有数中
共有多少个因子 5 就行了。程序实现时,可直接统计 5,10,15,20,…,避开其他不可能含有
因子 5 的数,从而提高程序的效率。

【示范程序】

```pascal
program ex3_36;
var i,j,s:longint;
begin
    s:=0;        {计数器清 0}
    for i:=1 to 200 do
    begin
        j:=5 * i;       {j 的值分别为 5,10,15,20,…}
        while j mod 5＝0 do     {计算 j 所包含的因子 5 的个数}
        begin
            s:=s+1;
            j:=j div 5;
        end;
    end;
    writeln(s);
end.
```

【例 3－37】　在数学上,有一个称为"角谷猜想"的经典问题。其内容是"对任意的正整
数 n,若为偶数,则把它除以 2;若为奇数,则把它乘以 3 加 1。经过如此有限次运算后,总可
以得到正整数 1"。例如 $n＝22$ 时,运算过程如下:

22/2＝11
11 * 3+1＝34
34/2＝17
17 * 3+1＝52
52/2＝26
26/2＝13
13 * 3+1＝40
40/2＝20
20/2＝10
10/2＝5
5 * 3+1＝16
16/2＝8
8/2＝4
4/2＝2
2/2＝1

现在请编程输入正整数 n(longint 范围以内),按样例格式输出以上运算过程。

【问题分析】

本题因为一定可以得到 1,所以可以采用 while/do 循环,不断模拟运算过程即可。

【示范程序】

```pascal
program ex3_37;
var n:longint;
begin
    write('input n:');
    readln(n);
    while n>1 do      {模拟运算的过程}
        if n mod 2=1
        then begin
                writeln(n,' * 3+1=',n * 3+1);
                n:=n * 3+1;
            end
        else begin
                writeln(n,'/2=',n div 2);
                n:=n div 2;
            end;
    readln
end.
```

习　题　3

3-1　输入梯形的上底、下底和高,输出该梯形的面积。

3-2　随机产生一个三位自然数,分离并输出它百位、十位与个位上的数字。

提示:Pascal 提供了一个标准函数 random,作用是产生一个 0 到 1 之间的随机实数(包括 0,不包括 1)。一个三位自然数是 100~999 之间的整数,产生此范围内的随机整数的方法是 trunc(random * 900)+100)。

3-3　输入一个数,如果是正数,就输出它的平方根;如果是负数,就输出它的绝对值。

3-4　输入两个大写字母,按字典顺序输出。

3-5　某店举行"购物打折"活动。规定购物总价不超过 100 元时按 9 折付款;如超过 100 元,则超过部分按 7 折付款。请编写一个程序帮助超市完成打折结账。

3-6　阅读下面的程序,分别写出输入 12、-4 和 0 时的运行结果。

```pascal
program   lx3-6;
var x:integer;
    y:real;
begin
    write('input x:');
```

```
        readln(x);
        if x>=0 then y:=sqrt(x+4) else y:=abs(x-1);
        writeln('x=',x,'y=',y);
    end.
```

3-7　输入三角形的 3 个边长,判断它是直角三角形、等边三角形还是普通的三角形。

3-8　从键盘输入 3 个数,按从小到大的顺序输出。

3-9　从键盘输入一个字符,如果是"Y",则换一行再输入一个正数,表示一个圆的半径,计算并输出此圆的周长和面积;如果是"S",则换一行再输入 3 个用空格隔开的正数,表示一个三角形的三边长,计算并输出此三角形的周长和面积;若输入的是"J",则换一行再输入两个用空格隔开的正数,表示一个矩形的长和宽,计算并输出此矩形的周长和面积。

3-10　输入两个正整数 A、B,且 A 不大于 31,B 不超过三位数。使 A 在左,B 在右,拼接成一个新数 C,再输出 C 的值。例如 $A=2$,$B=16$,则 $C=216$;若 $A=18$,$B=467$,则 $C=18\ 467$。

3-11　小林有 69 元钱,准备全部购买笔。店里有 8 元/支、6 元/支、5 元/支、4 元/支的四种笔。请编程,在 8 元一支的笔必须购买一支的前提下,使购买的笔数量最多,而钱又恰好用完,输出此时购买的各种笔的数量。

3-12　从键盘输入任意一个字符,判断并输出是大写字母、小写字母、数字还是其他特殊字符。

3-13　使用 case 语句实现"输入一个年份,判断并输出它是否是闰年"。

3-14　了解我国个人所得税的税率,再编程输入一个人的收入,输出他应交纳的个人所得税。

3-15　输入一个年和月,输出该年该月的天数。

3-16　编程计算并输出 $1+1/2+1/3+\cdots+1/100$。

3-17　编程计算并输出 $12+22+32+\cdots+1\ 002$。

3-18　编程计算并输出 $n!(1\leqslant n\leqslant 20)$。提示:$n!=1\times2\times3\times\cdots\times n$。

3-19　编程计算并输出 $1-1/2+1/3-1/4+\cdots-1/100$。

3-20　编程计算并输出 $1+1/2+2/3+3/5+\cdots$前 20 项的和。

3-21　编程输入整数 $n(n\leqslant20)$,计算并输出 $1+2+2^2+2^3+2^4+\cdots+2^n$ 的和。

3-22　编程输入一个自然数 $x(x\leqslant10\ 000)$,求这个自然数的所有约数(包括 1 和 x 本身)之和。

3-23　编程输出 100 以内(包括 100)既能被 3 整除又能被 7 整除的自然数。

3-24　输入 20 个数,输出其中的最大数和最小数。

3-25　有 n 个学生参加英语考试。现在输入 n 个人的成绩($n\leqslant20$,成绩为 0 到 100 之间的整数),请编程统计并输出 60 分以下、60~69 分、70~79 分、80~89 分、90~100 分各档的人数。

3-26　从键盘输入 n 个整数,输出其中的最大数($n\leqslant20$,整数均在 0 到 10 000 之间)。

3-27　要求用 5 元钱正好买 100 只纽扣,其中金属纽扣每只 5 角,有机玻璃纽扣每只 1 角,塑料纽扣 1 分钱买 3 只。有唯一的方案吗?请编程输出各种纽扣各买了多少只。

3-28　编程求出满足下式的 n 的最大值:$2^2+4^2+6^2+\cdots+n^2<1\ 500$。

3-29　小猴摘了一大堆桃子,第一天吃了一半,还嫌不过瘾,又吃了一个;第二天又吃了剩下的一半多一个;以后每天如此,到了第十天,猴子一看只剩下一个桃子了。它想知道最初有多少个桃子?请编程帮它计算出来。

3-30　编程输出如下平行四边形图案。

```
      @ @ @ @ @ @ @
     @ @ @ @ @ @ @
    @ @ @ @ @ @ @
   @ @ @ @ @ @ @
  @ @ @ @ @ @ @
```

3-31　编程输出如下菱形图案。

```
        1
       1 2 1
      1 2 3 2 1
     1 2 3 4 3 2 1
    1 2 3 4 5 4 3 2 1
     1 2 3 4 3 2 1
      1 2 3 2 1
       1 2 1
        1
```

3-32　有 a、b、c、d、e 五本书要分给张、王、刘、赵、钱五位同学看,每人只能选一本,事先让每个人把自己喜爱的书填于下表,请编程找出一种让每个人都满意的方案。

	a	b	c	d	e
张			√	√	
王	√	√			√
刘		√	√		
赵	√	√		√	
钱		√			√

3-33　数学上的"完全数"是指真因子之和等于它本身的自然数,如 $6=1+2+3$,所以 6 是一个完全数。编程输出 10 000 以内的所有完全数。

3-34　统计 1 到 10 000 000 之间只含有数字 0 和 1 的数(如 1,10,11,100 等)的个数。

3-35　一个自然数转换成二进制数后,如果 1 的个数比 0 的个数多,则称为 A 类数,否则称为 B 类数。输入 $n(n<10\,000)$,分别输出 1 到 n 之间 A 类数和 B 类数的个数。

第4章　数组及其应用

通过前面的学习,我们可以很轻松地编程完成这样一个任务:输入 3 名射箭运动员的成绩,将他们的成绩排序后从高到低打印出来。但如果将这个任务中运动员的人数改为 50 名,仅运用以前所学知识编写程序,就需要定义 50 个简单变量保存每个运动员的成绩,而 50 个变量值的输入、输出、处理会使程序极其冗长。Pascal 语言提供的数组可以很方便地解决此类问题。

4.1　子界类型

Pascal 语言中除了支持虚型、实型这些标准数据类型外,还允许用户自己定义一些数据类型,子界类型就是一种。

【例 4 - 1】　输入 n 个人的年龄,统计有几个成年人(即年龄大于等于 18 周岁)。

【示范程序】

```pascal
program ex4_1;
type agetype=1..150;
var age:agetype;
    n,i,total:integer;
begin
    readln(n);
    total:=0;
    for i:=1 to n do
    begin
        read(age);
        if age>=18 then total:=total+1;        {如果是成年人,则总数加 1}
    end;
    writeln('total=',total);
end.
```

【程序说明】

(1) 程序中先定义了一个自定义类型 agetype,再将变量 age 定义为 agetype。其实 age 也可以直接定义为 integer,但此时 age 的取值范围是 $-32\,768 \sim 32\,767$;而程序中变量 age 是用来存放人的年龄,如果输入一个人的年龄为 -10,这在语法上是正确的,但人的年龄不可能是负数,为了解决这一问题,可以在程序中加入条件判断来排除这一错误。程序 ex4_1

中并没有加入判断语句,而是运用了 Pascal 语言提供的一种用户自定义类型——"子界类型",它可以用来对某些变量的值域做一些具体的规定,从而达到自动检查数据和运算是否超出规定范围的目的,提高程序的可靠性。如:

  type agetype＝1..150;

   chtype＝'a'..'z';

  这里定义了两个子界类型:子界类型 agetype 的值域为 1 至 150 的整数;子界类型 chtype 的值域为字符型中的所有小写英文字母,即'a'到'z'。对于整型 integer,可以这样理解:type integer＝-32768..32767。但要注意的是,子界类型并不节约内存空间。

  (2) 子界类型定义的一般格式

  type ＜子界类型标识符＞＝＜常量 1＞..＜常量 2＞;

  其中常量 1 称作下界,常量 2 称作上界,上界必须大于等于下界。下界和上界可以是整型、字符型、布尔型等顺序类型常量,但必须是同一种顺序类型。该顺序类型称为子界类型的"基类型",子界类型的值域实际上就是基类型值域的一个子集。

  定义了子界类型后,就可以定义子界类型变量了。如:

  type agetype＝1..150;

   chtype＝'a'..'z';

  var a1,a2:agetype;

   ch:chtype;

定义了 a1、a2 为子界类型 agetype 的两个变量,ch 为子界类型 chtype 的变量。

  也可将子界类型定义与变量定义合并在一起:

  var a1,a2:1..150;

   ch:'a'..'z';

变量 a1,a2 的值域为 1 至 150,变量 ch 的值域为'a'..'z'。由于子界类型的基类型必须是顺序类型,故下面的定义是错误的:

  var k:3.5..4.5;

【例 4－2】 运行下面的程序,屏幕上会输出什么?

【示范程序】

```
program ex4_2;
type age＝1..100;
     month＝1..12;
     letter＝'a'..'z';
var a1,a2:age;
    ch:letter;
    m:month;
begin
    a1:＝100 div 5;
    a2:＝a1＋20;
    ch:＝pred('e');
    writeln('a1＝',a1,'a2＝',a2,'ch＝',ch);
end.
```

【程序说明】

(1) 运行程序后,屏幕输出:a1=20 a2=40 ch=d。

(2) 对基类型适用的各种运算,均适用于该基类型的子界类型。a1、a2 是子界类型 age 的变量,该子界类型的基类型为整型,因此变量 a1、a2 可参与整型数据的一切运算。同理,变量 ch 可参与字符型数据的各种运算。

【例 4-3】 运行下面的程序,屏幕上会输出什么?

```pascal
program ex4_3;
type atype=1..20;
     btype=50..100;
     ctype=-1000..1000;
var a:atype;
    b:btype;
    c:ctype;
begin
    a:=8;
    b:=a+50;
    c:=a*b;
    writeln('a=',a,'  b=',b,'  c=',c);
end.
```

【程序说明】

(1) 运行程序后,屏幕输出:a=8 b=58 c=464。

(2) 在同一程序中,具有相同基类型的不同子界类型数据可以混合运算。如程序中对变量 b 和 c 的赋值,由于 b、c 的最终值都没有超过各自的值域范围,是正确的。但若在程序中对变量 a、b、c 用下面的语句赋值:

```pascal
a:=20;
b:=a+90;
c:=a*b;
```

则变量 b 的值为 110,变量 c 的值为 2 200,均超过各自的值域范围,在编译时会出错。

【例 4-4】 按年、月、日的顺序读入一个日期,输出该日期是这一年中的第几天。

【示范程序】

```pascal
program ex4_4;
var year:0..2100;
    month:1..12;
    day:1..31;      {分别定义年、月、日的类型}
    dayth,i:integer;
begin
    write('input year,month,day:');
    readln(year,month,day);
```

```
dayth:=0;
for i:=1 to month-1 do      {前 month-1 个月合计多少天}
    case i of
        1,3,5,7,8,10,12:dayth:=dayth+31;
        4,6,9,11:dayth:=dayth+30;
        2:if (year mod 4=0) and (year mod 100<>0) or (year mod 400=0)
            then dayth:=dayth+29
            else dayth:=dayth+28;
    end;
dayth:=dayth+day;       {加上本月多少天}
writeln(dayth);
readln
end.
```

【程序说明】

运行程序后,出现提示信息:input year,month,day:

输入:2002　2　5

输出:36　　{即 2002 年 2 月 5 日是该年的第 36 天}

【例 4-5】 将一个四位的十六进制数转换为十进制数。

【问题分析】

十进制数的运算规则为逢十进一,用 0～9 这十个元素来表示。而十六进制的基本元素是 0～9 加上 a～f,分别对应十进制的数 0～15,运算规则是逢十六进一。

把一个十六进制数转换为十进制数的方法是:把它的每一位数都转换成十进制数,乘上权值(16)后相加。本题假设四位十六进制数分四次作为字符读入,再分别转换为十进制的数 d1、d2、d3、d4,最后计算 $d1*16^3+d2*16^2+d3*16+d4$ 的值就是所求结果。

【示范程序】

```
program ex4_5;
var ch:char;
    n:1..4;
    t:integer;
    d1,d2,d3,d4:0..15;
    s:longint;
begin
    write('input a hex number:');
    s:=0;
    for n:=1 to 4 do
    begin
        read(ch);
        if (ch>='0') and (ch<='9') then t:=ord(ch)-ord('0');      {将数字字符
转换为对应的数值}
```

```
        if (ch>='a') and (ch<='z') then t:=ord(ch)-ord('a')+10;        {将字母
转换为对应的数值}
        if (ch>='A') and (ch<='Z') then t:=ord(ch)-ord('A')+10;
         case n of
             1:d1:=t;
             2:d2:=t;
             3:d3:=t;
             4:d4:=t;
         end;
     end;
     s:=d1 * 4096+d2 * 256+d3 * 16+d4;        {乘权求和}
     writeln('dec:',s);
     readln
end.
```

【程序说明】

运行程序后,出现下面的提示信息:input a hex number:

输入:1A2B

输出:dec:6699

4.2 数组的定义

我们可以把数组看作同一类型的多个数据元素的一个集合,用数组下标(编号)来区分或指定每一个数据元素。Pascal 语言中数组元素的个数必须事先定义。

【例 4-6】 从键盘输入 10 个 30 以内的正整数,求出所有数的平方和。

【示范程序】

```
program ex4_6;
type atype=array[1..10] of integer;
var a:atype;
    s,i:longint;
begin
    s:=0;
    for i:=1 to 10 do
       read(a[i]);        {输入数组元素}
    for i:=1 to 10 do
       s:=s+a[i] * a[i];
    writeln('total=',s);        {输出结果}
end.
```

【程序说明】

（1）关于语句"type atype＝array[1..10] of integer；var a：atype；"解释如下：

①atype 是一个数组类型；

②a 是一个数组；

③a 有 10 个元素，下标范围从 1 到 10，用 a[1]，a[2]，a[3]，…表示。也就是说区分数组元素的方法是通过编号（下标），但是数组 a 是一个整体；

④array、of 是定义数组的保留字；integer 是数据的基类型，其也可以为 longint、char、real、boolean 等数据类型；

⑤操作：一般只对数组元素进行，而不可以对数组 a 进行，除非 b：＝a，前提为 a、b 是两个同样类型的数组。

（2）一维数组的定义

type 类型标识符＝array[下标类型] of 元素类型；

var 数组名：类型标识符；

下标类型必须是顺序类型，可以是整型、字符类型、布尔类型、子界类型等。如 1..100，'A'..'F' 均为合法的下标类型。下标类型必须是有界的。数组下标有上界和下界，其在上下界内是连续的。如 1..10 中的 1 是下界，10 是上界，在上下界内一共有 10 个元素，下标标号从 1 到 10。同时，Pascal 给每个数组元素都分配一定大小的内存空间。

也可以将数组类型定义和变量定义合并：

var 数组名：array[下标类型] of 元素类型；

如程序 ex4_6 中的数组 a 也可以直接定义为：

var a：array[1..10] of integer；

（3）二维数组的定义

type 类型标识符＝array[下标类型 1，下标类型 2] of 基类型；

var 数组名：类型标识符；

或 var 数组名：array[下标类型 1，下标类型 2] of 基类型；

可以这样理解：二维数组是在一维数组的基础上衍生出来的，当组成一维数组的元素本身又是一维数组时，该数组即为二维数组。

如在程序中有这样一个定义：var a：array[1..5,1..4] of integer；则元素 $a[i,j]$ 为第 i 行第 j 列的一个元素，数组 a 一般描述成如图 4-1 所示的形式。

	j i	1	2	3	4
$a[1]$	1	$a[1,1]$	$a[1,2]$	$a[1,3]$	$a[1,4]$
$a[2]$	2	$a[2,1]$	$a[2,2]$	$a[2,3]$	$a[2,4]$
$a[3]$	3	$a[3,1]$	$a[3,2]$	$a[3,3]$	$a[3,4]$
$a[4]$	4	$a[4,1]$	$a[4,2]$	$a[4,3]$	$a[4,4]$
$a[5]$	5	$a[5,1]$	$a[5,2]$	$a[5,3]$	$a[5,4]$

图 4-1　二维数组 a 的示意图

虽然逻辑上可以把二维数组看做是一张表格或一个矩阵,但在计算机内部,二维数组的所有元素对应的存储单元是连续的,与一维数组的存储方式在本质上是相同的。Pascal 编译程序按行下标为主顺序存放数组元素,也就是说,先放第一行上的元素,接着放第二行上的元素,然后依次把各行的元素放入一串连续的存储单元中。上述定义的数组 a 在内存中排列的顺序如图 4-2 所示。

$a[1,1]$	$a[1,2]$	$a[1,3]$	$a[1,4]$	$a[2,1]$	$a[2,2]$	$a[2,3]$	$a[2,4]$	$a[3,1]$	$a[3,2]$	…

图 4-2　数组 a 在内存中排列的顺序

【探究讨论】

设数组 $a[10..100,20..100]$ 以行优先的方式顺序存贮,每个元素占 4 个字节,且已知 $a[10,20]$ 的地址为 1 000,则 $a[50,90]$ 的地址是多少? 数组 a 共占用多少内存空间?

【例 4-7】　输入 5 名学生 3 门功课的成绩,输出各人各科成绩及各人总分。

【问题分析】

为了准确而方便地表示各个学生成绩,需要通过学号、科目两个下标来唯一标识。为此,定义一个二维数组 score。$score[i,j]$ 表示第 i 个人第 j 门课成绩,j 从 1 到 4,j 为 4 时表示这个学生的总分。通过二重循环实现二维数组中各元素的赋值以及总分的计算。

【示范程序】

```pascal
program ex4_7;
const n=5;
var score:array[1..n,1..4] of real;
    i,j:integer;
begin
    writeln('input 3 scores of one student:');
    for i:=1 to n do score[i,4]:=0;        {将每个同学的总分先清 0}
    for i:=1 to n do
      for j:=1 to 3 do
      begin
          read(score[i,j]);        {读入每门功课成绩}
          score[i,4]:=score[i,4]+score[i,j];        {将每门功课累加计入总分}
      end;
    writeln('3 scores and the sum:');
    for i:=1 to n do
    begin
       for j:=1 to 4 do write(score[i,j]:7:1);
       writeln;        {换行}
    end
end.
```

4.3 数组的基本操作

数组的基本操作有输入、输出、赋值、统计、插入、删除等。

【例 4-8】 阅读下列程序。

```
program ex4_8;
const t:array[1..10] of integer=(2,4,6,8,10,1,3,5,7,9);
var a,b,c:array[1..10] of integer;
    i:integer;
begin
    for i:=1 to 10 do read(a[i]);
    b:=a;
    fillchar(c,sizeof(c),0);
    for i:=1 to 9 do write(a[i],'  ');
    writeln(a[10]);
    for i:=1 to 9 do write(b[i],'  ');
    writeln(b[10]);
    for i:=1 to 9 do write(c[i],'  ');
    writeln(c[10]);
    for i:=1 to 9 do write(t[i],'  ');
    writeln(t[10]);
end.
```

【程序说明】

(1) 数组元素的赋值:数组名代表的并不是一个变量,而是一批变量。因而,通常用循环语句来逐个给数组元素赋值。上述程序中的数组 a 的各个元素值就是一个一个从键盘读入的。

(2) 如果两个数组 a,b 的定义(基类型和下标范围)完全一致,就可以用赋值语句相互赋值,如 b:=a。

(3) Pascal 还支持在定义数组的同时给数组赋值,如:

const t:array[1..10] of integer=(2,4,6,8,10,1,3,5,7,9);

就相当于 $t[1]:=2;t[2]:=4;t[3]:=6;\cdots;t[9]:=7;t[10]:=9$。但要注意,这时 t 就是一个数组常量了。

(4) 编程时也常用 fillchar 对布尔型、整型数组赋初值。fillchar(c,sizeof(c),0);中的 c 表示数组名,sizeof(c)表示该数组所占字节数,0 表示所赋的初值。

(5) 输出数组时必须逐个输出数组元素。

【例 4-9】 用数组实现例 3-35(输入斐波那契数列的前 k 项)。

【问题分析】

我们曾经使用"迭代法"求解过本题,那个方法只能保存斐波那契数列连续三个位置上的数。现在,我们用数组实现,各个数组元素的值之间满足以下规律:当 $i>2$ 时,$a[i]=a[i-1]+a[i-2]$;而 $a[1]=a[2]=1$。

【示范程序】

```
program ex4_9；
var k,i：longint；
    a：array[1..50] of longint；
begin
    readln(k)；
    a[1]：=1；
    a[2]：=1；
    for i：=3 to k do
        a[i]：=a[i-1]+a[i-2]；      〈第 i 项值为第 i-1 项和第 i-2 项之和〉
    for i：=1 to k do
        if i mod 5=0 then  writeln(a[i]:12)    〈控制实现一行输出 5 项〉
                     else  write(a[i]:12)；
end.
```

【程序说明】

(1) 运行程序,输入:20

输出:

1	1	2	3	5
8	13	21	34	55
89	144	233	377	610
987	1 597	2 584	4 181	6 765

(2) 本例中的数组元素值是通过"递推公式"来赋值的。

(3) 本例要求 $k<47$,如果 k 的值超过 47,上面的程序还能得到正确结果吗? 为什么?

【例 4-10】 打印杨辉三角形的前 10 行,其前 5 行形如图 4-3(a)。

```
        1                              1
      1   1                          1   1
    1   2   1                      1   2   1
  1   3   3   1                  1   3   3   1
1   4   6   4   1              1   4   6   4   1
     (a)                            (b)
```

图 4-3

【问题分析】

我们观察图 4-3(a)不太容易找到规律,但如果将其转化为图 4-3(b)就不难发现杨辉三角形其实就是一个二维表(数组)的"下三角"部分。

假设用二维数组 yh 存储杨辉三角形。我们已知,杨辉三角形每行首尾元素都为 1;而任意一个非首尾元素 $yh[i,j]$ 的值是 $yh[i-1,j-1]$ 与 $yh[i-1,j]$ 的和。另外每一行的元素个数刚好等于行数。有了这些规律,给数组元素赋值就不难了,而要打印杨辉三角形,只需控制每行输出的起始位置即可。

【示范程序】

```pascal
program ex4_10;
var yh:array[1..10,1..10] of integer;
    i,j:integer;
begin
    yh[1,1]:=1;
    for i:=2 to 10 do
    begin
        yh[i,1]:=1;        {每行的首元素为1}
        yh[i,i]:=1;        {每行的尾元素为1}
        for j:=2 to i-1 do
            yh[i,j]:=yh[i-1,j-1]+yh[i-1,j];
    end;        {生成杨辉三角形}
    for i:=1 to 10 do
    begin
        write(' ':40-3*i);
        for j:=1 To i do write(yh[i,j]:6);
        writeln;
    end;
end.
```

【程序说明】

运行程序,输出:

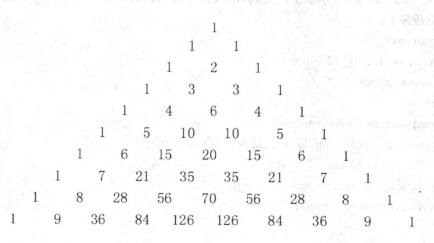

【例 4-11】 输入 10 个学生的身高(cm),统计身高大于 150 cm 的学生人数。

【示范程序】

```pascal
program ex4_11;
```

```
var a:array[1..10] of integer;
    s,i,n:integer;
begin
    for i:=1 to 10 do readln(a[i]);      {读入 10 个学生的身高}
    s:=0;
    for i:=1 to 10 do
        if a[i]>150 then s:=s+1;      {找出满足条件的学生人数}
    writeln(s);
end.
```

【例 4-12】 输入 10 个学生的身高,求他们的平均身高。

【示范程序】

```
program ex4_12;
var a:array[1..10] of integer;
    i,s:integer;
begin
    for i:=1 to 10 do readln(a[i]);      {读入 10 个学生的身高}
    s:=0;
    for i:=1 to 10 do
        s:=s+a[i];      {求身高的总和}
    writeln(s/10:10:1);      {输出平均值}
end.
```

【例 4-13】 输入 10 个学生的身高,求最高身高(最大值)。

【示范程序】

```
program ex4_13;
var a:array[1..10] of integer;
    i,max:integer;
begin
    for i:=1 to 10 do readln(a[i]);
    max:=a[1];      {假设 a[1]最大,并存入 max 中}
    for i:=2 to 10 do
        if a[i]>max then max:=a[i];
    writeln('max=',max);
end.
```

【例 4-14】 输入 10 个学生的身高,观察有没有身高为 1.5 m 的学生,如果有则输出学生的编号并统计身高为 1.5 m 的学生人数;如果没有则输出 0。

【示范程序】

```
program ex4_14;
```

```
var a:array[1..10] of integer;
    i,s:integer;
begin
    for i:=1 to 10 do readln(a[i]);      {读入 10 个学生的身高}
    for i:=1 to 10 do writeln(a[i]);     {输出原始身高}
    s:=0;
    for i:=1 to 10 do
        if a[i]=150 then begin
                        writeln(i);      {如果身高等于 150,输出学生编号}
                        s:=s+1;
                    end;
    if s=0 then writeln(0);
    readln;
end.
```

【例 4 - 15】　输入 10 个学生的身高,再输入 $k(0<k<10)$ 和身高 x,要求将身高 x 存入到 $a[k]$ 中, $a[k]$ 及其后面的数依次后移一位。

【问题分析】

要将身高 x 存入到 $a[k]$ 中,首先要将 $a[k]\sim a[10]$ 整体向后移一位,当然编程实现时只能每次移动一个元素,最后数组的元素个数还要增加 1。在数组中插入一个元素的示意图如图 4 - 4 所示。

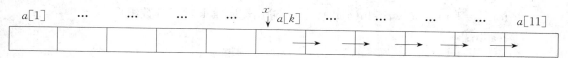

图 4 - 4　数组中插入一个元素的示意图

【示范程序】

```
program ex4_15;
const n=10;
var a:array[1..n+1] of integer;
    i,k,x:integer;
begin
    for i:=1 to n do readln(a[i]);
    writeln('input k,x');
    readln(k,x);
    for i:=n downto k do a[i+1]:=a[i];
    a[k]:=x;
    for i:=1 to n+1 do writeln(a[i]);
    readln;
end.
```

【程序说明】

如果先将 $a[k]$ 向后移动,则 $a[k+1]$ 的值就会丢失,所以首先要移动 $a[10]$。

【例 4 - 16】 输入 10 个学生的身高,再输入 $k(0<k<10)$,删除第 k 个人的身高,后面每个人的身高都往前移一位。

【问题分析】

将从 $a[k]$ 开始一直到 $a[10]$ 的数组元素的值依次赋给前一个位置,最后数组的元素个数还要减 1。数组中删除一个元素的示意图如图 4 - 5 所示。

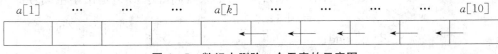

图 4 - 5 数组中删除一个元素的示意图

【示范程序】

```pascal
program ex4_16;
var a:array[1..10] of integer;
    k,i:integer;
begin
    for i:=1 to 10 do readln(a[i]);      {输入 10 个学生的身高}
    writeln('input k');      {提示输入 k}
    readln(k);
    for i:=k to 9 do a[i]:=a[i+1];      {将 k 后面的身高都往前移一项}
    for i:=1 to 9 do writeln(a[i]);      {输出删除第 k 项后的数组}
    readln;
end.
```

【探究讨论】

$a[10]$ 还存在吗? 如果存在,值是多少?

【例 4 - 17】 输入 10 个学生的身高存入数组 a 中,再将所有元素倒序存储,即分别交换 $a[1]$ 和 $a[10]$、$a[2]$ 和 $a[9]$……$a[5]$ 和 $a[6]$ 的值。

【示范程序】

```pascal
program ex4_17;
var a:array[1..10] of integer;
    i,t:integer;
begin
    for i:=1 to 10 do readln(a[i]);
    for i:=1 to 5 do      {交换数组元素 a[i] 和 a[11−i]}
    begin
        t:=a[i];
        a[i]:=a[11−i];
        a[11−i]:=t;
```

```
          end;
        for i：=1 to 10 do writeln(a[i])；
      end.
```

4.4　数组的基本应用

【例 4-18】　数组(矩阵)转置是指将一个矩阵的行列互换的操作。编程输入一个 4×5 的矩阵,顺时针旋转 90°后输出。

【示范程序】

```
program ex4_18;
var a：array[1..4,1..5] of integer;
    b：array[1..5,1..4] of integer;
    i,j：integer;
begin
    for i：=1 to 4 do
        for j：=1 to 5 do
            read(a[i,j])；
    writeln;
    for i：=1 to 5 do
        for j：=1 to 4 do
            b[i,j]：=a[5-j,i]；      〈根据两个矩阵之间的关系赋值〉
    for i：=1 to 5 do
    begin
        for j：=1 to 4 do write(b[i,j]：5)；
        writeln;
    end;
end.
```

【程序说明】

运行程序,输入:

2	3	4	17	88
3	4	8	9	1
22	2	3	0	4
1	3	4	5	8

输出:

1	22	3	2
3	2	4	3
4	3	8	4
5	0	9	17
8	4	1	88

【例 4-19】 将一个十进制正整数 $n(n \leqslant 2\ 147\ 483\ 647)$ 转化为二进制数。

【问题分析】

十进制正整数转化为二进制数用"除 2 倒序取余"法,用一个数组来保存每次除法操作所得余数。

在标准类型中,长整型的范围是 $-2\ 147\ 483\ 648 \sim 2\ 147\ 483\ 647$,而二进制数 $10\ 000\ 000\ 000$ 转化十进制数仅为 $1\ 024$。可见,如果不考虑数据范围直接进行进制转化很可能出现数据"溢出",使用数组存储二进制数的各个数位是一种比较好的方法。由于输入的数据是长整型范围内的正整数,故存储二进制数的数组长度要设定为大于等于 32。

【示范程序】

```pascal
program ex4_19;
var n,i,k:longint;
    a:array[1..32] of longint;
begin
  readln(n);
  k:=0;
  while n>0 do
  begin
    k:=k+1;
    a[k]:=n mod 2;
    n:=n div 2;
  end;      {将十进制数转化为二进制数}
  for i:=k downto 1 do
    write(a[i]);      {倒序打印}
end.
```

【程序说明】

(1) 运行程序,输入:10

输出:1010

输入:30

输出:11110

(2) 余数依次存放在 $a[1]$、$a[2]$…中,所以在 for 语句中要用 downto 倒序打印数组元素以实现倒序取余。

【例 4-20】 用筛选法求 100 以内的质数。

【问题分析】

我们知道可以通过试除 $2 \sim n-1$ 来判断 n 是否为质数,由此求 100 以内的质数显然不是件困难的事。本例中介绍求质数的另外一种方法,这就是由古希腊著名数学家埃拉托色尼提出的"筛选法",步骤如下:

① 将所有候选数放入筛中;

② 找出筛中的最小数(必为质数)p;

③ 将 p 的所有倍数(2 倍,3 倍,4 倍,…)从筛中筛去;

④ 重复步骤②、③直至筛空。

例如,用筛选法求 2～30 以内的质数,步骤如下:

筛的初始状态:2 3 4 5 6 7 8 9 10 11 12 13 14 15 16 17
                      18 19 20 21 22 23 24 25 26 27 28 29 30

第一次筛选后:2 3 5 7 9 11 13 15 17 19 21 23 25 27 29

第二次筛选后:2 3 5 7 11 13 17 19 23 25 29

第三次筛选后:2 3 5 7 11 13 17 19 23 29

【示范程序】

```pascal
program ex4_20;
var i,j:longint;
    prime:array[2..100] of boolean;
begin
    for i:=2 to 100 do
        prime[i]:=true;
    for i:=2 to 100 do
        if prime[i] then
            for j:=2 to 100 div i do
                prime[i*j]:=false;        {如果 i 在筛中,将 2*i、3*i…筛去}
    for i:=2 to 100 do
        if prime[i] then write(i,'  ');
    writeln;
end.
```

【程序说明】

(1) 运行程序,输出:100 以内的所有质数。

(2) 用数组 prime 表示筛,$a[i]=$ true 表示 i 在筛中,$a[i]=$ false 表示 i 已从筛中筛去,最后只要输出数组下标即可。

(3) 筛选法求质数和我们以前所学的求质数的算法相比有何特点?

【例 4－21】 约瑟夫问题。

【问题描述】

n 个人($n \leqslant 100$)围成一圈,从第一个人开始报数,数到 m 的人出圈;下一个人重新从 1 开始报数,数到 m 的人再出圈;……直到所有人出圈。输出依次出圈的人的编号。

【问题分析】

用数组 f 表示每个人在圈中的状态,$f[i]$ 为真时表示第 i 个人在圈中;为假时表示第 i 个人已出圈。根据题目要求从第一个人开始数起,如果第 i 个人在圈中,就计数。当计数到 m 时,数到的人出圈(将 $f[i]$ 赋为假),直到所有人出圈。

【示范程序】

```pascal
program ex4_21;
var n,m,i,j,t:longint;
```

```
    f:array[1..100] of boolean;      {f[i]表示第 i 个人是否在圈中}
begin
    readln(n,m);
    for i:=1 to n do f[i]:=true;       {开始时,所有人都在圈中}
    t:=n;      {表示有多少人在圈中}
    j:=0;      {表示所报的数}
    while t>0 do      {一直数到所有人出圈}
    for i:=1 to n do
    begin
        if f[i]=true then j:=j+1;      {如果第 i 个人在圈中,则计数}
        if j=m then      {数到 m,则出圈}
        begin
            write(i,'  ');
            f[i]:=false;      {出圈}
            j:=0;      {计数器清 0}
            t:=t-1;      {圈中的人数减 1}
        end;
    end;
end.
```

【程序说明】

运行程序,输入:13 5

输出:5 10 2 8 1 9 4 13 12 3 7 11 6

【例 4 - 22】 n 阶奇数幻方问题。把整数 1 到 n^2(n 为奇数)排成一个 $n \times n$ 方阵,使方阵中的每一行、每一列以及对角线上的数之和都相同。这样的方阵(行数、列数相等的矩阵称为方阵)称为 n 阶奇数幻方。图 4 - 6 就是一个 5 阶幻方。

15	8	1	24	17
16	14	7	5	23
22	20	13	6	4
3	21	19	12	10
9	2	25	18	11

图 4 - 6　5 阶幻方

【问题分析】

研究发现,n 阶奇数幻方可以用"模拟法"生成:把数 1 填在第一行的正中间($a[1,n$ div $2+1]$),然后用一个循环依次填入数 2 到数 n^2。一边填数一边寻找下一个数所在的位置,填数按照下面的规律进行:如果数 k 填在第 i 行第 j 列($a[i,j]$),那么一般情况下,数 $k+1$ 应填在它的左上方,即 $a[i-1,j-1]$ 的位置上。但是,如果左上方无格子(越界,即 $i-1$ 为 0 或 $j-1$ 为 0),那么就做如下处理:若 $i-1$ 为 0,就填在 $a[n,j-1]$;若 $j-1$ 为 0,就填在 $a[i-1,$

n]；若找到的格子已填过数了，那么数 $k+1$ 改填在第 k 个数的正下方（$a[i+1,j]$）。

【示范程序】

```
program ex4_22;
var magic:array[1..100,1..100] of integer;
    n,i,j,k,h,l:integer;
begin
    write('n=');  readln(n);
    for i:=1 to n do
        for j:=1 to n do
            magic[i,j]:=0;        {方阵清 0,置未填数的标志}
    k:=1; i:=1; j:=n Div 2+1; magic[i,j]:=k;      {将 1 填在第一行正中间}
    while k<n*n do
    begin
        k:=k+1;
        h:=i-1; l:=j-1;       {用 h,l 试探可填数的位置}
        if h=0 then h:=n;      {i-1 为 0 的情况}
        if l=0 then l:=n;      {j-1 为 0 的情况}
        {i-1=0 且 j-1=0 的情况包含在前两步}
        if magic[h,l]=0 then      {未填数}
        begin
            magic[h,l]:=k;i:=h;j:=l;       {填数,改变行列值}
        end
        else
            begin
                magic[i+1,j]:=k;i:=i+1;       {产生新行值}
            end;
    end;
    writeln('magic:');      {输出}
    for i:=1 to n do
    begin
        for j:=1 to n do
            write(magic[i,j]:3);
        writeln;
    end;
end.
```

【程序说明】

运行程序，输入：$n=7$

输出：

magic：

28	19	10	1	48	39	30
29	27	18	9	7	47	38
37	35	26	17	8	6	46
45	36	34	25	16	14	5
4	44	42	33	24	15	13
12	3	43	41	32	23	21
20	11	2	49	40	31	22

【例 4 - 23】 输入 10 个正整数,将它们按由小到大的顺序输出。

【问题分析】

对 10 个数据进行排序,可以采用多次向一个有序数组中插入一个元素的方法,每次插入后保证数组中的所有数据仍然有序,这种方法称为"插入排序法"。

数组的第一个元素不需要比较,直接进入序列。从第二个数组元素开始,将当前要插入的元素逐个与序列中的元素进行比较,确定位置,将比它大的数据依次往后移,最后插入。在移动时,当前要插入的元素会被覆盖,所以要把当前要插入的元素先放入临时变量 temp 中。

【示范程序】

```pascal
program ex4_23;
const n=10;
var a:array[1..n+1] of longint;
    i,j,k,temp:longint;
begin
    for i:=1 to n do read(a[i]);
    readln;
    for i:=2 to n do
    begin
        temp:=a[i];
        k:=1;
        while (a[k]<temp) and (k<i) do
            k:=k+1;          {找到插入位置}
        for j:=i-1 downto k do
            a[j+1]:=a[j];        {将序列中比当前要插入的元素大的数据往后移}
        a[k]:=temp;
        for j:=1 to n do write(a[j],' ');      {打印每次插入的过程}
        writeln;
    end;
end.
```

【程序说明】

(1) 运行程序,输入:12 54 3 87 3 90 98 22 124 45

输出:

$[12\ \underline{54}]\ 3\ 87\ 3\ 90\ 98\ 22\ 124\ 45$　　　　{将 54 插入序列中}

$[\underline{3}\ 12\ 54]\ 87\ 3\ 90\ 98\ 22\ 124\ 45$　　　　{将 3 插入序列中}

$[3\ 12\ 54\ \underline{87}]\ 3\ 90\ 98\ 22\ 124\ 45$　　　　{将 87 插入序列中}

$[3\ \underline{3}\ 12\ 54\ 87]\ 90\ 98\ 22\ 124\ 45$　　　　{将 3 插入序列中}

$[3\ 3\ 12\ 54\ 87\ \underline{90}]\ 98\ 22\ 124\ 45$　　　　{将 90 插入序列中}

$[3\ 3\ 12\ 54\ 87\ 90\ \underline{98}]\ 22\ 124\ 45$　　　　{将 98 插入序列中}

$[3\ 3\ 12\ \underline{22}\ 54\ 87\ 90\ 98\ ]124\ 45$　　　　{将 22 插入序列中}

$[3\ 3\ 12\ 22\ 54\ 87\ 90\ 98\ \underline{124}]\ 45$　　　　{将 124 插入序列中}

$[3\ 3\ 12\ 22\ \underline{45}\ 54\ 87\ 90\ 98\ 124]$　　　　{将 45 插入序列中}

（2）程序运行时，向数组中插入一个元素的操作一共执行了多少次？

4.5　字符数组与字符串

【**例 4 - 24**】　输入一串字符，字符个数大于 1 但不超过 100，以"＃"结束。判断它们是否构成"回文"，如果构成"回文"，输出"yes"；否则输出"no"。

【**问题分析**】

所谓构成"回文"是指一个字符串从左向右读与从右向左读是完全一样的。例如"1991"、"abcba"构成回文，而"abc"不构成回文。先比较首尾字符，如果不相同，退出程序；如果相同再比较第二个字符和倒数第二个字符……依次比较到最中间的两个字符（或者最中间的一个字符）。

【**示范程序**】

```
program ex4_24;
var a:array[1..100] of char;
    n,i:integer;
    ch:char;
    flag:boolean;
begin
    n:=0;
    read(ch);
    while ch<>'＃'do
    begin
        n:=n+1;
        a[n]:=ch;
        read(ch);
    end;
    flag:=true;
    for i:=1 to n div 2 do
        if a[i]<>a[n+1-i] then flag:=false;
```

```
    if flag then writeln('yes') else writeln('no');
end.
```

【程序说明】

(1) 运行程序,输入:abcde#

输出:no

(2) 数组元素类型为字符型的数组称为"字符数组"。

【例 4 - 25】 输入两串小写字母,并按字典顺序将其输出。

【问题分析】

在处理这一问题时,我们首先想到的是定义两个字符型数组,但是题目中并没给出字母串的长度,我们只好设定一个比较大的范围,如1~100,甚至更大。接下来是输入问题,由于字符输入时不需要任何分隔符,为了识别输入结束,我们只能人为设定一个结束标志(如"#")。对数组元素的赋值、字母串的大小比较也都很麻烦。

所谓"字典顺序",是指按字符串大小顺序输出,如"abc">"aac","abc">"ab","b">"aaaaa"。

【示范程序】

```
program ex4_25a;
var str1,str2:array[1..100] of char;
    ch:char;
    len1,len2,i,l:integer;
begin
    read(ch);
    len1:=0;
    while ch<>'#'do
    begin
        len1:=len1+1;str1[len1]:=ch;read(ch);
    end;
    read(ch);
    len2:=0;
    while ch<>'#'do
    begin
        len2:=len2+1;str2[len2]:=ch;read(ch);
    end;
    i:=1;
    while (str1[i]=str2[i]) and (i<=len1) and (i<=len2) do
        i:=i+1;
    if (i>len1) or (i>len2)
    then if i>len1 then l:=1 else l:=2
    else if str1[i]>str2[i] then l:=2 else l:=1;
    if l=2
```

```
then begin
        for i:=1 to len1 do write(str1[i]);
        writeln;
        for i:=1 to len2 do write(str2[i]);
    end
    else begin
        for i:=1 to len2 do write(str2[i]);
        writeln;
        for i:=1 to len1 do write(str1[i]);
    end
end.
```

【程序说明】

程序 ex4_25a 从两个单词的第一个字母开始逐位比较,最终确定它们大小关系,程序代码较长。如果使用字符串,不仅可以节约空间,还可以简化程序,因为字符串可以直接进行大小比较,如程序 ex4_25b 所示。

【示范程序】

```
program ex4_25b(input,output);
var str1,str2:string;
begin
    readln(str1);
    readln(str2);
    if str1<str2
    then begin
            writeln(str1);writeln(str2);
        end
    else begin
            writeln(str2);writeln(str1);
        end;
end.
```

【程序说明】

(1) 其实,在前面的学习中,我们也经常用到字符串常量,如输入、输出一些提示信息等。

(2) 在定义字符串变量时,我们也可以直接使用串类型标识符 string[n],其中 n 必须是一个确定的值,表示字符串的最大长度,范围在 1~255 之间。定义形式如下:

var str1:string[10];

在 Pascal 中,string[n]中的 n 可以缺省,默认值为 255。如 var str1:string;定义的就是一个长度为 255 的字符串类型。

(3) 由于串类型是数组类型的特殊情况,因此串沿用了数组的大多数特性。串变量可以像其他任何数组一样使用,但它们又具有一般数组类型不具备的附加特性,以便于字符串的变换、加工。这些附加特性主要包括:

①允许把字符串直接写到 output 文件或文本文件中。

②允许对字符串整体进行输入、输出,如 readln(str1),writeln(str1)都是合法的。

③允许对串变量进行赋值,如 cha:='abcde';chb:=cha。

(4) 在 Pascal 中,若赋予串变量过多的字符,超过了串变量的最大长度,超过部分就会被自动截去。

(5) 在 Pascal 中,字符串可以用'+'进行连接,如'abc'+'de'='abcde'。

【例 4-26】 输入一行字符,包含若干个单词,约定相邻的两个单词间用若干个空格隔开。编程统计其中单词的个数。

【问题分析】

先将读入的所有字符存储在一个字符串 st 中,然后通过对 st 的扫描及对空格字符的判断,统计其中单词的个数。为了操作方便,用 length 函数获取字符串的实际长度。本题的难点在于单词之间的空格个数是不定的,而且字符串开头和结尾的地方也可能有若干空格。

【示范程序】

```pascal
program ex4_26(input,output);
var st:string;
    ch1,ch2:char;
    i,l,num:integer;
begin
    writeln('read charactors:');
    readln(st);
    l:=length(st);        {求 st 的实际长度}
    i:=1; num:=0;         {num 记录单词个数,i 记录扫描位置}
    while i<=l do
    begin
        while st[i]=' ' do i:=i+1;        {跳过空格}
        if i<=l then num:=num+1;          {找到新单词,单词数加 1}
        while (st[i]<>' ') and (i<=l) do i:=i+1;        {指针移到单词后的空格}
    end;
    writeln('total:',num);
end.
```

【程序说明】

(1) 运行程序,输入:today   is   a   nice day

输出:total:5

(2) 用 length 函数可以很方便地求出字符串中包含的字符个数。其实,字符串的第 0 号单元中存储的就是字符串的实际长度。

【例 4-27】 设有 n 个正整数($n \leqslant 20$),将它们连接成一排,组成一个最大的多位整数。

例如:$n=3$ 时,3 个整数 13,312,343 连接成的最大整数为:34 331 213。

又如:$n=4$ 时,4 个整数 7,13,4,246 连接成的最大整数为:7 424 613。

【问题分析】

本例因为涉及将若干个自然数连接起来的问题,故采用字符串处理比较方便。首先我们会想到大的字符串应该排在前面,因为如果 A 与 B 是两个由数字字符构成的字符串,且 $A>B$,一般情况下有 $A+B>B+A$。但是当 $A=B+C$,且 $A>B$ 时,有时可能出现 $A+B<B+A$ 的情况。如 $A=$ "121", $B=$ "12",则 $A+B=$ "12112", $B+A=$ "12121", $A+B<B+A$。为了解决这个问题,我们根据题意引进另一种字符串比较方法,将 $A+B$ 与 $B+A$ 相比较,如果前者大于后者,则认为 $A>B$。按这一定义将所有的数字字符串从大到小排序后连接起来所得到的数字字符串即是问题的解。排序时先将所有字符串中的最大值选出来存放在数组的第一个元素中,再从第二至最后一个元素中最大的字符串选出来存放在数组的第二个元素中,直到从最后两个元素中选出最大的字符串存放在数组的倒数第二个元素中为止。

【示范程序】

```pascal
program ex4_27;
const maxn=20;
type stringtype=string[80];
var i,j,n:integer;
    temp:stringtype;
    num:array [1..maxn] of longint;
    digitstr:array[1..maxn] of stringtype;
begin
    write('input n:'); readln(n);
    write('input ',n,'integer data(>0):');
    for i:=1 to n do read(num[i]); readln;
    for i:=1 to n do digitstr[i]:='';
    for i:=1 to n do
    while num[i]<>0 do
    begin
        digitstr[i]:=chr(ord('0')+num[i] mod 10)+digitstr[i];
        num[i]:=num[i] div 10        {将数字转换成字符串}
    end;
    for i:=1 to n-1 do
        for j:=i+1 to n do
        if digitstr[i]+digitstr[j]<digitstr[j]+digitstr[i]
            then begin
                    temp:=digitstr[i];
                    digitstr[i]:=digitstr[j];
                    digitstr[j]:=temp
                end;
    for i:=1 to n do write(digitstr[i]);
    writeln
end.
```

【程序说明】

(1) 输入：

input n:3

input 3 integer data(>0):121 21 3

输出:321121

(2) 按本题定义的字符串是有序的,即如果 $A+B \geqslant B+A, B+C \geqslant C+B$,则一定有 $A+C \geqslant C+A$。证明如下:

引理:记 nA 为 n 个字符串 A 按字符串加法运算规则相加之和,则由 $A+B \geqslant B+A$ 可推导出 $nA+mB \geqslant mB+nA$,其中 m、n 为任意的自然数。用反证法可证明反之也成立。

设 la 为字符串 A 的长度,lb 为字符串 B 的长度,lc 为字符串 C 的长度,再设 $n=lb \times lc$, $m=la \times lc$, $k=la \times lb$,则 nA、mB、kC 三个字符串等长。根据引理有 $nA+mB \geqslant mB+nA$, $mB+kC \geqslant kC+mB$,从而得到 $nA \geqslant mB \geqslant kC$,所以 $nA+kC \geqslant kC+nA, A+C \geqslant C+A$。

要使 n 个字符串拼接起来后得到一个最大的字符串和式,则一定要将按上述定义最大的字符串放在第一个,否则必可通过将最大的字符串与它左侧的字符串交换得到更大的字符串和式。

【例4-28】 很多人都知道微软 Office 中的 Word 具有查找和替换功能,非常简便实用。那能不能通过编程在 Pascal 中实现这一功能呢?输入一个英文句子(以标点符号结束),将其中的字母"a"替换为字母"b"。

【问题分析】

根据题目要求,首先要查找到字母"a",然后将字母"a"删除,最后在字母"a"原来的位置插入字母"b"。

【示范程序】

```pascal
program ex4_28;
var s:string;
    p,i:integer;
begin
    readln(s);
    while pos('a',s)>0 do
    begin
        p:=pos('a',s);      {找到字母"a"在串中的位置}
        delete(s,p,1);      {删除字母"a"}
        insert('b',s,p);    {在字母"a"的位置插入字母"b"}
    end;
    writeln(s);
end.
```

【程序说明】

(1) 运行程序,输入:I am a student.

输出:I bm b student.

(2) pos(s1,s2):函数,在 s2 串中查找是否有 s1 子串,如果有则返回 s1 在 s2 中的起始位置,否则返回值为 0。如 y:=pos('abc','123abacbcabcabcabc');中整数变量 y 的值为 10,而 y:=pos('abc','qawsasd');中 y 的值为 0。

(3) delete(st,pos,len):过程,把字符串 st 从 pos 开始的 len 个字符删除掉。如 delete('abcdefg',3,2)中的'abcdefg'字符串就变成了'abefg'。

(4) insert(s1,s2,pos):过程,在 s2 字符串的第 pos 个位置开始插入 s1 子串。如 insert('abcd','123',2)中的'123'字符串会变成'1abcd23'。注意结果不能超过 s2 的长度。

(5) 程序中的 delete(s,p,1);、insert('b',s,p);也可用 s:=copy(s,1,p−1)+'b'+copy(s,p+1,length(s)−p);替代。

(6) copy(st,pos,num):函数,在 st 串中从 pos 位置开始顺序截取长度为 num 的字符串,其结果为字符串类型。如 k:=copy('abcdefg',2,3);中的字符串变量 k 的结果为'bcd'。

习 题 4

4-1 求一个 3 * 3 矩阵中对角线元素之和。

4-2 删除一维数组 a 中下标为 k 的元素。

4-3 分别统计一个字符串中大写字母和小写字母的个数。例如输入:AaaBBb123CCccccd,则输出结果为:upper=5,lower=8。

4-4 输入两个自然数 m、$n(1 \leqslant m, n \leqslant 10^9)$,输出 m/n 的结果,要求精确到小数点后 50 位,并考虑到四舍五入的因素。如 1/3=0.333……,小数点后有 50 个 3。

4-5 读入一行英文文本,将其中每个单词的最后一个字母改成大写,然后输出此文本(这里的"单词"是指由空格隔开的字符串)。如输入"I am a student to take the examination. ",则输出"I aM A studenT TO takE thE examinatioN. "。

4-6 编程将十进制正整数 m 转换成 k 进制数($2 \leqslant k \leqslant 9$)。例如输入 8 和 2,则输出 1 000(即十进制数 8 转换成二进制数是 1 000)。

4-7 编程输出如下所示的"蛇形数字三角形"。

要求:① 输入一个自然数 $n(n < 30)$,表示行数;

② 第一行有 n 个数字,第二行有 $n-1$ 个……第 n 行只有一个数字;

③ 第一行第一个数字为 1,以后的走向是从右上到左下,直到这样的走向不能再进行时结束。

$n=9$

```
1   2   4   7   11  16  22  29  37
3   5   8   12  17  23  30  38
6   9   13  18  24  31  39
10  14  19  25  32  40
15  20  26  33  41
21  27  34  42
28  35  43
36  44
45
```

4-8 验证卡布列克运算。任意一个四位数,只要它们各个位上的数字是不全相同的,就有这样的规律:

①将组成该四位数的四个数字由大到小排列,形成由这四个数字构成的最大的四位数;

②将组成该四位数的四个数字由小到大排列,形成由这四个数字构成的最小的四位数(如果四个数中含有 0,则得到的数不足四位);

③求上述两个数的差,得到一个新的四位数(高位零保留)。

重复以上过程,最后得到的结果是 6 174,这个数被称为卡布列克数。请编写一个程序,计算一个四位数经过上述运算最后得到卡布列克数所需的步数。

4-9 将 1~9 这 9 个数字分成三组(每个数字只能使用一次),分别组成 3 个 3 位数,且这 3 个 3 位数的值构成 1∶2∶3 的比例。试求出所有满足条件的 3 个 3 位数。

4-10 编程输出 $N(N<30)$ 阶蛇型方阵。如 $N=5$ 时,方阵如下:

```
 1  2  6  7 15
 3  5  8 14 16
 4  9 13 17 22
10 12 18 21 23
11 19 20 24 25
```

4-11 编程输出如下形状的数字图案,其中图案中心数字为 0,最外一层的数字 $N(N<10)$ 由键盘输入。例如,输入 $N=3$,输出如下:

```
3 3 3 3 3 3 3
3 2 2 2 2 2 3
3 2 1 1 1 2 3
3 2 1 0 1 2 3
3 2 1 1 1 2 3
3 2 2 2 2 2 3
3 3 3 3 3 3 3
```

第5章　过程与函数

我们已经学习和使用过一些标准函数和过程了,如函数 sqr(x)表示求 x 的平方、函数 length(s)表示求字符串 s 的长度,过程 writeln(x)表示输出变量 x 的值、过程 str(x,s)表示将一个整数 x 转换成字符串存储在 s 中。这些标准函数和过程是包含在 Pascal 系统中供用户直接调用的现成程序模块,在程序中只要按照一定的调用规则(函数名或过程名加相应参数),直接调用这些程序模块就可以求出相应的结果。函数和过程一般统称为"子程序",子程序的使用大大方便了程序的编写,但 Pascal 系统提供的标准函数和过程毕竟有限,并不能完全满足实际编程的种种需要。为此,Pascal 系统为我们提供了"自定义函数"和"自定义过程"的功能。这些自定义函数、自定义过程的调用方法与标准函数、标准过程一样,只是它们需要用户在"主程序"开始前事先自行定义好。

子程序的思想是结构化程序设计的核心。本章我们就介绍自定义函数、自定义过程的使用以及结构化程序设计的相关问题和递归调用的思想。

5.1　自定义函数

【例 5-1】　求 3! +5! +6! 的值。

【示范程序】

```pascal
program ex5_1;
var i,s,t:longint;
begin
    s:=0;
    t:=1;
    for i:=1 to 3 do
      t:=t*i;      {求 3!}
    s:=s+t;
    t:=1;
    for i:=1 to 5 do
      t:=t*i;      {求 5!}
    s:=s+t;
    t:=1;
    for i:=1 to 6 do
      t:=t*i;      {求 6!}
```

```
        s:=s+t;
        writeln(s);
    end.
```

【程序说明】

(1) 运行程序,输出:846。

(2) 在这个程序中,求阶乘的程序段在程序中的不同位置出现了三次,通常可以将这些重复出现的"程序段"抽出来,单独书写成"子程序",并通过一个标识符(子程序名)加以标识。然后,程序中凡是出现这个程序段的地方,只要简单地引用该标识符(加上适当的参数)即可。在 Pascal 语言中,子程序分为两种形式:过程和函数。

下面的程序是采用"子程序(函数)"的方法求 3! +5! +6! 的值,请大家阅读并体会其中的思想和方法。

【例 5-2】 用自定义函数的方法,求 3! +5! +6! 的值。

【示范程序】

```
program ex5_2;
var s:longint;        {全局变量说明}
function fac(n:integer):longint;      {自定义函数 fac,子程序}
var i,t:longint;       {局部变量说明}
begin
    t:=1;
    for i:=1 to n do
        t:=t*i;
    fac:=t;
end;
begin      {主程序}
    s:=fac(3) +fac(5) +fac(6) ;      {3 次调用 fac 函数求值}
    writeln(s);
end.
```

【程序说明】

(1) 程序中的 fac 函数就是一个自定义函数,用来计算 $n!$ 的值。

(2) function fac(n:integer):longint;这一行称为函数的"首部"。

function 为保留字,fac 为自定义的"函数名",定义的函数名在同一程序中不能再用作其他变量名、数组名、过程名等标识符,因为函数的"返回值"就是通过函数名传送回调用程序的。

(n:integer)为参数定义部分,其中的 n 称为"形式参数",integer 为形式参数的数据类型。形式参数可以有多个也可以没有,由于它们并不是实际存在的变量,故又称为虚拟变量,并不占用内存单元,只有在调用函数时,才临时开辟相应的内存单元,存放"实在参数"的值。实在参数是调用函数时用到的自变量,只有在调用函数时,实在参数的值才传送到形式参数的临时内存单元中去。可见,形式参数实质上是实在参数的一个"替身"。调用函数时,实在参数的个数、数据类型必须与形式参数一一对应,并且要有确定的值;多个实在参数之间用逗号分隔开来。

longint 是这个函数的"返回值类型"。Pascal 规定一个函数只能求出一个简单值,所以函数的返回值类型只能是"非结构"类型。

（3）函数的主体部分(执行部分)是以 begin 开头,以 end 及一个分号结尾。其中至少要有一条语句是将函数的结果(返回值)传给函数名,即"函数名:=表达式"的形式。

（4）为了区分主程序和子程序中的变量,我们把 i、t 称为局部变量,s 称为全局变量。

（5）函数一经定义后,就可以像标准函数一样被多次任意调用了。但与标准函数不同的是,自定义函数只能在定义它的程序中使用。

（6）函数调用的步骤是:首先在调用的程序中计算实在参数的值,再传送给相应的形式参数,接着执行函数体,最后将函数值返回给调用程序。需要注意的是,函数的调用只能出现在赋值号右边的表达式中,或直接出现在输出语句中,而不能作为一个单独的语句使用。

（7）若函数定义后未被调用,则该函数永远不会被执行。

（8）引入子程序之后,可以方便地把较为复杂的问题分解成若干个简单而易于处理的子问题。更重要的是,这样做可以使程序的结构清晰、层次分明,增强了程序的可读性,使程序易于调试和维护。

（9）有子程序的程序仍然是从主程序开始执行的,通过主程序去调用子程序,子程序是不能单独执行的。一个程序中,主程序只能有一个,而子程序可以根据需要有多个,以完成不同的功能模块。

【例 5-3】　编程输出 2～100 之间的所有素数,每行输出 5 个。

【问题分析】

首先,编写一个函数 prime(i)用来判断整数 i 是否为素数,是则返回 true,否则返回 false。然后在主程序中穷举 i(2～100),此时不断调用 prime 函数即可。

【示范程序】

```
program ex5_3;
var i,t:integer;
function prime(n:integer):boolean;      {判断 n 是否为素数的函数}
var j:integer;
begin
    prime:=true;
    for j:=2 to trunc(sqrt(n)) do
      if n mod j=0 then prime:=false;
end;
begin      {main}
    t:=0;
    for i:=2 to 100 do
      if prime(i) then      {调用函数逐个判断是否为素数}
      begin
          write(i:5);
          t:=t+1;
          if t mod 5=0 then writeln
      end;
end.
```

【程序说明】

运行程序,输出如下:

```
 2   3   5   7  11
13  17  19  23  29
31  37  41  43  47
53  59  61  67  71
73  79  83  89  97
```

【例 5-4】 输入两个三角形的三边边长,分别为 a,b,c 和 d,e,f,编程输出两个三角形面积之和。

【问题分析】

已知一个三角形的三边边长为 a,b,c,求三角形面积的公式(海伦公式)为: $s=\sqrt{p(p-a)(p-b)(p-c)}$,其中 p 称为半周长,即 $p=(a+b+c)/2$。

本题只要编写一个求三角形面积的函数,然后两次调用它即可。

【示范程序】

```pascal
program ex5_4;
var a,b,c,d,e,f,s:real;
function area(a,b,c:real):real;        {函数 area 有三个实型参数,返回值类型也是实型}
var p:real;
begin
    p:=(a+b+c)/2;
    area:=sqrt(p*(p-a)*(p-b)*(p-c));       {根据海伦公式求三角形面积}
end;
begin
    readln(a,b,c,d,e,f);
    s:=area(a,b,c)+area(d,e,f);        {调用函数,求两个三角形面积之和}
    writeln(s:0:2);
end.
```

【程序说明】

(1) 运行程序,输入:3 4 5 6 8 10

输出:30.00

(2) 运用自定义函数编写的程序代码量一般较少,其结构更简洁、可读性更强。

5.2   自定义过程

过程对我们来说并不陌生,我们学习过的读语句(read、readln)、写语句(write、writeln)等都是过程。它们都是由 Pascal 系统预先定义、可直接调用的程序段,故称为"标准过程"。

一般而言过程与函数的最大区别就在于,函数的目的是为了求得一个函数值;而过程是为了做一件事情,不是为了得到一个返回值。

过程分为标准过程和自定义过程,下面我们通过一个例子来认识自定义过程。

【例 5 - 5】 编程打印如下图形。

```
*
**
***
****
*****
```

【示范程序】
```
program ex5_5;
var i:integer;
procedure print(n:integer);      {过程首部}
var j:integer;         {局部变量说明}
begin
    for j:=1 to n do       {过程体,打印 n 个"*"}
      write('*');
end;
begin
    for i:=1 to 5 do
    begin
       print(i);        {调用过程打印 i 个"*"}
       writeln;
    end;
end.
```

【程序说明】

(1) Pascal 语言中的自定义过程与自定义函数类似,都需要在程序中先定义后使用。

(2) procedure print(n:longint);为过程首部。

procedure 为保留字。print 为自定义的过程名,定义的过程名在同一程序中不能再用作其他变量名、数组名、函数名等。n 为形式参数。过程与函数一样,可以不带参数也可以有多个参数;但过程无返回值。

【例 5 - 6】 用自定义过程求 3! +5! +6! 的值。
【示范程序】
```
program ex5_6;
var s:longint;
procedure fac(n:longint);      {过程首部}
var i,t:longint;       {局部变量说明}
begin      {过程体}
    t:=1;
    for i:=1 to n do
       t:=t*i;
```

```
        s:=s+t;        {将每次调用过程求得的结果保存到全局变量 s}
    end;
    begin
        s:=0;
        fac(3);
        fac(5);
        fac(6);        {调用过程求阶乘的值}
        writeln(s);
    end.
```

【程序说明】

（1）过程以 begin 开头，以 end 加分号结束。与函数不同的是，不能给过程名赋值，因为过程一般是为了做一件事情（一系列操作），过程名不代表任何数据。

（2）变量 s 为全局变量，最终由 s 将阶乘的值传回到主程序。从过程中将值传回到主程序，可以使用全局变量或过程参数。

（3）若过程定义后未被调用，则该过程永远不会被执行。

（4）过程调用是由独立的过程调用语句来完成的，而函数调用出现在表达式中。

5.3 变量及其作用域

在前面两节的程序中，我们发现主程序中定义了变量，子程序中也定义了变量，那么它们有什么区别呢？那些在主程序开头说明的变量称为"全程变量（或全局变量）"，而在过程和函数中说明的变量，称为"局部变量"。

【例 5－7】 运行下面的程序，观察程序运行结果。

```
program ex5_7;
var m,n:longint;       {全局变量说明}
procedure test;
var x,m:integer;       {局部变量说明}
begin
    n:=n+5;
    m:=16;
    x:=25;
    writeln('x=',x);
    writeln('m=',m,'  ','n=',n);
end;
begin
    m:=100;
    n:=10;
    test;
```

```
    writeln('m=',m,'  ','n=',n);
end.
```

【程序说明】

（1）运行程序，输出：

x＝25

m＝16　　n＝15

m＝100　　n＝15

（2）在程序中，局部变量、全程变量的"作用域"是不一样的。本例中的局部变量 x,m 的作用域是它们所在的子程序 test。因为形式参数只在子程序中有效，所以形式参数也属于局部变量。对于局部变量的作用域可以这样理解：当局部变量所在子程序被调用时，局部变量被分配有效的存储单元；当返回到调用程序（主程序）时，局部变量被分配的存储单元就会立即被释放。

（3）全程变量的作用域分为两种情况：

①当全程变量和局部变量不同名时，其作用域是整个程序（包括子程序），如本程序中的变量 n。

②当全程变量和局部变量同名时，全程变量的作用域不包含同名局部变量的作用域。即遵循"局部变量优先"的原则。如本例中主程序和子程序中都定义了变量 m，在子程序中出现的变量 m 是局部变量。

（4）引入局部变量既可以节省内存空间，又给结构化程序设计带来了便利。在含有多个子程序的程序中，为了使众多变量间不互相干扰，一般使用局部变量。当变量间需要某种联系时，可以选择全程变量或形式参数。

5.4　参数的传递

通过前面的介绍，我们可以将子程序（函数和过程）调用的一般步骤归纳为：将调用语句中的实在参数传递给子程序头部的形式参数──→执行子程序──→返回调用处继续执行主程序。

由于形式参数的类型不同，它们在函数和过程调用中所起的作用也不相同。一般把形式参数分为值形参和变量形参两种。实在参数也相应地分为值实参与变量实参两种。

值形参是指形式参数表中变量定义前没有 var 的参数。如 function fac(x:integer)中的 x，它类似于局部变量，仅为过程和函数的执行提供初值而不影响调用时实在参数的值。在调用语句中，值形参所对应的实在参数可以是表达式，如 fac($2*4$)是合法的，与 fac(8)同一效果。

变量形参是指形式参数表中变量定义前有 var 的参数。如果需要子程序执行完时将形式参数的值返回给实在参数，就应采用变量形参。需要注意的是，函数中不允许使用变量形参。变量形参的实在参数应和它是同一类型，而不能是表达式。在子程序中，对变量形参的引用或赋值，就是对相应实在参数的引用或赋值。因此，对变量形参的任何操作就是对实在参数本身的操作。

【**例 5 - 8**】 运行下面程序,体会值形参和变量形参的区别。

```pascal
program ex5_8;
var a,d:integer;
procedure sum(b:integer;var c:integer);       {b 为值形参,c 为变量形参}
begin
    b:=b+10;
    c:=c+5;
    writeln('b=',b,'  ','c=',c);
end;
begin     {主程序}
    a:=10;
    d:=30;
    sum(a,d);    {a 为值实参,d 为变量实参}
    writeln('a=',a,'  ','d=',d);
end.
```

【**程序说明**】

(1) 运行程序,输出:

    b=20 c=35   {这是过程中输出的结果}
    a=10 d=35   {这是主程序中输出的结果}

(2) 程序中,b 为值形参,a 为值实参,过程调用 b 不会改变 a 的值,最终仍输出 $a=10$。

(3) 程序中,c 为变量形参,d 为变量实参,过程中改变变量 c 的值的同时也改变了变量 d 的值。

【**例 5 - 9**】 运行下面程序,观察运行结果。

```pascal
program ex5_9;
var x,y,z:integer;
procedure sum(z:integer;var x,y:integer);       {z 为值形参,x、y 为变量形参}
var t:integer;       {t 为局部变量}
begin
    t:=x;x:=y;y:=t;
    z:=z+10;
    writeln('x=',x,'  ','y=',y,'  ','z=',z);
end;
begin     {主程序}
    x:=10;
    y:=30;
    z:=50;
    sum(z,x,y);    {z 为值实参,x、y 为变量实参}
    writeln('x=',x,'  ','y=',y,'  ','z=',z);
end.
```

【程序说明】

（1）运行程序，输出：

x＝30　y＝10　z＝60

x＝30　y＝10　z＝50

（2）由于子程序中的 x、y 定义为变量形参，所以主程序中的 x、y 的值在子程序中被改变。子程序中的 z 为值形参，所以子程序中 z 的值的改变不影响主程序中 z 的值。

【例 5－10】 请用数组作为参数，设计一个过程，将数组中的元素从小到大排序。

```
program ex5_10;
type atype=array[1..11] of integer;      {定义数组类型}
var a:atype;        {定义全局数组变量 a}
    i:integer;
procedure sort(var p:atype);       {定义排序过程,用数组 p 作为变量形参}
var i,j,k,temp:integer;
begin
    for i:=2 to 10 do      {将 p[i]插入到 p[1..i-1]中}
    begin
        temp:=p[i];
        k:=1;
        while (p[k]<temp) and (k<i) do
            k:=k+1;      {找到插入位置}
        for j:=i-1 downto k do
            p[j+1]:=p[j];      {将当前序列中比要插入的元素大的数据往后移}
        p[k]:=temp;
    end;
end;
begin      {main}
    for i:=1 to 10 do read(a[i]);
    sort(a);      {过程调用。把数组 a 传递给数组 p,由于 p 和 a 共用同一存储区域,所以过程结束后 p 有序即 a 有序}
    for i:=1 to 10 do write(a[i],'  ');
end.
```

【程序说明】

（1）当形式参数为数组类型时，在过程头部的说明中必须用类型名进行定义，不能写成：procedure sort(var p:array[1..11] of integer);。

（2）由于函数的返回值是"一个"值，所以不能把数组作为函数的返回值类型（结果类型）。

子程序中定义的形式参数种类不同，决定了实在参数传递方向的不同。值形参实现的是单向传递，仅把过程外部的值传递给过程，故可称为"输入参数"，它所对应的实在参数可以是常量、变量或表达式。变量形参实现的是双向传递，除了将过程外部的值传递给过程内部，更重要的是它能将过程中变化的形参值输出到过程外部，故又称为"输出参数"，其对应的实际参数必须为变量,不能为常量或表达式。从本质上讲,变量实参与变量形参使用的是同一个存储单元。

5.5　递归程序的设计

【例 5 - 11】　输入一个正整数,如果是回文素数则输出"yes",否则输出"no"。
【问题分析】
可以定义两个函数分别判断一个数是否为素数和是否为回文数。
【示范程序】

```pascal
program ex5_11;
var i,n:longint;
function prime(n:longint):boolean;        {函数 prime}
var i:longint;
    f:boolean;
begin        {函数 prime 的函数体}
   f:=true;
   for i:=2 to trunc(sqrt(n)) do
      if n mod i=0 then f:=false;
   prime:=f;
end;
function pal(n:longint):boolean;        {函数 pal}
var x,y:longint;
begin        {函数 pal 的函数体}
   x:=n;
   y:=0;
   while x>0 do
   begin
      y:=y*10+x mod 10;
      x:=x div 10;
   end;
   if y=n then pal:=true
          else pal:=false;
end;
begin        {主程序}
   readln(n);
   if prime(n) and pal(n) then writeln('yes')
                          else writeln('no');
end.
```

【程序说明】

（1）运行程序，输入：121

输出：no

输入：11

输出：yes

（2）函数 prime 判断 n 是否为素数；函数 pal 判断 n 是否为回文数，程序的结构比较清晰易懂，两个函数为并列关系。

【例 5 - 12】　求组合数 c(6,3) 与 c(9,5) 的和。

【问题分析】

根据组合数的定义：c(n,m)＝n!/(m! ＊ (n－m)!)，所以假设问题的解为 s，则 s＝cnm(6,3)＋cnm(9,5)，其中 cnm(n,m) 为自定义函数。而在求 cnm(n,m) 的过程中要 3 次用到求 n! 的程序段，所以在函数 cnm 内要嵌套一个求 n! 的子函数 fac(n)。

【示范程序】

```
program ex5_12;
var s:longint;
function cnm(n,m:integer):longint;        {外层函数 cnm}
    function fac(k:integer):longint;        {内层函数 fac}
        var i:integer;
             t:longint;
        begin        {内层函数 fac 的函数体}
            t:=1;
            for i:=2 to k do t:=t*i;
            fac:=t;
        end;
begin        {外层函数 cnm 的函数体}
    cnm:=fac(n) div fac(m) div fac(n-m);
end;
begin        {主程序}
    s:=cnm(6,3)+cnm(9,5);
    writeln('s=',s);
end.
```

【程序说明】

运行程序，输出：s＝146。

程序中的函数 cnm 和函数 fac 被定义为 longint 类型是为了避免 integer 运算时产生数据溢出。函数 fac 是嵌套在函数 cnm 中，因此主程序只能调用函数 cnm，而不能调用函数 fac；函数 fac 只能被函数 cnm 调用。图 5 - 1 表示函数 cnm(6,3) 的调用过

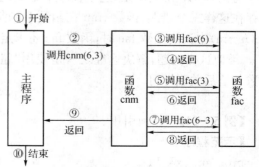

图 5 - 1　调用 cnm(6,3) 执行的流程

程,调用 cnm(9,5)的过程与之类似,图中①~⑩表示执行的顺序。

在设计和实现嵌套结构的程序时,应注意以下两点:

①内、外层过程或函数不得相互交叉,内层必须完全嵌套在外层之中;

②一般情况下,过程或函数内部需要使用的变量应在过程或函数内部进行定义。外部过程或函数不能访问内层过程或函数所定义的变量。

在某些情况下,程序中并列的过程或函数需要相互调用;或前面定义的过程或函数调用了后面定义的过程或函数,则会产生"调用未定义过程或函数"的情况,违反了 Pascal 语言关于标识符必须"先定义后使用"的原则,请看如下程序。

【例 5 - 13】 并列关系的子程序。

【示范程序】

```pascal
program ex5_13;
var s:longint;
function cnm(n,m:integer):longint;        {函数 cnm}
begin
    cnm:=fac(n) div fac(m) div fac(n-m);
end;
function fac(k:integer):longint;      {函数 fac}
var i:integer;
    t:longint;
begin
    t:=1;
        for i:=2 to k do t:=t*I;
        fac:=t;
end;
begin
    s:=cnm(6,3)+cnm(9,5);
    writeln('s=',s);
end.
```

【程序说明】

与例 5 - 12 不同的是,这个程序中定义的函数 cnm 和函数 fac 是并列的关系。但程序中存在这样一个错误:函数 cnm 在函数 fac 前面定义,当语句 cnm:=fac(n)div fac(m) div fac(n-m)中调用函数 fac 时,函数 fac 还未定义,则运行后出现语法错误"unknown identifier"。类似这样问题,解决途径之一是使用"超前引用"。当然,就本题而言,交换 cnm 和 fac 函数的前后关系即可。

【例 5 - 14】 超前引用。

【示范程序】

```pascal
program ex5_14;
var s:longint;
```

```
function fac(k:integer):longint;        {函数 fac 的首部提前说明}
forward;        {函数 fac 的超前引用说明}
function cnm(n,m:integer):longint;        {函数 cnm 的首部}
begin
    cnm:=fac(n) div (fac(m) * fac(n-m))
end;
function fac(k:integer):longint;
var i:integer;
    t:longint;
begin
    t:=1;
    for i:=2 to k do t:=t * i;
    fac:=t;
end;
begin     {主程序}
    s:=cnm(6,3)+cnm(9,5);
    writeln('s=',s);
end.
```

【程序说明】

把需要超前引用的过程或函数的首部放置在调用函数前面,并加上保留字 forward。

【例 5 - 15】 编程计算 $n!$ 的值。

【问题分析】

$n!$ 可以归纳成下列公式: $n! = \begin{cases} 1 & n=0 \\ n*(n-1)! & n>0 \end{cases}$

这是一个"递归"的定义。在数学上有很多这样的例子,比如所有偶数的集合可以这样定义:

① 0 是一个偶数;

② 一个偶数和 2 的和是一个偶数。

在 Pascal 语言中,如果在一个函数、过程的定义内部又直接或间接地调用其本身,则称之为"递归"的或者是"递归定义"的。

"求 $n!$ 值"是递归定义中最简单、最典型的例子。求 $n!$ 可以先转化为求 $(n-1)!$ 的问题,因为 $(n-1)!$ 乘以 n 就是 $n!$;而求 $(n-1)!$ 又可以转化为求 $(n-2)!$ 的问题……最后归结到求 0! 的问题,而 0! 已定义为 1。然后再由 0!=1 一步步反过去依次求出 1!,2!……直到求出 $n!$。

【示范程序】

```
program ex5_15;
var n:integer;
    s:longint;
function fac(a:integer):longint;        {递归函数}
```

```
begin
    if a=0 then fac:=1
            else fac:=a * fac(a−1);
end;
begin      {主程序}
    readln(n);
    s:=fac(n);
    writeln(n,'! =',s)
end.
```

【程序说明】

(1) 运行程序,输入:5

输出:5! =120

(2) 在程序中,递归是通过函数或过程的调用来实现的。函数或过程直接调用其自身,称为"直接递归",本例就是直接递归。函数或过程间接调用其自身(如子程序 a 中调用了 b,而 b 中又调用了 a),称为"间接递归"。

(3) 程序中的 fac 函数就是一个递归函数,图 5-2 是递归调用示意图。

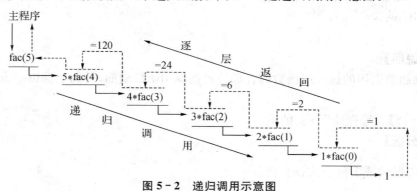

图 5-2 递归调用示意图

【例 5-16】 用递归的方法求斐波那契数列(Fibonacci 数列)中的第 n 个数。斐波那契数列的递归公式如下:

$$f(n) = \begin{cases} 0 & n=1 \\ 1 & n=2 \\ f(n-2)+f(n-1) & n>2 \end{cases}$$

【示范程序】

```
program ex5_16a;
var m:integer;
    p:longint;
function fib(n:integer):longint;
begin
    if n=1 then fib:=0
        else if n=2 then fib:=1
                else fib:=fib(n−1)+fib(n−2);
```

```
end;
begin
    readln(m);
    p:=fib(m);
    writeln('fib(',m,')=',p)
end.
```

【程序说明】

（1）运行程序，输入：15

　　　输出：fib(15)=377

（2）递归法求斐波那契数列中的第 n 个数是从大到小逐步处理的。先把 fib(n) 拆分为 fib(n-1) 和 fib(n-2)，每一部分又再分解为两部分……总的递归次数是 2^{n-1}，计算量是很大的，且存在很多重复计算。可以研究一下如果用这个方法求 $f(6)$，则递归过程中要计算多少次 $f(3)$，就能体会为什么递归算法的效率不高了。如果我们从小到大来考虑这个问题，可得到这样一个递推关系：

fib(1)=0

fib(2)=1

fib(3)=fib(2)+fib(1)=1

fib(4)=fib(3)+fib(2)=2

fib(5)=fib(4)+fib(3)=3

……

fib(n)=fib(n-1)+fib(n-2)

由于斐波那契数列存在非常明显的递推关系，我们也可以递推求解。非递归算法一般要比递归算法效率高很多。

【示范程序】

```
program ex5_16b;        {用递推的方法求斐波那契数列中的第 n 个数}
var n,m:integer;
    f:array[1..30] of longint;
begin
    f[1]:=0;
    f[2]:=1;
    readln(n);
    for m:=3 to n do f[m]:=f[m-1]+f[m-2];
    writeln('f[',n,']=',f[n])
end.
```

【例 5-17】　汉诺塔（Tower of Hanoi）。

如图 5-3 所示，设有 n 个大小不等的中空圆盘，按照从小到大的顺序叠套在立柱 A 上，另有两根立柱 B 和 C。现要求把全部圆盘从 A 柱（源柱）移到 C 柱（目标柱），移动过程中可借助 B 柱（中间柱）。移动时有如下要求：

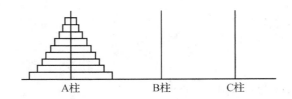

图 5-3　汉诺塔问题

① 一次只许移动一个盘;

② 任何时候任何柱子上不允许把大盘放在小盘上边;

③ 可使用任意一根立柱暂存圆盘。

问:如何用最少的步数实现 n 个盘子的移动,请打印出方案。

【问题分析】

先以三个盘的移动为例,看一下移动过程。

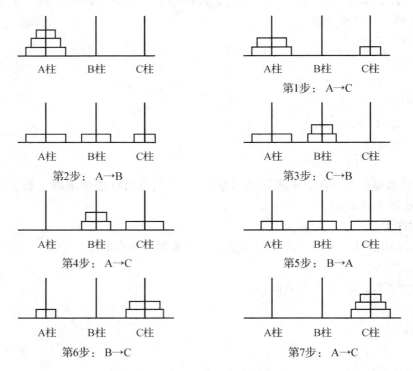

图 5-4　汉诺塔移动三个盘子的过程

分析图 5-4 发现,第 1 步至第 3 步完成的是将 A 柱上的两个盘子移动到 B 柱,此时 C 柱是中间柱;第 4 步是将 A 柱剩下的盘子移动到 C 柱;第 5 步至第 7 步完成的是将 B 柱上的两个盘子移动到 C 柱,此时 A 柱是中间柱。

推广到一般情形,将 n 个盘子从 A 柱移到 C 柱。首先将 A 柱上方的 $n-1$ 个盘子从 A 柱移到 B 柱,此过程中 C 柱为中间柱;接着将 A 柱最后一个盘子移到 C 柱;最后将 B 柱上的 $n-1$ 个盘子移到 C 柱,此过程中 A 柱为中间柱。这样就把 n 个盘子的移动问题变成了移动 $n-1$ 个盘子的问题了。

定义过程 move(n,A,B,C),实现这一递归算法:

若 $n=1$，则 A→C

若 $n \geqslant 2$，则

$$\begin{cases} \text{move}(n-1,A,C,B) & \text{\{表示把 } n-1 \text{ 个盘子从 A 柱移动 B 柱上，用 C 柱作为中间柱\}} \\ A{\to}C & \text{\{表示一个盘子直接从 A 柱移动到 C 柱\}} \\ \text{move}(n-1,B,A,C) & \text{\{表示把 } n-1 \text{ 个盘子从 B 柱移动 C 柱上，用 A 柱作为中间柱\}} \end{cases}$$

【示范程序】

```pascal
program ex5_17;
var total:integer;
procedure move(n:integer;z1,z2,z3:char);
begin
    if n=1 then writeln(z1,'->',z3)
            else begin
                    move(n-1,z1,z3,z2);
                    writeln(z1,'->',z3);
                    move(n-1,z2,z1,z3)
                end
end;
begin      {main}
    write('enter the number of disks in Hanoi Tower:');
    readln(total);
    move(total,'A','B','C')
end.
```

【程序说明】

(1) 最少要几步，你能直接计算出来吗？有什么规律？你能证明吗？

(2) 执行程序，在"enter the number of disks in Hanoi Tower:"后输入 3，则输出：

A->C

A->B

C->B

A->C

B->A

B->C

A->C

【例 5 - 18】　阅读下面的程序。

```pascal
program ex5_18;
var x:integer;
function up(var n:integer):integer;     {函数 up 的首部提前说明}
forward;     {函数 up 的超前引用说明}
function down(var n:integer):integer;     {函数 down 的首部}
begin
```

```
    n:=n div 2;
    writeln(n,'in down');
    if n<>1 then n:=up(n);
end;
function up(var n:integer):integer;
begin
    while n mod 2<>0 do
    begin
    n:=n*3+1;
    writeln(n,'in up');
    end;
    n:=down(n);
end;
begin    {主程序}
    write('input x:');
    readln(x);
    x:=up(x);
    writeln('ok')
end.
```

【程序说明】

(1) 运行结果,在"input x:"后输入:6

输出:

3 in down

10 in up

5 in down

16 in up

8 in down

4 in down

2 in down

1 in down

ok

(2) 这个程序体现了间接递归调用的思想,我们在编程时用的并不是很多。

用递归思想编写的程序具有结构清晰、容易阅读和理解的优点,但在处理递归问题的过程中,需保留每次递归调用时的参数和局部变量,这样就占用了大量的存储空间和耗费较多的 CPU 时间,因此程序运行的效率较低。

能用递归算法求解的问题一般应该满足如下要求:

① 符合递归的描述:需要解决的问题可以转化成规模更小的、相似的子问题求解;

② 递归调用的次数必须是有限的;

③ 必须有递归结束条件,即存在某个特定的条件,在这个特定的条件下,可得到确定的解。

递归是算法设计的一种重要方法,它的优势在于能用有限的语句来定义对象的无限集合。对于某些问题,用递归处理简单明了,程序结构清晰、精练。但是由于递归处理的过程需占用大量的 CPU 资源和内存空间,因而程序的效率低,在必要的时候,需要将递归转化为非递归来处理。

习 题 5

5-1 定义函数 digit(n,k)分离出整数 n 从右边数的第 k 个数字,如 digit(31859,3)=8;digit(2076,5)=0。

5-2 输入一个正整数 n,编写一个过程从低位到高位依次输出各位上的数。

5-3 任意给一个正整数,如果是奇数,就把它乘以 3 再加上 1;如果是偶数,就把它除以 2。经过有限次计算后,结果总会出现 1,这就是角谷猜想。试编写一个程序来验证。

5-4 在程序中定义一个函数 check(n,d),如果数字 d 在整数 n 中出现,则函数值为 true;否则为 false,如 check(9687,7)=true;check(10345,6)=false。

5-5 在素数的大家庭中,大小之差不超过 2 的两个素数称为一对孪生素数,如 2 和 3、3 和 5、17 和 19 等。请你统计一下,在不大于自然数 $N(N \leqslant 10^6)$ 的素数中,孪生素数的对数。

5-6 编写求两个数中较大数的函数,并调用该函数求出四个数中的最大数。

5-7 编写一个判定闰年的函数,并调用此函数求出公元 1 年到公元 1000 年之间的所有闰年。

5-8 编写判断"回文"的函数,并调用此函数判定一个字符串是否是"回文字符串"。比如 12321,1221 都是回文字符串,而 1232 不是。

5-9 对 6～1 000 内的偶数验证哥德巴赫猜想:任何一个大于 6 的偶数总可以分解为两个素数之和。

5-10 用递归的方法求 $1+2+3+\cdots+(n-1)+n$ 的值。

5-11 请编写一个函数 fun,它的功能是求出 ss 字符串中指定字符 c 的个数,并返回该值。例如,输入字符串 ss="123412132",c="1",则输出 3。

5-12 输入一个字符串,编写一个函数,用来删除字符串中的所有空格,再输出该字符串。例如,输入"asd af aa z67",输出"asdafaaz67"。

5-13 输入一个分数的分子 m 和分母 n,m 和 n 均为正整数,且 $m<n$。编写一个函数将其转化为最简分数。

5-14 编写一过程,实现 m*n 的矩阵的转置(即行列互换)。如下为一个 3*3 矩阵转置的例子。

如输入:	则输出:
1 2 3	1 4 7
4 5 6	2 5 8
7 8 9	3 6 9

5-15 输入一个字符串,将字符串中所有奇数位置上的字母转换为大写(若该位置上

不是字母,则不转换)。

5-16　阅读以下程序,写出运行结果。

```pascal
program lx16;
procedure try(n:integer);
begin
    if n=0 then writeln
        else begin
                write('*');
                try(n-1);
            end;
    write('*');
end;

begin
    try(5);
end.
```

5-17　编写一个递归过程,把一个十进制正整数转换成八进制数输出。

5-18　输入一个四位数,保证 4 个数字不全相同,输出其卡布列克运算过程。即把四个数字重新组合成一个最大数 max 和一个最小数 min,再用 max-min,如果得到的结果不是 6 174,则继续重复以上过程,则最后一定会得到 6 174。比如输入 4 533,则输出如下:

5 433-3 345=2 088

8 820-288=8 532

8 532-2 358=6 174

step=3

第6章 枚举、集合、记录和文件

Pascal 语言提供了三大类数据类型,即简单类型、构造类型和指针类型。简单类型又分为标准类型(如 integer、real、boolean、char 等)和自定义类型(如子界类型、枚举类型)。构造类型主要有数组类型、集合类型、记录类型、文件类型等。本章主要介绍枚举类型和几种常用的构造类型。

6.1 枚举类型

枚举类型是一种自定义类型,一般是为了说明一些非数值型的数据,如颜色的类别、水果的名称等。

【例 6-1】 设有苹果、桔子、香蕉与菠萝 4 种水果,若要在其中任取 3 种不同的水果,请编程打印出所有组合情况。

【示范程序】

```pascal
program ex6_1;
type fr=(apple,orange,banana,pineapple);      {自定义枚举类型}
var i,j,k,p:fr;        {定义枚举类型变量}
    loop:integer;
begin
    for i:=apple to orange do
        for j:=succ(i) to banana do
            for k:=succ(j) to pineapple do
            begin
                for loop:=1 to 3 do
                begin
                    case loop of
                        1:p:=i;
                        2:p:=j;
                        3:p:=k;
                    end;
                    case p of
                        apple:write('apple','  ');
                        orange:write('orange','  ');
```

— 105 —

```
                banana:write('banana','   ');
                pineapple:write('pineapple','   ');
            end;
        end;
        writeln;
    end;
end.
```

【程序说明】

(1) 运行程序,输出结果如下:

```
apple      orange      banana
apple      orange      pineapple
apple      banana      pineapple
orange     banana      pineapple
```

(2) 枚举类型属于自定义类型,在程序的说明部分必须定义后才能使用。

(3) 枚举类型定义的一般格式为:

type <枚举类型标识符>=(<标识符1>,<标识符2>,…,<标识符n>);

其中<标识符1>,<标识符2>,…,<标识符n>为枚举元素,所有枚举元素构成它的取值范围(值域)。本例中的取值范围为 apple,orange,banana,pineapple 共 4 个。需要注意的是,这 4 个枚举元素是有次序的,我们可以用 ord 函数求出它们的序号,分别为 ord(apple)=0,ord(orange)=1,ord(banana)=2,ord(pineapple)=3,也可以用 succ 和 pred 函数求出枚举元素的后继和前趋。

(4) var i,j,k,p:fr;定义了四个枚举类型变量,它们的取值只有 apple,orange,banana,pineapple 这 4 个,程序中通过赋值语句对其赋值。

(5) 枚举类型的变量不能直接进行读/写操作,而是要先读入序号,再通过 case 语句将枚举元素赋值给相应的变量。输出时,也要先通过 case 语句判断枚举类型变量的值,再输出相应的字符串。所以,枚举类型虽然很形象直观,但其输入/输出是很麻烦的一件事,这直接导致枚举类型的实际应用并不多。

(6) 枚举元素只能是标识符,不能是数值常量和字符常量。下列定义是错误的:

type numbers=(1,2,3,4,5);

school=('nanjin','a','college');

(7) 在同一枚举类型定义或不同枚举类型定义中,均不得出现相同的标识符(枚举元素)。下列定义是错误的:

type sudtype1=(zhang,li,wen);

sudtype2=(zhang,wang,xiao,zhou);   {sudtype1 和 sudtype2 中均有枚举元素 zhang}

6.2 集合类型

与枚举和子界一样,集合也是一种用户自定义的数据类型。一个集合由同一种有序类型（称为该集合的基类型）的若干个数据组成。集合当中的每个数据称为集合的"元素"，一个集合中的元素不得超过 255 个。

集合类型的定义格式如下：

type 标识符＝set of 基类型；

例如：type num1＝set of －20..20；　　　{基类型为整型}

ch1＝set of 'A'.. 'Z'；　　　{基类型为字符型}

colors＝(red,black,white,blue,green,yellow)；

color＝set of colors；　　　{基类型为枚举型}

其中，num1 定义了一个－20 到 20 的整数集合类型；ch1 定义了一个从'A'到'Z'的字符集合类型；color 定义了一个元素值为枚举类型的集合类型。

6.2.1　集合的性质

（1）集合中的所有元素必须为同一种类型。

（2）集合的值放在一对方括号中，各个元素之间用逗号隔开。如[1,5,7,2,4]，[sun，mon，tue，sat]。

（3）集合中的元素应各不相同，其出现的次序可以颠倒。因此，集合[1,5,7,2,4]与集合[1,1,2,4,5,7]是相等的，本质上都是[1,2,4,5,7]。

（4）如果一个集合中没有任何元素，称为"空集"，用[ ]表示。

（5）如果一个集合中的元素值是连续的，则可以用子界类型来简化表示。如集合[1,2,3,4,5,8,9,10,11,15,20,21,22]可表示为[1..5,8..11,15,20..22]。每个元素均可用基类型所允许的表达式来表示。如：[1 * 2,abs(－8),5,6 div 2]等价于[2,3,5,8]。

（6）如果一个集合的基类型有 n 个元素，则集合类型的取值一共有 2^n 种可能。例如有如下集合的定义：

type ktype＝set of 1..3；

var k：ktype；

则集合 k 的取值一共有 8 种可能（见表 6－1）。

表 6－1　集合的取值可能

No.	k 的取值	说　明
1	[ ]	空　集
2	[1]	
3	[2]	一个元素
4	[3]	
5	[1,2]	
6	[1,3]	两个元素
7	[2,3]	
8	[1,2,3]	三个元素

6.2.2　集合的运算

如果集合 $A=[1,2,3,4]$,集合 $B=[2,3,4,5]$,元素 $X=3$,则把一个元素加入集合中可以表示为 $A:=A+[X]$,如 $[1,2]+[3]=[1,2,3]$;合并两个集合可以表示为 $A:=A+B$,如 $[1,2]+[3,4]=[1,2,3,4]$;从集合中去掉一个元素可以表示为 $A:=A-[X]$,如 $[1,2,3]-[3]=[1,2]$。注意 $X<>[X]$,因为前者是一个元素,而后者是一个集合,只不过该集合仅有一个元素 X。其他常用的集合运算见表 6-2。

表 6-2　集合的运算

运算符	名　称	解　释	操作数类型	举　例	操作结果
*	交	取 A,B 集合中相同的元素	两个集合	$A*B$	$[2,3,4]$
+	并	取 A,B 集合中所有不重复的元素	两个集合	$A+B$	$[1,2,3,4,5]$
−	差	取 A 中所有不在 B 中的元素	两个集合	$A-B$	$[1]$
=	相　等	测试 A 是否等于 B	两个集合	$A=B$	false
<>	不　等	测试 A 是否不等于 B	两个集合	$A<>B$	true
<=	子　集	测试 A 是否包含于 B	两个集合	$A<=B$	false
>=	超　集	测试 A 是否包含 B	两个集合	$A>=B$	false
in	属　于	测试 X 是否是 A 中的元素	X 为元素 A 为集合	X in A	true

6.2.3　集合的输入输出

与枚举类型一样,在 Pascal 语言中不允许直接使用 read/readln 语句和 write/writeln 语句对集合进行输入/输出操作,只能间接对集合进行读/写操作。

【例 6-2】　从键盘上输入若干个大写字母,以"."号结束,按字母表顺序输出其中出现了哪些字母。例如输入 DDCBCDDAABBCCCDD.,则输出 ABCD。

【示范程序】

```pascal
program ex6_2;
type atype=set of 'A'..'Z';
var a:atype;
    ch:char;
begin
    a:=[ ];        {初始化为空集}
    read(ch);
    while ch<>'.' Do    {如果读入的字符不是'.'就继续}
    begin
        a:=a+[ch];      {将当前字符加入集合}
        read(ch);
    end;
```

```
    for ch:='A' to 'Z' do        {穷举输出}
        if ch in a then write(ch);
    writeln;
end.
```

6.2.4 集合的应用举例

【例 6-3】 用筛选法输出 2～250 之间的所有素数。

【示范程序】

```
program ex6_3;
type ptype=set of 2..250;
var p:ptype;          {筛子}
    i,j:integer;
begin
    p:=[ ];
    for i:=2 to 250 do p:=p+[i];      {把所有候选数放入筛子中}
    for i:=2 to 250 do      {将素数 i 的倍数从筛子中筛掉}
        if i in p then begin      {保证素数 i 在 p 中}
        j:=i*2;        {j 是 i 的倍数}
        while (j<=250) do
        begin
            if j in p then p:=p-[j];        {筛掉 j}
            j:=j+i;
        end;
    end;
    for i:=2 to 250 do        {穷举输出}
        if i in p then writeln(i);
end.
```

6.3 记　录

在使用数组时有一个基本要求就是一个数组的所有元素类型必须相同。但在实际应用中,很多问题所涉及的数据类型是不完全相同的,例如要处理 100 位学生的档案信息,每位学生的信息包括以下几项内容:

学号	字符串类型
姓名	字符串类型
性别	字符型
是否团员	布尔型
年龄	整型
成绩	实型

这一类对象(学生)的特点是各项数据的类型可能不同,但这些数据之间又存在着内在的联系(都是同一位学生的),我们把这样整合了一组有内在联系而类型不同的数据叫做一条"记录"。

与前面介绍的数组、集合类型不同,记录类型表示的是一组类型可以各异的元素的组合,记录中的数据项称为"域"。如上面的例子中,一位学生的记录由 6 个"域"组成:学号、姓名为字符串类型,性别为字符型,是否团员为布尔型,年龄为整型,成绩为实型。每个域都有名称,称为"域名"。

6.3.1 记录的定义

记录类型的定义形式如下:

type 类型名＝record
　　域名 1:类型 1;
　　域名 2:类型 2;
　　……
end;

如一位学生的记录可以定义为:

```
type studata＝record
            num:string[12];
            name:string[8];
            sex: char;
            ty:boolean;
            age:1..150;
            score: real;
        end;
```

记录型变量定义如下:

var s:studata;
　　stu:array[1..100] of studata;

在定义记录类型时,要注意以下几个问题。

(1) 域名应符合标识符的语法规则,且在同一记录类型中,各个域名不能相同。

(2) 在记录中,各个域的数据类型可以是简单类型,也可以是数组等其他构造类型,如要存储每位同学的 5 门课成绩,则可以在记录中定义这样一个域:

score:array[1..5] of real;

(3) 同数组一样,记录类型的定义和记录变量的定义可以合并在一起。如一个日期可以用年、月、日三个数据项来描述,定义成一个记录类型就是:

```
type date＝record
        year:1900..2050;
        month:1..12;
        day:1..31;
end;
var x:date;
```

或者是：

```
var x:record
        year:1900..2050;
        month:1..12;
        day:1..31;
    end;
```

6.3.2 记录的操作

对记录进行操作就是对记录中的域变量进行引用，必须写明记录名和域名。如前述的学生记录 s，每个域的引用形式为 s. num，s. name，s. sex，s. ty，s. age，s. score。对域变量赋值，可以直接用赋值语句，也可以通过 read/readln 语句从键盘输入。

【例 6 - 4】 输入 10 名学生的基本情况（学号、年龄、姓名），输出他们的平均年龄及年龄最小的学生的基本情况。

【示范程序】

```
program ex6_4;
const n=10;
type stud=record        {定义一个学生的记录类型}
        num:1..10000;
        age:1..150;
        name:string;
        end;
var st:array[1..n] of stud;
    avg:real;
    i,s,min:integer;
begin
    for i:=1 to n do        {输入学生的信息}
    begin
        readln(st[i]. num,st[i]. age,st[i]. name);
    end;

    s:=0;
    for i:=1 to n do        {求学生的平均年龄}
        s:=s+st[i]. age;
    avg:=s/n;
    writeln('average=',avg:6:2);

    min:=1;
    for i:=2 to n do        {查找年龄最小的学生的记录并输出}
        if st[i]. age<st[min]. age then min:=i;
    writeln('min:',st[min]. num,' ',st[min]. age,' ',st[min]. name);

end.
```

记录中域的数据类型可以是另一个记录类型。如果一个记录类型中的域也是一个记录类型,则构成了记录类型的嵌套。说明一个嵌套的记录类型时,要先说明被嵌套的记录类型。如例 6-4 中,把学生基本情况中的年龄改为出生日期,则程序修改如下:

```
type date＝record
    year:1900..2009;
    month:1..12
    day:1..31
end;
studata＝record
    num:1..10000;
    name:string;
    birthday:date
end;
```

也可以把例 6-4 中定义的记录合并在一起:

```
type studata＝record
        num:1..10000;
        name:string;
        birthday:record
            year:1900..2003;
            month:1..12
            day:1..31
        end;
end;
```

可以对记录整体进行赋值操作。如'var a,b:studata;',由于 a 和 b 属于同一个记录类型,所以语句'a:＝b;'是合法的。

若域的基类型是数组,则引用形式为:记录名.数组名[i]。如读入一位学生的 5 门成绩,可以写成:

```
for i＝1 to 5 do
    read(a.score[i]);
```

读入 100 位学生的每门课成绩,可以写成:

```
for i:＝1 to 100 do
    for j:＝1 to 5 do
        read(stu[i].score[j]);
```

要理解和区分"记录数组"和"域的基类型是数组类型的记录"这两个概念,分清两者的使用场合和具体引用形式。前者的引用形式为:数组名[下标].域名;后者的引用形式为:记录名.域中数组名[下标]。

6.3.3 开域语句

从前面的例子可以看出,在访问记录型变量的域时,要在域名前添加记录变量的名字,这样才能识别所访问的域究竟来源于哪个记录变量。由于一个记录变量通常含有多个域变量,在访问这些域变量时都要添加同样的记录变量名显得十分不便;对于有嵌套的记录变量来说,在访问域变量时显得更为繁琐,这对程序的阅读和书写来说都不方便。为此,Pascal语言提供了"开域语句(with 语句)"。with 语句的格式如下:

　　with 记录名 do
　　　　　语句;
　　如下列语句:
　　for i:=1 to n do
　　begin
　　　　write('please input the number',i,':');
　　　　readln(students[i]. num,students[i]. name,students[i]. age);
　　end;
　　使用开域语句后可以写成:
　　for i:=1 to n do
　　　　with students[i] do
　　　　begin
　　　　　　write('please input the number',i,':');
　　　　　　readln(num,name,age);
　　end;
　　由此可见,使用开域语句之后,简化了程序,提高了程序的可读性。对于有嵌套的记录,可以在 with 后面加多个记录名,彼此之间用","隔开。如例 6-4 中:
　　for i:=1 to n do
　　begin
　　　　write('please input the number',i,':');
　　　　readln(students[i]. num,students[i]. name);
　　　　write('please input his birthday:');
　　　　readln(students[i]. birthday. year,students[i]. birthday. month,students[i]. birth-day. day)
　　end;
　　可以写成:
　　for i:=1 to n do
　　　　with students[i],birthday do
　　　　begin
　　　　　　write('please input the number',i,':');
　　　　　　readln(num,name);
　　　　　　write('please input his birthday:');
　　　　　　readln(year,month,day)
　　end;

6.3.4　记录的应用举例

　　【例 6-5】　编写程序,输入 10 个日期,分别输出第二天的日期。输入日期的格式是月、日、年,输出日期的格式是月—日—年。如输入:7 31 1994,则输出:8—1—1994。

【问题分析】

设记录变量 today 表示日期,它属于记录类型 date。程序分别判断输入的日期是否是当月的最后一天和当年的最后一天,来确定第二天的日期。

【示范程序】

```pascal
program ex6_5;
const n=10;
type date=record        {定义 date 为记录类型}
        month:1..12;
        day:1..31;
        year:1900..2050;
end;
var today:array[1..n] of date;        {说明数组 today 的基类型为记录类型}
    i:integer;
    maxday:28..31;
begin
    for i:=1 to n do
      with today[i] do        {开域输入}
        readln(month,day,year);
    for i:=1 to n do
      with today[i] do
      begin
        case month of        {确定每月的天数}
            1,3,5,7,8,10,12:maxday:=31;
            4,6,9,11:maxday:=30;
            2:if (year mod 4=0) and (year mod 100<>0) or (year mod 400=0)
              then maxday:=29
              else maxday:=28;        {确定是否闰年}
        end;
        if day=maxday then        {判断是否为最后一天}
        begin
            day:=1;
            if month=12 then begin month:=1;year:=year+1 end        {判断是否
为最后一月}
                        else month:=month+1;
        end
        else if (day>maxday)or (day<0) then writeln('date error!')
            else day:=day+1;
                        writeln(month,'—',day,'—',year)
      end
end.
```

6.4 文　件

　　到目前为止,我们编写的程序都是从键盘输入数据,再把结果输出到屏幕上。当输入数据的量很大时,这种方法就很费事且容易错;当输出数据量很大时,结果往往看不全或者不清楚。这时,我们就想到把一些数据按照一定的格式要求先保存到计算机的磁盘文件中,然后让程序从该文件中直接读取数据,这种方法也可以让很多人共享一组输入数据。当然也可以把程序的运行结果保存在磁盘文件中,供他人查阅或以后使用,这就要用到程序设计中的"文件"操作。Pascal 语言也为我们提供了"文件"这种数据类型,同时还提供了两个标准文件 input 和 output。

　　采用文件输入输出的优点有:文件可以永久保存,其中的数据不会因应用程序的结束而消失;文件中的数据可以被多个应用程序共享;文件中的数据可以多次重复使用;文件中存放的数据的数量在理论上没有限制。

　　从文件中取出数据称为读操作或取操作,读操作不会改变文件的原有内容;往文件中存放数据称为写操作或存操作,写操作会改变文件的原有内容。不论是对文件的读还是写,都要按照以下四个过程进行操作。

　　(1) 在内存中建立一个文件缓冲区,并为指定文件分配一个通道,使得这个实际文件与文件缓冲区建立联系,即建立标准文件与磁盘文件的关联。

　　assign(input,'路径\磁盘文件名');

　　assign(output,'路径\磁盘文件名');

　　如果不指明路径,则以可执行文件所在目录为准。

　　(2) 打开标准文件。

　　reset(input);

　　rewrite(output);

　　(3) 对文件进行读写操作(实际是对文件缓冲区中的数据元素进行读写操作)。

　　read(参数表);或 readln(参数表);

　　write(参数表);或 writeln(参数表);

　　(4) 文件操作结束后释放占用的通道,切断实际文件与文件缓冲区之间的联系,并释放文件缓冲区,这一过程通常被称为"关闭"文件。打开的文件必须及时关闭,否则会影响其他程序对此文件的操作。

　　　close(input);

　　　close(output);

【例 6-6】　从文件 ex1.in 中读取 n 个整数,计算它们的和,并把结果输出到 ex1.out 文件中。

【输入文件】

　　共两行,第一行包含一个正整数 $n(n<100)$,第二行包含 n 个用空格隔开的整数。

【输出文件】

仅一行,表示 n 个整数的和。

【示范程序】

```pascal
program ex6_6;
var i,n,x,s:integer;
begin
    assign(input,'ex1.in');        {关联 input 文件}
    reset(input);        {打开 input 文件}
    readln(n);        {读取 input 文件}
    s:=0;
    for i:=1 to n do
    begin
        read(x);inc(s,x);        {读取 input 文件,inc(s,x);相当于 s:=s+x;}
    end;
    close(input);        {关闭 input 文件}
    assign(output,'ex1.out');        {关联 output 文件}
    rewrite(output);        {打开 output 文件}
    writeln(s);        {写入 output 文件}
    close(output);        {关闭 output 文件}
end.
```

【例 6-7】 从文件 ex2.in 中读取若干个整数,计算它们的和并把结果输出到 ex2.out 文件中。

【输入文件】

共若干行,每行包含若干个用空格隔开的整数。

【输出文件】

仅一行,表示若干个整数的和。

【示范程序】

```pascal
program ex6_7;
var n,x,s:integer;
begin
    assign(input,'ex2.in');
    reset(input);
    s:=0;
    while not eof do        {eof 为判断文件结束的函数}
    begin
        while not eoln do        {eoln 为判断行结束的函数}
        begin
            read(x);s:=s+x;
        end;
```

```
            readln;
        end;
        close(input);
        assign(output,'ex2. out');
        rewrite(output);
        writeln(s);
        close(output);
    end.
```

【程序说明】

eof 为判断文件是否结束的函数,返回值为布尔型,若读文件时,到达文件尾则函数返回值为真;否则为假。与 eof 类似的 eoln 为行结束判断函数,返回值也是布尔型,若读文件时,到达行尾则函数返回值为真;否则为假。

【例 6 - 8】　从文件 ex3. in 中读取若干正整数,计算它们的和并把结果输出到 ex3. out 文件中。

【输入文件】

仅一行,包含若干个用空格隔开的整数,如读取的数是负数,则立即停止读取并输出结果。

【输出文件】

仅一行,表示若干个正整数的和。

【示范程序】

```
program ex6_8;
var n,x,s:integer;
begin
    assign(input,'ex3. in');
    reset(input);
    assign(output,'ex3. out');
    rewrite(output);
    s:=0;
    while not eoln do
    begin
        read(x);
        if (x>=0)
            then s:=s+x
            else begin
                    writeln(s);
                    close(input);close(output);
                    halt;     {用 halt 强行退出程序前一定要关闭文件}
                end;
    end;
```

```
    writeln(s);
    close(input);close(output);        {正常结束前的输出及关闭文件}
end.
```

【例 6-9】 随机产生 n 个整数($n<500$)存放在 ex4. in 文件中,每行 10 个整数,每 2 个整数之间用一个空格隔开(行尾没有多余空格)。

【示范程序】

```
program ex6_9;
const n=50;
var i,a:integer;
begin
    assign(output,'ex4. in');
    rewrite(output);
    randomize;
    for i:=1 to n do
    begin
        a:=random(501);
        if (i mod 10<>0) and (i<>n) then write(a,' ') else writeln(a);
    end;
    close(output);
end.
```

习 题 6

6-1 输入今天是星期几的序号(星期天的序号为 0,星期一的序号为 1,……),编程输出明天是星期几的英文单词。

6-2 设有集合 a=[1,3,5,7,9],b=[2,4,6,8,10],c=[1,2,3,4,5],d=[5],e=[ ],求下列表达式的结果。

①(a+b)−c

②(a*c)=d

③(a+e)*(b+d)

④7 in (((a−b)−c)−d)

⑤c<=(a+b)

⑥a>=b*e−c

6-3 列出下列集合的全体元素。

①color=set of(red,green,blue)

②num=set of 1..5

6-4 某班有 50 名学生,每位学生发一张调查卡,上面写着 a,b,c 三本书的书名,要求将读过的书打√。结果统计如下：只读过 a 者 8 人；只读过 b 者 4 人；只读过 c 者 3 人；全部读过的有 2 人；读过 a,b 两本书的有 4 人；读过 a,c 两本书的有 2 人；读过 b,c 两本书的有 3 人。问：

①读过 a 的人数是多少？

②一本书也没有读过的人数是多少？

6-5　调用随机函数产生 10 个不相同的随机整数（$0 \leqslant x \leqslant 40$），放入集合中，并一起输出（5 个一行）。

6-6　定义一个记录类型，表示平面直角坐标系中的一个点（X,Y），X,Y 的取值范围是 1 到 100 之间的整数。编写程序，读入三个点的坐标（X,Y），判断能否构成一个三角形。

6-7　找字符（aggre. pas/in/out）

【问题描述】

编程输入若干个字符串（以"?"号结束），找出并输出未在此串中出现的所有字母和数字（按 ASCII 码顺序列出，区分大小写）。

【输入文件】

aggre. in

一行，一串字符（小于等于 1 000 000 个）。

【输出文件】

aggre. out

一行，未在字符串中出现所有的字母和数字，按 ASCII 码顺序。

【样例输入】

ABCD％＄EF1234589JIKLMNabcddefOVWXYZPQghijklmnpqrstuvwxyzRSTU?

【样例输出】

067GHo

6-8　学生信息处理（students. pas/in/out）

【问题描述】

给出若干条学生信息记录，包括学号、姓名、语文、数学、英语、物理、化学几个域，要求：

① 计算每个学生的总分；

② 根据总分从大到小排序，如果总分相同，按照语文成绩从大到小排序；

③ 统计每门学科不及格的人数。

【输入文件】

输入文件 students. in 包含 $n*3+1$ 行，第一行是整数 $n(n \leqslant 1\ 000)$，表示 n 个学生；接下来每 3 行数据为一组，包括：学号、学生姓名、5 门学科的成绩。

【输出文件】

输出文件 students. out 的第一行是有不及格学生的学科的人数；然后分行输出总分前 20 名的学生的信息，包括学号、姓名、5 门学科的成绩、总分。如果不满 20 人，按照实际人数输出。

【样例输入】

5

10001

stu1

84 66 53 62 69

10002

stu2

90 67 59 82 58

10003

stu3

99 63 69 88 87

10004

stu4

83 77 91 69 64

10005

stu5

85 98 90 65 68

【样例输出】

2

10003 stu3 99 63 69 88 87 406

10005 stu5 85 98 90 65 68 406

10004 stu4 83 77 91 69 64 384

10002 stu2 90 67 59 82 58 356

10001 stu1 84 66 53 62 69 334

6-9　文件复制(file. pas/in/out)

【问题描述】

有一个文本文件,其中每行的字符个数不等,可能有空格,也可能有空行。把此文件中的字符复制到另一个文件中,使每行包含 10 个字符,彼此之间没有空格。

【输入文件】

输入文件 file. in 中有若干行,每行有若干个字符。

【输出文件】

输出文件 file. out 中每行为 10 个不含空格的字符,最后一行可不足 10 个字符。

【样例输入】

abcde e f gh

a bc

【样例输出】

abcdefghab

c

6－10 不高兴的津津(unhappy.pas/in/out)

【问题描述】

津津上初中了。妈妈认为津津应该更加用功学习,所以津津除了上学之外,还要参加妈妈为她报名的各科复习班。另外每周妈妈还会送她去学习朗诵、舞蹈和钢琴。但是津津如果一天上课超过八个小时就会不高兴,而且上得越久就会越不高兴。假设津津不会因为其他事不高兴,并且她的不高兴不会持续到第二天。请你帮忙检查一下津津下周的日程安排,看看下周她会不会不高兴;如果会的话,哪天最不高兴。

【输入文件】

输入文件 unhappy.in 包括七行数据,分别表示周一到周日的日程安排。每行包括两个小于 10 的非负整数,用空格隔开,分别表示津津在学校上课的时间和妈妈安排她上课的时间。

【输出文件】

输出文件 unhappy.out 包括一行,这一行只包含一个数字。如果不会不高兴则输出 0,如果会则输出最不高兴的是周几(用 1、2、3、4、5、6、7 分别表示周一、周二、周三、周四、周五、周六、周日)。如果有两天或两天以上不高兴的程度相当,则输出时间最靠前的一天。

【样例输入】

5 3

6 2

7 2

5 3

5 4

0 4

0 6

【样例输出】

3

6－11 找礼物(present.pas/in/out)

【问题描述】

新年到了,就在那美丽的一刹那,你好友和你(K 个人)的周围满是礼物,你发扬谦让的风格,让你的好友先拿,但是每个人只能拿当前离自己最近的礼物(当然如果有多个礼物离某个人的距离相等(精确到小数点后四位,所有运算均去尾),则这些礼物都属于这个人)。你们所在的位置是原点(0,0),每个礼物的位置用坐标表示。现在告诉你每个礼物的坐标以及每个礼物是谁送的。要求找出你的礼物离你有多远,你能拿到多少礼物,这些礼物是谁送的;如果你拿不到礼物,输出"555⋯⋯"。

【数据范围】

对于 30% 的数据 $K \leqslant N \leqslant 1\,000$。

对于所有的数据 $K \leqslant N \leqslant 100\,000$。

所有坐标的绝对值小于 10^6。

121

【输入文件】

第一行:N 和 K 分别表示礼物的个数和人数。

第二行到第 $N+1$ 行:每行先是赠送礼品人的姓名,然后是礼物的坐标(x,y)。数据间以空格分割。

【输出文件】

第一行:D 和 U 分别表示礼物距你多远(只要去尾后的整数)和你能拿到多少礼物。

第二行到第 $U+1$ 行:每行一个人名,表示送礼的人。按照输入的顺序输出。

【样例输入 1】

5 2

jason 1 1

herry 4 4

patty 3 4

tom 2 10

petter 5 10

【样例输出 1】

5 1

patty

【样例输入 2】

6 2

jim 1-1

flord 3-3

joseph-1 1

steve 3 3

tiger 2-10

user 10 20

【样例输出 2】

4 2

flord

steve

第7章 指 针

我们知道,使用变量前必须在变量说明部分对变量进行定义。变量一经定义,编译时系统就会给这些变量分配相应的、一定大小的内存空间。这种内存分配机制称为"静态存储分配",因为各变量相应的内存空间在程序运行前就已经确定了。但在实际使用中,经常会遇到事先无法确定有多少数据要存储的情况,此时就不能采用静态存储分配。为此,Pascal 引入了"动态存储分配"机制,以满足应用的需求。所谓动态存储分配是指事先不确定有多少数据要存储,在程序执行过程中根据需求动态申请内存存储空间,用完后立即将内存空间归还给系统,供其他程序或变量使用。本章就介绍动态存储的相关知识。

7.1 静态存储与动态存储

内存空间的每一个存储单元就像宾馆里的房间一样都有一个编号,也就是"内存地址",存储单元中存放的是各种类型的数据,也就是内存单元的"内容"。一个存储单元的"内容"写入和读出时需根据该存储单元的"地址"进行寻访。对一个存储单元而言,"地址"和"内容"是两个不同的概念,必须区分清楚。但在计算机中,"地址"实际上也是一种特殊的"数据",一个个的地址编号就是一个个整型数据,因此"地址"也可以作为"特殊数据"存储在一个存储单元中,这样两种存储单元之间就建立了一种关联。"内容"和"地址"的概念是相对的,"地址"可以理解为"内容","内容"也可以理解为"地址",这主要取决于我们理解和应用时所处的角度。正确理解"地址"和"内容"两个概念及其辩证关系是学好动态存储分配的关键。

图 7-1 解释了上述关系。其中变量 a 是一个存储地址的变量,其自身的地址是 2000;变量 b 是一个存储整数的变量,其地址是 2020。可以将 2020 存储在 a 中,从而在 a、b 之间建立一种关联。此时,2020 相对 a 而言是"内容",相对 b 而言是"地址"。习惯上,为了清晰地表达 a 和 b 的关系,图 7-1 一般用图 7-2 代替表达,即在 a 中不再给出 b 的具体地址,而是从 a 的内部引出一个箭头指向 b,这个箭头被形象地称为"指针"。由于指针实际上是"地址",相应的,存储指针的变量,就被称为"指针变量"(如 a)。指针箭头所指向的存储变量(如 b)存储的数据的类型,被称之为指针变量 a 的"基类型"。

图 7-1 变量的含义　　　图 7-2 变量及地址

相对于静态存储分配,动态存储分配有两个特点:

(1) 可以在运行时根据需要,随时使用随时申请;

(2) 每次所申请的存储单元地址在内存中可以不连续,彼此之间通过指针建立关联。

7.2 指针变量及基本使用

7.2.1 指针变量的定义

为了表示指针变量和它所指向的变量之间的关联,在 Pascal 语言中使用"^"表示指向,其有两种说明方法。

方法一:首先进行指针类型标识符的定义,再进行指针变量的定义。

指针类型标识符的定义形式如下:

type 指针类型标识符=^基类型标识符;

这里的基类型可以是我们学过的除文件类型以外的任何数据类型。Pascal 语言规定,指针类型的定义在前,指针指向的结点的基类型的类型定义在后。

指针变量的定义形式如下:

var 指针变量名:指针类型标识符;

表 7-1 指针变量的定义

定 义	说 明
type 　　point=^ integer;	point 是定义的指针类型标识符,经定义后,程序中就出现了一个名为 point 的数据类型,该类型的变量用于存储整型变量的地址,也即该类型变量的内容是一个地址,指向一个整型变量。
var 　　p1,p2:point;	p1,p2 是 point 类型的变量,它们的值都是某个存储单元的地址,该地址可以存储整型数据。

方法二:在 var 区中直接定义指针变量

var 指针变量名:^基类型标识符;

因此,表7-1的说明也可以写成:var p1,p2:^integer;需要说明的一点是:指针变量定义只说明它可以存储一个地址,但在程序运行前,其应该存储哪一个地址并没有确定,必须等到程序运行时,根据申请到的地址来填写,从而实现动态的数据组织要求。

7.2.2 指针变量的使用

由于指针变量的内容(一个内存单元地址)是动态分配的,我们事先并不知道确切的地址,所以必须在需要时向系统提出申请,由系统给我们分配一个存储单元,然后将获得的该存储单元的确切地址填写到指针变量中。当不再需要某一存储单元时,必须将该存储单元空间还给系统(称之为"释放")。Pascal 语言中规定了两个标准过程来实现存储单元空间的申请和释放。

(1) 申请存储单元的标准过程:new(指针变量);

new(h);系统将自动分配一个存储单元,并将该单元的地址赋给指针变量 *h*。存储单元的大小由 *h* 的基类型决定(如图 7 - 3 所示)。

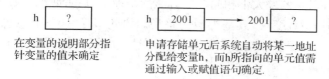

在变量的说明部分指针变量的值未确定

申请存储单元后系统自动将某一地址分配给变量h,而h所指向的单元值需通过输入或赋值语句确定.

图 7 - 3 指针变量的申请

new(h);h^:=123;new(h);h^:=234;的实现过程如图 7 - 4 所示(设阴影部分表示已被系统占用的空间)。

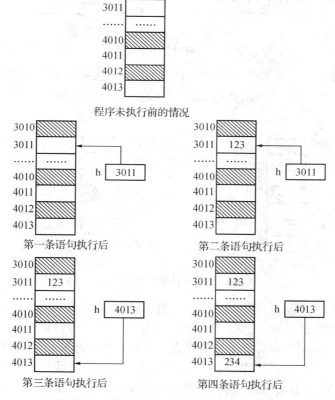

程序未执行前的情况

第一条语句执行后   第二条语句执行后

第三条语句执行后   第四条语句执行后

图 7 - 4 动态存储空间的状态变化示意图

由上可知,同一个指针变量 *h* 可以调用若干次 new 过程,但每一次调用时指针变量 *h* 的值是不一样的,也就是说指向的内存单元的地址是不同的。在这里我们不必去关心指针变量的值到底是多少,而是要关心该指针所指向单元的值。

(2) 释放存储单元的标准过程:dispose(指针变量);

例如:dispose(h);使系统收回指针变量 *h* 所指的内存单元,另作他用。此时指针变量 *h* 所指的内存单元的值不可用,即指针变量 *h* 变成无确切指向。

（3）指针变量的赋值和操作

利用 new 过程可以给一个指针变量赋予存储单元的地址值,这个地址值是多少我们并不需要关心,我们真正要关心的是该指针变量所指的存储单元的内容。假设指针变量用 p 表示,Pascal 用 p^表示指针变量 p 所指的内存单元的内容。对于 p 和 p^的赋值我们都可以用赋值语句来实现,只是效果大不相同。前者赋的是地址,后者赋的是数据内容。

假设 p1、p2 都是指针变量,其基类型为整型。语句 p1:=p2;的意思是将变量 p2 的值（存储单元的地址）赋给变量 p1,这样变量 p1 和变量 p2 同时指向变量 p2 所指的存储单元（如图 7-5 所示）。

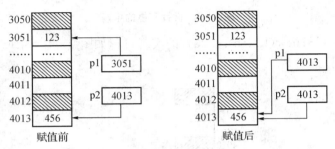

图 7-5　指针变量的赋值（1）

语句 p1^:=p2^;的意思是将变量 p2 所指的存储单元的值赋给变量 p1 所指的存储单元,这样变量 p1 和变量 p2 虽然所指的存储单元地址不同,但两个存储单元的值是相同的（如图 7-6 所示）。

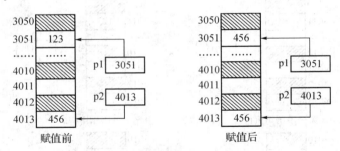

图 7-6　指针变量的赋值（2）

有的时候,我们并不需要指针变量指向其他存储单元,那么就可以将 nil 赋给指针变量,即 p1:=nil;表示指针变量 p1 为空。任何类型的指针变量都可以被赋值为 nil。

特别要注意的是,因为指针变量的值代表一个存储单元地址,它不能用输出语句进行打印,因此调试包含指针变量的程序是有一定难度的。在编程时我们必须要先仔细地将出现指针变量的每一步改变分析清楚,以免出现指针失效或不正确的情况。

7.3　线性链表

7.3.1　线性链表的概念

先让我们看一看下面的说明部分：

```
type point＝^node;
    node＝record
        data：integer；
        next：point；
    end；
var p,q：point；
```

细心的读者可以发现指针变量有 p 和 q 两个，其基类型为 node。node 是一个自定义记录类型，有两个数据域，一个域名为 data，类型为整型；另一个域名为 next，类型为 point 型，用以存放另一个存储单元的地址。这里对类型的说明使用了递归的方法。在程序中编写如下代码：

　　new(p)；new(q)；　　〔申请两个存储单元〕

　　p^. data：＝120；p^. next：＝q；　　〔确定指针变量 p 所指的存储单元 data 域的值为 120，将变量 q 所指的存储单元地址赋给 p 的 next 域〕

　　其含义如图 7－7 所示。

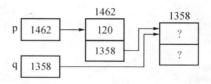

图 7－7　结点的指向

通过上述方法，我们就可以将表面上独立的两个存储单元通过指针域链接在一起。以此类推，如果有多组存储单元通过类似的方法进行链接的话，就形成了一个"链"，链中的每一个单元称为一个"结点"。一般把若干个结点按某一规定的顺序，通过指针域链接在一起形成的链，称为"线性链表"。其结构如图 7－8 所示。

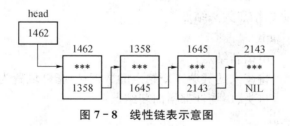

图 7－8　线性链表示意图

需要说明的是，图 7－8 中每一个结点的顶端是该存储单元的地址值，链表中的第一个结点称为"表头"，最后一个结点称为"表尾"。指向链表表头的指针称为"头指针(head)"，表尾的指针域值为空(nil)，表示链表结束。链表的特点是除第一个结点和最后一个结点外，每一个结点都有一个直接的前趋结点和一个直接的后继结点；相邻结点的地址是互不连续的，它们靠指针域相互连接。

链表是动态数据结构的最基本形式。它是一个结点的序列，其中的每一个结点被链接到它前面的结点上。在链表中，每个结点有两个部分：一个是数据部分(可以是一个或多个数据域)；另一个是指向下一个结点的指针域。头指针对于一个链表来说很重要，不能丢失和改变，否则会造成整个链表的丢失和改变。

链表的基本操作主要有：链表的建立、链表的遍历、链表中结点数据的访问、向链表中插入一个结点、从链表中删除一个结点等,这些操作无一不是要从指针域入手加以考虑的。

7.3.2 线性链表的建立

一个线性链表的建立过程分为三步:

(1) 申请新结点;

(2) 在结点的数据域填上相应数据,在指针域填上 nil;

(3) 将结点链接到表中某一位置。

【例 7 - 1】 输入一个正整数序列,遇到负数时停止,建立一个按输入顺序排列的线性链表。

【问题分析】

定义以下数据类型:

```
type point=^node;
     node=record
         data:integer;
         next:point;
     end;
```

变量说明如下:

```
var p,q,head:point;
    x:integer;
```

算法思路如下:

(1) 建立空表,头指针设置为 nil;

(2) 读入一个数;

(3) while 读入的数为正整数 do

```
    begin
        if 要填数据的结点为头结点
            then   begin
                        申请新结点;
                        将读入的数填入新结点的数据域,指针域置为 nil;
                        将头、尾指针都指向新结点;
                    end
            else   begin
                        申请新结点;
                        将读入的数填入新结点的数据域,指针域置为 nil;
                        将新结点链接到已有的表的表尾;
                        尾指针后移一个结点,指向新的表尾(为链接新结点作准备);
                    end;
            读下一个数
    end;
```

主要程序段如下:

```
head:=nil;
```

```
read(x);
while x>=0 do
begin
    if head=nil then begin
                        new(p);p^.data:=x;p^.next:=nil;
                        q:=p;head:=p;
                    end
    else begin
            new(p);
            p^.data:=x;p^.next:=nil;
            q^.next:=p;q:=p;
        end;
    read(x)
end;
```

7.3.3　线性链表的遍历与输出

一个链表的遍历/输出过程就是从表头结点开始,按照链接的顺序依次访问至表尾的过程。解决方法如下:

(1) 设临时工作变量指针 p 指向链表的头结点;

(2) while p<>nil do
  begin
    输出 p 所指结点(当前结点)的数据值;
    p 向后移一个结点;
  end;
  主要程序段如下:

```
p:=head;
while p<>nil do
begin
    write(p^.data:8);
    p:=p^.next
end;
```

7.3.4　线性链表的查找

查找是指在线性链表中找出符合条件的结点,查找的过程如下:

(1) 设临时工作变量指针 p 指向链表的头结点;

(2) while (未找到)and(未到表尾) do
   if 找到 then 退出循环
     else p 向后移一个结点;

(3) if 到了表尾 then 输出"未找到" else 对 p 所指结点进行相应的处理。

为了表示是否找到结点,可以在程序中设置一个布尔型变量 found;若找到则 found 的值为 true;若未找到 found 的值为 false。

主要程序段如下：

readln(x);

p:=head;

found:=false;

while (p<>nil)and not(found) do

begin

    if x=p^.data then found:=true

                  else p:=p^.next;

end;

if found then …

            else writeln('no found');

7.3.5 线性链表的插入

由于线性链表结点物理地址的非顺序性,对于结点的插入,事实上就是改变线性链表中某结点的后继指针的值。根据插入结点位置的不同,我们分三种不同的情况进行分析:插入在表头、插入在表中间和插入在表尾。假设插入前的链表如图 7-9 所示。

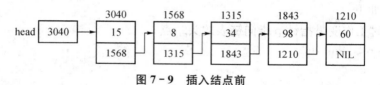

图 7-9　插入结点前

（1）将新结点插入在表头

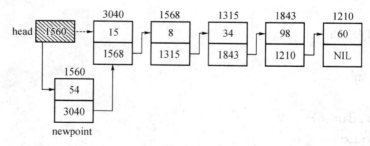

图 7-10　插入在表头

如图 7-10 所示,插入算法描述如下:

① 申请一个新结点 newpoint;

② 设置 newpoint 的数据域;

③ 将 head 的值赋给 newpoint 的指针域;

④ 将 newpoint 结点的地址赋给 head。

主要程序段如下:

new(newpoint);

readln(x);

newpoint^.data:=x;

newpoint^. next:=head;

head:=newpoint;

（2）将新结点插入在表的中间

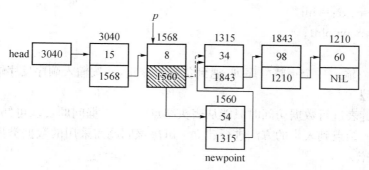

图 7 - 11　插入在表的中间

如图 7 - 11 所示，设要把新结点插在 p 结点（编址为 1568）之后，算法描述如下：

① 申请一个新结点 newpoint；

② 设置 newpoint 的数据域；

③ 将新结点 newpoint 的指针域赋值为插入点前面一个结点（用 p 表示）的指针域；

④ 将 newpoint 的地址赋值给插入点前面一个结点（p）的指针域。

主要程序段如下：

new(newpoint);

readln(x);

newpoint^. data:=x;

newpoint^. next:=p^. next;

p^. next:=newpoint;

（3）将新结点插入在表尾

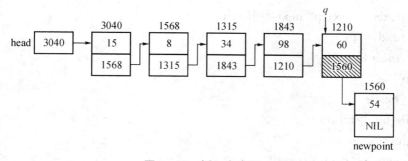

图 7 - 12　插入在表尾

如图 7 - 12 所示，算法描述如下：

① 申请一个新结点 newpoint；

② 设置 newpoint 的数据域，设置 newpoint 的指针域为空（nil）；

③ 将 newpoint 的地址赋值给链表的尾结点（用 q 表示）的指针域。

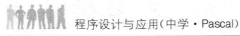

主要程序段如下:

```
new(newpoint);
readln(x);
newpoint^. data:=x;
newpoint^. next:=nil;
q^. next:=newpoint;
```

【例7-2】 输入一个正整数序列,遇到负数时停止,并按输入顺序反序输出。

【问题分析】

由于线性链表进行数据访问时只能从表头结点开始,根据问题要求可知,本题的线性链表必须采用插入结点到表头的方法进行建立。解决该问题需采用的数据类型及算法思路与例7-1基本一样。

【示范程序】

```
program ex7_2;
type point=^node;
     node=record
          data:integer;
          next:point;
        end;
var p,q,head:point;
    x:integer;
begin
    head:=nil;
    readln(x);
    while x>=0 do
    begin
        new(p);
        p^. data:=x; p^. next:=head;
        head:=p;
        readln(x)
    end;
    p:=head;
    while p<>nil do
    begin
        write(p^. data:8);
        p:=p^. next
    end;
    writeln;
end.
```

7.3.6　线性链表的删除

线性链表结点的删除相对于插入来说,实现起来就简单了许多,一般分三步完成:
(1) 把要删除的结点地址赋给一个临时变量 p;
(2) 把要删除的结点 p 的指针域赋给 p 的直接前驱结点的指针域;
(3) 释放 p 占用的存储单元。

在利用程序实现结点删除时,需要用到两个指针变量:变量 q 表示要删除结点的直接前驱结点的地址,变量 p 表示要删除结点的地址。图 7-13～图 7-16 分别表示了删除前的链表结构和三种情况(删除头结点、删除一般结点、删除尾结点)删除后的结果。

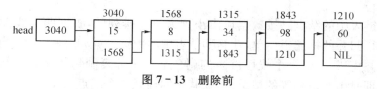

图 7-13　删除前

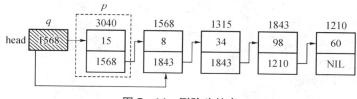

图 7-14　删除头结点

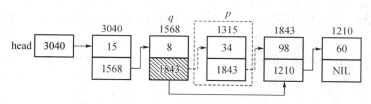

图 7-15　删除一般结点

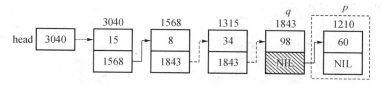

图 7-16　删除尾结点

假设要删除的是 p 结点,q 为 p 的直接前驱结点,则上述三种情况对应的程序段分别如下:
(1) 删除表头结点:q:=head;p:=q^.next;q^.next:=p^:next;dispose(p);
(2) 删除一般结点:q^.next:=p^.next;dispose(p);
(3) 删除表尾结点:q^.next:=p^.next;dispose(p);或者:q^.next:=nil;dispose(p);
被删除结点所占用的存储空间通过语句 dispose(p)还给系统。

7.3.7　线性链表的归并

线性链表的归并是指将两个或两个以上的有序线性链表,合并成一个新的有序线性链表。一个重要的应用就是"归并排序"。

【例7-3】　将以下两个有序线性链表进行归并。
线性链表1:34,56,68,79,90,100
线性链表2:12,25,48,74,85
归并后的线性链表:12,25,34,48,56,68,74,79,85,90,100

【问题分析】
有序线性链表中的结点是按数据域由小到大进行排列的,根据两个线性链表中结点数据域的大小进行归并的操作很简单,就是哪个表中的数据小就归并哪一个,当两个线性链表中的某一个归并完毕时,另一个线性链表的剩余部分全部复制到所建立的新线性链表中即可。如果在处理时出现值相等的情况,就取其中的任意一个结点。

【示范程序】

```pascal
program ex7_3;
type point=^node;
     node=record
         data:integer;
         next:point
     end;
var head1,head2,head3,p1,p2,p3,q1,q2,q3:point;

procedure print(head:point);
    var p:point;
    begin
        p:=head;
        while p<>nil do
            begin
                write(p^.data:8);
                p:=p^.next
            end;
        writeln
    end;

procedure creat(var head:point);
    var p,q:point;
        x:integer;
    begin
        read(x);
        head:=nil;
```

```
      while x<>-1   do      {输入-1表示结束}
         begin
             new(p);
             p^. data:=x;
             p^. next:=nil;
             if head=nil then begin head:=p;q:=p;end
                           else begin q^. next:=p;q:=p;end;
             read(x)
         end;
   end;


begin      {main}
   write('input the first link:');
   creat(head1);
   print(head1);
   write('input the second link:');
   creat(head2);
   print(head2);
   p1:=head1;p2:=head2;head3:=nil;
   while (p1<>nil)and(p2<>nil) do
   begin
      if (p1^. data<=p2^. data)
      then begin
         new(p3);
         p3^. data:=p1^. data;
         p3^. next:=nil;
         if head3=nil then begin
                               head3:=p3;
                               q3:=p3;
                          end
         else begin
                 q3^. next:=p3;
                 q3:=p3;
              end;
            p1:=p1^. next;
      end
      else begin
              new(p3);
              p3^. data:=p2^. data;
              p3^. next:=nil;
```

```
                    if head3＝nil then begin
                                head3:＝p3;
                                q3:＝p3;
                                   end
              else begin
                    q3^. next:＝p3;
                    q3:＝p3;
                      end;
                p2:＝p2^. next;
            end;
       end;
while p2＜＞nil do
begin
    new(p3);
    p3^. data:＝p2^. data;
    p3^. next:＝nil;
    if head3＝nil then begin
                        head3:＝p3;
                        q3:＝p3;
                          end
    else begin
          q3^. next:＝p3;
          q3:＝p3;
          end;
    p2:＝p2^. next;
end;
while p1＜＞nil do
begin
    new(p3);
    p3^. data:＝p1^. data;
    p3^. next:＝nil;
    if head3＝nil then begin
                        head3:＝p3;
                        q3:＝p3;
                          end
    else begin
          q3^. next:＝p3;
          q3:＝p3;
          end;
    p1:＝p1^. next;
```

```
    end;
    print(head3);
end.
```

以上算法虽然容易理解,但并不是最好的方法,因为在构建链表 3 时申请了新结点。如果表 1 有 $n1$ 个结点,表 2 有 $n2$ 个结点,则表 3 就有可能要申请 $n1+n2$ 个结点,这样就有 $2*(n1+n2)$ 个单元被占用。如果使用将链表 1 作为链表 3 的原型,将链表 2 中的结点逐个插入到链表 1 的方法对算法进行优化,不仅可以节约存储空间,还可以缩减程序的规模。

7.4　循环链表

我们在用指针实现单向链表时,链表中最后一个元素所在单元的指针域(next)为空指针 nil。如果将这个空指针改为指向表头单元就使整个链表形成了一个环,这种首尾相接的链表称为"循环链表"。在循环链表中,从任意一个单元出发都可以找到表中其他单元。如图 7 - 17 所示的就是一个单向循环链表。

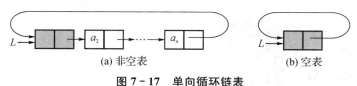

(a) 非空表　　　　(b) 空表

图 7 - 17　单向循环链表

在单向循环链表上实现表的各种操作的方法与一般链表的情形相似,仅在循环的终止条件上有所不同,前者是 p 或 p̂. next 指向表头单元;后者是 p 或 p̂. next 指向空(nil)。

在一般链表中,我们用指向表头单元的指针表示一个表 L,这样在 $O(1)$ 时间内就可以找到表 L 中的第一个元素;然而要找到表 L 中的最后一个元素要花 $O(n)$ 时间遍历整个链表。在单向循环链表中,我们也可以用指向表头单元的指针表示一个表 L。但是,如果我们用指向表尾的指针表示一个表 L 时,就可以在 $O(1)$ 时间内找到表中最后一个元素;同时通过表尾单元中指向表头单元的指针,我们可以在 $O(1)$ 时间内找到表 L 中的第一个元素。在许多情况下,用这种表示方法可以简化一些关于表的运算。例如将两个表 L_1 和 L_2 合并成一个表时,只要修改两个指针值即可,运算时间为 $O(1)$。

7.5　双向链表

在单向循环链表中,虽然从任一结点出发都可以找到其前驱结点,但需要 $O(n)$ 的时间。如果我们希望快速确定表中任一结点的前驱和后继,可以考虑在链表的每个结点中设置两个指针,一个指向其后继,另一个指向其前驱,形成如图 7 - 18 所示的双向链表结构。

图 7 - 18　双向链表

双向链表的结点类型定义如下：

```
type celltype＝record
        element:???;        〔某一种数据类型〕
        next,previous:celltype;
    end;
tposition＝^celltype;
```

和单向链表及单向循环链表类似，双向链表也有相应的双向循环链表，如图 7－19 所示。

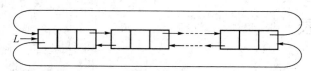

图 7－19　双向循环链表

下面给出三种基本运算在双向循环链表中的实现算法。

（1）在双向循环链表 L 的 p 结点之前插入一个新元素 x

```
procedure insert(x:element;p:tposition;var l:tlist);
var q:tposition;
begin
    new(q);
    q^.element:=x;
    q^.previous:=p^.previous;
    q^.next:=p;
    p^.previous^.next:=q;
    p^.previous:=q;
end;
```

上述算法对链表指针的更改情况如图 7－20 所示。注意 insert 中没有检查位置 p 的合法性，因此要在调用 insert 之前判断。

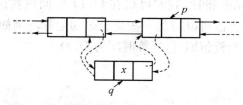

图 7－20　在双向循环链表中插入一个结点

（2）从双向循环链表 L 中删除结点 p

```
procedure delete(p:tposition;var l:tlist);
begin
    if (p<>nil)and(p<>l) then
    begin
        p^.previous^.next:=p^.next;
        p^.next^.previous:=p^.previous;
```

```
        dispose(p^);
    end;
  end;
```

上述算法对链表指针的更改情况如图 7－21 所示。与单向循环链表的删除算法类似，上述算法是在已知要删除元素在链表中的位置 p 时，将该位置所指的结点删去。若要从一个表中删除一个元素 x 但不知道它在表中的位置，则应先用定位函数 locate(x,l) 找出要删除元素的位置，然后再用 delete 删除。

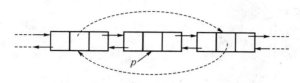

图 7－21　从双向循环链表中删除一个结点

（3）双向循环链表中的定位函数
```
function locate(x:element;l:tlist):tposition;
var p:tposition;
begin
    p:=l^. next;
    while p<>l do
        if p^. element=x then return(p)
                         else p:=p^. next;
    return(nil);
end;
```

7.6　指针的综合应用

【例 7－4】　用插入排序的思想建立一个升序链表。

【问题分析】

为了建立一个有序链表，可以将读入的第一个数作为表头结点，然后对后面读入的每个数，使用从前往后比较数据域大小，找到合适位置再插入进去的方法。

【示范程序】
```
program ex7_4;
type point=^node;
     node=record
        .data:integer;
         next:point;
      end;
var head,p,q,g:point;
```

```
    x:integer;
begin
    head:=nil;
    readln(x);
    while x>=0 do     {输入负数就结束}
    begin
        new(q);
        q^.data:=x;
        q^.next:=nil;
        p:=head;
        g:=nil;
        while (p^.data<x) and (p<>nil) do
            begin g:=p;p:=p^.next;end;
        if g=nil then begin head:=q;g:=q;end
                else if p=nil then g^.next:=q
                        else if p=head then begin q^.next:=head;head:=q;end
                                else begin q^.next:=p;g^.next:=q;end;
        readln(x);
    end;
    p:=head;
    while p<>nil do
        begin
            write(p^.data:6);
            p:=p^.next
        end;
end.
```

【**例 7 - 5**】　最愚蠢的人(fool.???)

【**问题描述**】

到底谁是最"愚蠢"的人呢？大家提出很多评价标准,比如学业水平考试等级最低、数学成绩最差、地理成绩最差等,甚至有人说现在谁离 gfs 最近谁最"愚蠢"。天呐,gfs 实在恼火！最后 gfs 出了个主意得到大家的认可:大家顺时针排好一圈,从第 1 号开始报数 1,2……数到 m 号的同学退出到圈外。如此报数,直到圈内只剩下一位同学时,该同学便是最"愚蠢"的。

编程由键盘输入 n、m,打印出最"愚蠢"的那位同学的序号。

【**输入文件**】

仅一行,有两个整数 n 和 m,($1 \leqslant n, m \leqslant 2\,000$)

【**输出文件**】

仅一个整数,行尾无空格,有回车符号。

【输入样例】

6 5

【输出样例】

1

【友情提醒】

n、m 之间大小不定。

【问题分析】

因为这 n 个同学是围成一个圈的,所以对于第 n 个同学来说他的后一个同学应该是第 1 个同学,这就形成了一个循环。如果我们将同学的编号作为结点中的数据域,将指向下一个同学的地址作为结点中的指针域,就形成了一个"循环链表"。整个算法就是利用循环链表来模拟报数出圈的过程。

【示范程序】

```pascal
program ex7_5;
type point=^node;
     node=record
         data:integer;
         next:point
       end;
var m,n,s:integer;
    p,q,head:point;
begin
    write('input the n,m:');
    readln(n,m);
    new(head);
    q:=head;
    head^.data:=1;
    for s:=2 to n do
    begin
        new(p);
        p^.data:=s;
        q^.next:=p;
        q:=p;
    end;
    q^.next:=head;      {建立循环链表}
    s:=1;
    q:=head;
    repeat
        p:=q^.next;
        s:=s+1;
```

```
         if s mod m＝0 then begin
                            q^.next:＝p^.next;
                            dispose(p)
                          end
                     else q:＝p;
    until q^.next＝q;
    writeln('the most foolish is no:',q^.data)
end.
```

【例7-6】 多项式加法(add.???)

【问题描述】

求两个一元多项式的和。输入多项式的方式为：多项式项数、每项系数和指数,并按指数从大到小的顺序输入。注意：合并后值为0的那些项不要输出。以下样例表示求两个多项式 $99x^2-2x-100$ 与 $2x+3$ 的和为 $99x^2-97$。

【输入样例】

```
3
99 2
-2 1
-100  0
2
2 1
3 0
```

【输出样例】

```
99 2
-97 0
@
```

【问题分析】

多项式的算术运算是表处理的一个经典问题。建立两张表 a、b,分别存放两个多项式的值,建立表指针 a、b,指向表 a 和表 b 中的元素,根据表 a、b 中的元素的指数大小合并输出。

(1) 比较 a、b 指向的元素的大小,若 a 的指数大于 b 的指数,输出 a 元素,改变指针 a;

(2) 若 a 的指数小于 b 的指数,输出 b 元素,改变指针 b;

(3) 若 a 的指数等于 b 的指数,a、b 元素的系数相加输出,同时改变指针 a 和 b;

(4) 若一表取空,则输出另一表剩余的内容。

【示范程序】

```
program ex7_6;      {为了便于演示,没有严格按照样例处理}
type link＝^node;
     node＝record
        zhi,xi: integer;
        next: link;
     end;
```

```pascal
var a,b: link;
    n: integer;

procedure createt(var c: link);
var p: link;
    i: integer;
begin
    new(p);
    readln(p^. xi,p^. zhi);
    c:=p;
    for i:=1 to n-1 do
    begin
        new(p^. next);
        p:=p^. next;
        readln(p^. xi,p^. zhi);
    end;
    p^. next:=nil;
end;

begin      {main}
    write('first: ');
    readln(n);
    createt(a);
    write('second: ');
    readln(n);
    createt(b);
    writeln('result: ');
    while (a <> nil) and (b <> nil) do
    begin
        if a^. zhi > b^. zhi
        then begin
                writeln(a^. xi,'   ',a^. zhi);
                a:=a^. next;
             end
        else if a^. zhi < b^. zhi
            then begin
                    writeln(b^. xi,'   ',b^. zhi);
                    b:=b^. next;
                 end
        else if a^. zhi=b^. zhi
```

```
            then begin
                    if b^.xi+a^.xi <> 0 then
                    begin
                        writeln(b^.xi+a^.xi,'   ',b^.zhi);
                    end;
                    b:=b^.next;
                    a:=a^.next;
                end;
        end;
    while a <> nil do
    begin
        writeln(a^.xi,'',a^.zhi);
        a:=a^.next;
    end;
    while b <> nil do
    begin
        writeln(b^.xi,'',b^.zhi);
        b:=b^.next;
    end;
    writeln('@');
end.
```

习 题 7

7-1　字符排序(sort. ???)

【问题描述】

用给定的字符建立一个指针链表,将链表中重复的字符删除,然后按 ASCII 码的顺序重排输出。

【输入文件】

sort. in

输入文件中有若干行,每行有若干个字符。

【输出文件】

sort. out

输出文件有三行。第一行按输入顺序输出字符;第二行将重复的字符删除后按输入顺序输出字符;第三行将链表中重复的字符删除后按 ASCII 顺序输出字符。字符与字符之间用一个空格隔开。

【样例输入】

DSDFRSSDFGDKAHHAUJDJG

【样例输出】

D S D F R S S D F G D K A H H A U J D J G

D S F R G K A H U J

A D F G H J K R S U

7-2 集合链表(mutlink. ???)

【问题描述】

已知两个用链表表示的整数集合 A、B,其元素值递增,求 A、B 的交集 C,C 同样以递增链表的形式存储。输出 C 的元素以及链表 C 的长度。

【输入文件】

mutlink. in

共四行,第一行为集合 A 的元素个数 $N(N<1\,000)$,第二行为从小到大排列的集合 A 中的元素(大小不超过 $1\,000$);第三、第四行分别为集合 B 的元素个数和集合 B 中的元素。

【输出文件】

mutlink. out

共二行,第一行为从小到大排列的集合 C 中的元素,每个整数之间有一个空格;第二行为集合 C 中元素的个数。例如:

$A=\{5,9,18,26,31,45\}$

$B=\{1,2,4,9,15,26,75\}$

$C=\{9,26\}$

【样例输入】

6

5 9 18 26 31 45

7

1 2 4 9 15 26 75

【样例输出】

9 26

2

7-3 出圈序列(fold. ???)

【问题描述】

将 $1\sim M$ 这 M 个自然数按由小到大的顺序沿顺时针围成一圈。以 S 为起点,先沿顺时针方向数到第 N 个数出圈,然后沿逆时针方向数到第 K 个数出圈;再沿顺时针方向数数到第 N 个数出圈,然后沿逆时针方向数到第 K 个数出圈……这样按顺时针方向和逆时针方向不断让数出圈,直到全部数出圈为止。打印先后出圈的数的序列。

【输入文件】

fold. in

文件中共 4 行,每行 1 个自然数,分别表示题目中的 M、S、N、K。M 不超过 $1\,000$。

【输出文件】

fold. out

仅一行,为先后出圈的数的序列,每个数字之间有一个空格。

【样例输入】

8

1

3

2

【样例输出】

3 1 5 2 7 4 6 8

【样例解释】

先从1开始沿顺时针方向数到3,3先出圈,再从2开始沿逆时针方向数到1,1出圈;从2开始沿顺时针方向数到5,5出圈,再从4开始沿逆时针方向数到2,2出圈……

7-4 躲避游戏(escape. ???)

【问题描述】

在一个山顶上有许多洞,有一只兔子和一只狐狸各住一个洞,狐狸总想吃掉兔子。一天兔子对狐狸说:"你想吃我,找到我就可以,但有一个条件,第一次你隔一个洞找我,第二次你隔两个洞找我,以此类推,次数不限。"狐狸想:这容易,就答应了。兔子根据山顶上洞的个数,找到一个洞躲在里面。狐狸从第一个洞开始,找了 n 次,就是找不到,最后狐狸还是吃不到兔子。请你根据山顶上洞的情况安排兔子,让狐狸找不到。

【输入文件】

escape. in

输入文件一行,包含山顶上的洞的个数 $m(m<100)$ 及狐狸寻找的次数 $n(n<100\ 000)$。

【输出文件】

escape. out

输出文件一行,为狐狸找不到的洞的编号。

假定从狐狸寻找的第一洞开始编号。

【样例输入】

5 1 000

【样例输出】

2 4

第8章 算法初步

在前面的章节中,已经介绍了一些"算法"方面的知识。在程序设计中讨论算法的目的是将其作为编写程序的依据,因为"程序＝算法＋数据结构"。同时,一个算法的好坏直接决定着相应程序的性能和各项指标。本章将系统地介绍一些算法方面的知识,主要包括算法的评价及穷举法、递归法、递推法、回溯法、动态规划等算法。除此之外,还会介绍一些特定问题的算法,如高精度运算、进制转换、排列组合、查找和排序等。

8.1 算法评价

解决同一个问题的算法往往是不唯一的。例如,对于排序问题,我们已经学习过选择排序、冒泡排序、归并排序等,这些排序算法各有什么优点和缺点,值得我们去研究。对问题求解的算法优劣的评定称为"算法评价"。算法评价的目的在于从解决同一问题的不同算法中选择出较为合适的一种算法,或者对原有算法进行改造、加工,使其更加完善。算法评价主要集中在以下四个方面。

8.1.1 算法的正确性

正确性是设计和评价一个算法的首要条件,如果一个算法不正确,其他方面就无从谈起。一个正确的算法是指在任何合理的数据输入下,总能在有限的运行时间内得到正确的结果。一般要通过对数据输入的所有可能情况的分析和上机调试,才能证明算法是否正确。有时,也可以通过数学方法进行正确性证明。

8.1.2 算法的简单性:编程复杂度

算法简单有利于阅读,算法正确性证明比较容易,同时有利于程序的编写、修改和调试;但是算法简单并不意味着最有效。因此,对于问题的求解,我们往往更加注重有效性,有效性比简单性更重要。

8.1.3 算法消耗的时间:时间复杂度

算法消耗的时间是指依据此算法在计算机上程序实现后,运算出结果所花费的时间。它大致等于计算机执行一个简单操作(如赋值操作、比较操作、加法运算)所需要的时间与算法中简单操作次数的乘积。这里我们假设计算机硬件环境相同,因此影响运行时间的主要因素在于算法中简单操作的次数。通常把算法中包含简单操作次数的多少叫做算法的"时间复杂度",它是一个算法运行时间的相对度量,一般用数量级的形式给出。度量一个算法

的运行时间通常有以下两种方法:

(1)"事后统计"的方法。因为很多计算机内部都有计时功能,往往可以精确到毫秒级,所以不同算法的程序可以通过一组或若干组相同的统计数据来分辨优劣。但是这种方法有两个缺陷:一是必须先运行依据此算法编制的程序;二是所得时间的统计量依赖于计算机的硬件、软件等环境因素,有时容易掩盖算法本身的优劣。因此,一般采用"事前分析估算"的方法。

(2)"事前分析估算"的方法。这种方法基于一个用高级程序设计语言编写的程序在计算机上运行时所消耗的时间,主要取决于下列几个因素:

① 算法采用的策略类型。不同算法、不同策略所消耗的时间是不同的。

② 问题的规模。求 100 以内的素数和求 1 000 000 以内的素数,所消耗的时间显然也是不同的。

③ 书写程序的语言。同一个算法,采用不同的程序设计语言实现,效率会有所不同。

④ 编译程序所产生的机器代码的质量。不同的编译器产生的可执行文件的运行时间会有所不同。

⑤ 机器执行指令的速度。同一个程序在不同软硬件配置的计算机上的运行时间是不同的。

显然,同一个算法用不同的语言实现、用不同的编译程序进行编译、在不同软硬件配置的计算机上运行时,效率均不相同。这表明使用绝对的时间单位衡量算法的效率是不合适的。撇开这些与计算机硬、软件有关的因素,可以认为一个特定算法的"运行工作量"的大小,只依赖于问题的规模(通常用整数量 n 表示),或者说它是与"问题规模"相关的一个函数。

一个算法是由控制结构(包括顺序、分支和循环三种)和元操作(固有数据类型的操作)构成的,则算法时间取决于两者的综合效果。为了便于比较同一问题的不同算法,通常的做法是从算法中选取一种对于所研究的问题(或算法类型)来说是基本运算的元操作,以该基本操作重复执行的次数作为算法的时间度量。

例如,在如下所示的"两个 $n \times n$ 的矩阵相乘"的算法中,"乘法"运算便是矩阵相乘问题的基本操作。整个算法的执行时间与乘法重复执行的次数 n^3 成正比,记作 $T(n) = O(n^3)$。

```
for i:=1 to n do
    for j:=1 to n do
    begin
        c[i,j]:=0;
        for k:=1 to n do
            c[i,j]:=c[i,j]+a[i,k]*b[k,j];
    end;
```

一般情况下,算法中基本操作重复执行的次数是问题规模 n 的某个函数 $f(n)$,算法的时间量度记作:

$$T(n) = O(f(n))$$

它表示随着问题规模 n 的增大,算法执行时间的增长率和 $f(n)$ 的增长率相同,称作算法的渐进时间复杂度,简称"时间复杂度"。

　　显然,被称作问题基本操作的元操作其重复执行次数和算法的执行时间应成正比,多数情况下,它是最深层循环内语句中的元操作,它的执行次数和包含它的语句的频度相同。语句的频度指的是该语句重复执行的次数。例如,在下列三个程序段中:

① x:=x+1;

② for i:=1 to n do x:=x+1;

③ for j:=1 to n do

　　　　for k:=1 to n do x:=x+1;

　　含基本操作"x 增加 1"的语句 x:=x+1 的频度分别为 $1, n$ 和 n^2,则这三个程序段的时间复杂度分别为 $O(1)$,$O(n)$,$O(n^2)$,通常称为常量阶、线性阶和平方阶。算法还可能呈现的时间复杂度有:对数阶 $O(\log_2 n)$,指数阶 $O(2^n)$ 等。在 n 很大时,不同数量级的时间复杂度显然有 $O(1) < O(\log_2 n) < O(n) < O(n\log_2 n) < O(n^2) < O(n^3) < O(2^n)$。在算法设计时,应该尽可能选用多项式阶 $O(n^k)$ 的算法,而不要采用指数阶的算法。

　　一般情况下,对一个问题(或一类算法)只需选择一种基本操作来讨论算法的时间复杂度;但有时需要同时考虑几种基本操作,甚至对不同的操作赋以不同权值,以反映执行不同操作所需的相对时间,这种做法便于综合比较解决同一问题的两种完全不同的算法。

　　由于算法的时间复杂度考虑的只是问题规模 n 的增长率,在难以计算基本操作执行次数(或语句频度)的情况下,只需要求出它关于 n 的增长率(或阶),一般可忽略常数项、底阶项、甚至系数。例如,在下列程序段中:

for i:=2 to n do

　　for　j:=2 to i-1 do x:=x+1;

语句 x:=x+1 的执行次数关于 n 的增长率为 n^2,它是语句频度表达式 $(n-1)(n-2)/2$ 中增长最快的一项。

8.1.4　算法占用的存储空间:空间复杂度

　　算法在运行过程中所需占用的存储空间的大小被定义为算法的"空间复杂度"。空间复杂度包括主程序中的全局变量及子程序中的局部变量所占用的存储空间以及系统为了实现递归所使用的堆栈空间两部分。算法的空间复杂度与时间复杂度一样,一般也是以数量级的形式进行评价。

　　在计算时间复杂度和空间复杂度时,一般只从数量级的角度去衡量,遇到固定常数或低数量级的项都忽略不计,甚至在时间要求不是很精确的情况下,连系数都不考虑。如一个算法的时间复杂度为 $O(n*(n+1)/2+1\,000)$,一般直接写成 $O(n^2)$。

　　下面我们通过两个例题,来进一步阐述算法的时间复杂度和空间复杂度。

　　【例 8-1】　输入 x 的值和系数 a_0、$a_1 \cdots a_n$,计算 $y = a_n x^n + a_{n-1} x^{n-1} + a_{n-2} x^{n-2} + \cdots + a_1 x + a_0$ 的值。

　　【问题分析】

　　对于本题,很明显的 n 越大,占用的存储空间就越大;乘积和累加的次数也越多,时间开销也就越多。这里的 n 就是问题的规模。下面,我们分别讨论三种实现本题的算法,比较它们的时间复杂度、空间复杂度及其他性能。

算法一:朴素算法

program ex8_1a(input,output);

```
const maxn＝100;        {假设 n 不超过 100}
var a:array[0..maxn] of real;
    x,y,s:real;
    j,n,k:integer;
begin
    readln(n);
    readln(x);
    for j:＝0 to n do read(a[j]);
    readln;
    y:＝a[0];
    for k:＝1 to n do
        begin
            s:＝a[k];
            for j:＝1 to k do s:＝s * x;
            y:＝y+s;
        end;
    writeln('y＝',y:0:4);
end.
```

该算法（程序）所用存储空间为 $a[0], a[1], \cdots, a[n]$ 和几个简单变量，即所需空间与问题规模 n 成正比，所以我们把它的空间复杂度写成 $O(n)$。而算法的时间主要花费在求 x 的 n 次方（内层循环）和 s 的累加（外层循环）。对于某系数 k，内层循环做了 k 次乘法，且 k 从 1 变化到 n，所以计算 y 所用的乘法次数共为 $1+2+3+\cdots+n=n(n+1)/2$；另外还做了 n 次累加（加法）。当 n 很大时，相对于 $n(n+1)/2$ 次乘法，n 次加法微不足道，所以该算法的时间规模为 $O(n(n+1)/2)=O(n*n/2+n/2)$；而 $n/2$ 相对于 $n*n/2$ 来说可以忽略，因此该算法的时间复杂度就可以写成 $O(n*n/2)$，甚至连系数 $1/2$ 也可以省略，直接是 $O(n^2)$。

算法二：在算法一中，存在着大量无谓的重复计算，因为求 x^k 不需要每次都由 $1, x, x^2, x^3, \cdots, x^k$ 逐个相乘实现，只要在上次 x^{k-1} 的基础上再做一次乘法就可以得到 x^k 的结果。基于这一点，我们用数组 b 存放 $1, x, x^2, x^3, \cdots, x^n$，这样该问题的空间复杂度就为 $O(2n)$ 了。

```
program ex8_1b(input,output);
const maxn＝100;
var a,b:array[0..maxn] of real;
    x,y:real;
    j,n:integer;
begin
    readln(n);
    readln(x);
    for j:＝0 to n do read(a[j]);
    readln;
    b[0]:＝1;
```

```
    for j:=1 to n do b[j]:=b[j-1] * x;
    y:=a[0];
    for j:=1 to n do y:=y+a[j] * b[j];
    writeln('y=',y:0:4);
end.
```

此算法用了两次单循环命令,每个循环内都只做一次乘法运算,所以与 n 成正比,即时间复杂度为 $O(2n)$。当 $n=100$ 时,算法一的简单操作次数为 $100 * 100/2=5000$ 次左右,而算法二的简单操作次数为 $2 * 100=200$ 次左右。

算法三:利用数学中"提取公因式"的方法(其实叫"秦九韶公式"),将 y 的计算公式改写为 $y=(\cdots(((a_n * x+a_{n-1}) * x+a_{n-2})\cdots+a_1) * x+a_0$,据此得到的程序如下:

```
program ex8_1c(input,output);
const maxn=100;
var a:array[0..maxn] of real;
    x,y:real;
    j,n:integer;
begin
    readln(n);
    readln(x);
    for j:=0 to n do read(a[j]);
    readln;
    y:=a[n];
    for j:=n-1 downto 0 do y:=y * x+a[j];
    writeln('y=',y:0:4);
end.
```

算法三中的存储空间为 n 个单元,所以空间复杂度为 $O(n)$;时间只花在 n 次乘法与 n 次加法运算上,所以时间复杂度为 $O(n)$。

我们给出以上三种算法的时间复杂度和空间复杂度(见表 8-1),以便大家对不同算法的性能有一个更加直观的比较和评价。由此可以得到以下结论:本题用算法三实现可以获得最好的效果。

表 8-1　三种算法的性能比较

算法	时间复杂度	空间复杂度
算法一	$O(n^2/2)$	$O(n)$
算法二	$O(2n)$	$O(2n)$
算法三	$O(n)$	$O(n)$

在设计算法时,应尽可能使时间复杂度和空间复杂度的值都比较小。但有时要使这两个参数值都小,是比较困难的。我们应当根据问题的具体需求,选择适当的算法以达到尽可能好的效果。例如,对于有些问题运算的时间复杂度较大,而对空间没有特别的要求时,可以用浪费空间的方法去换取时间,以使算法运行得更快。

【例 8 - 2】 H 数问题。

【问题描述】

所谓 H 数是指该数除 1 以外,最多只有 2,3,5,7 四种因子。如 630 是 H 数,而 22 不是。要求对从键盘输入的自然数 n,求出第 n 个 H 数。如 n=30,应输出 49。已知要求的 H 数不超出长整型数的范围。

【问题分析】

从 H 数的定义可以看出,如果一个数是 H 数,那么将它的 2,3,5,7 四种因子全部约去以后必然是剩下 1。下面就根据 H 数的这一特性用"穷举法"来解决这个问题。首先用自然语言描述出该算法。

算法一:穷举法

第 1 步:输入自然数 n。

第 2 步:将 h 置为 1,order 置为 1。表示第一个 H 数为 1。

第 3 步:如果 order=n,则转第 7 步;否则转第 4 步。

第 4 步:h 增加 1,并将 k 的值置为 h。

第 5 步:将 k 中的 2,3,5,7 四种因子全部去掉。

第 6 步:如果 k=1,则 order 增加 1,转第 3 步。

第 7 步:输出 h。

以上描述中第 5 步不够明确,下面对去掉 k 中因子 i(i=2,3,5,7)作进一步的说明。

第 5.1 步:如果 k 是 i 的倍数,则转第 5.2 步;否则算法结束。

第 5.2 步:将 k 置为 k/i。

第 5.3 步:转第 5.1 步。

有了上述用自然语言描述的算法后,就很容易编写出如下求解 H 数问题的程序了。程序中将因子 2,3,5,7 存放在数组 mark 中。

【示范程序】

```
program ex8_2a(input,output);
const mark:array[1..4] of integer=(2,3,5,7);      {常量数组}
var i,h,k,n,order:longint;
begin
    write('input n:');
    readln(n);
    h:=1;order:=1;
    while order<n do
    begin
        h:=h+1;k:=h;
        for i:=1 to 4 do
            while k mod mark[i]=0 do k:=k div mark[i];
        if k=1 then order:=order+1
    end;
    writeln('The no.',n,' H number is ',h)
end.
```

【程序说明】

运行程序,输入不同的 n,输出结果分别如下:

input n:450

the no. 450 H number is 23814

input n:1998

the no. 1998 H number is 7056000

input n:4095

the no. 4095 H number is 260112384

input n:5910

the no. 5910 H number is 2143750000

程序运行后虽然输出了正确的解,但大家会发现,随着 n 越来越大,出解的时间变得越来越慢,尤其是当 $n > 2\,000$ 时,更是无法满足竞赛的时间要求。

算法二:构造法

在 H 数问题中,由于所要求的 H 数在长整型数范围内,最大可达 2^{31},穷举法的效率太低,对序号大的 H 数很难在规定时间内运行出结果,有没有更好的办法呢? 有,这就是"构造法",又可以叫做"生成法"。

分析 H 数问题,发现 H 数因子只有 4 种,可以考虑从因子出发由小到大地生成 H 数。假如用一个线性表来存放 H 数,称这个表为 H 数表,则 H 数表中每个元素的 2 倍数、3 倍数、5 倍数及 7 倍数均是 H 数。不妨将由 H 数表中每个元素的 2 倍数组成的线性表称为 H 数表的 2 倍表,再用 3 个线性表分别存放 H 数表的 3 倍数、5 倍数和 7 倍数,然后利用这 4 个表来生成 H 数表,生成方法如下:开始时,H 数表中存有第一个 H 数 1,其他 4 个表为空表。将当前的 H 数的 2 倍数、3 倍数、5 倍数及 7 倍数依次添加到四个表中去,这时 4 个表中各有一个元素。接下来所有的 H 数都将由这 4 个表生成。每次将 4 个表的第一个元素(表头元素)中的最小者取出来,这个数就是下一个要求的 H 数,将它添加到 H 数表中去,并将这个 H 数的 2 倍数、3 倍数、5 倍数及 7 倍数依次添加到 4 个表的表尾,再从 4 个表中删除这个元素(如果表中有这个元素的话);重复这一过程,直到所要求的 H 数找到为止。

程序实现时,为了求出第 n 个 H 数,必须将它前面的所有 H 数都求出并加以保存,所以这一算法的空间复杂度为 $O(n)$。而在计算每一个 H 数的过程中,对 4 个 H 数的倍数表要进行删除操作,对线性表的删除操作的时间复杂度为 $O(n)$,所以这一算法的总的时间复杂度为 $O(n) * O(n)$,即 $O(n^2)$。

【示范程序】

```
program ex8_2b(input,output);
const maxn=5000;
var i,j,n,min,t2,t3,t5,t7:longint;
    h,h2,h3,h5,h7:array[1..maxn] of int64;    {中间值*2,3,5,7 会超出 longint 范围}
begin
    write('input n(n<=',maxn,'):');
    readln(n);
    h[1]:=1;h2[1]:=2;h3[1]:=3;h5[1]:=5;h7[1]:=7;
```

```
t2:=1;t3:=1;t5:=1;t7:=1;
for i:=2 to n do
begin
    min:=h2[1];
    if h3[1]<min then min:=h3[1];
    if h5[1]<min then min:=h5[1];
    if h7[1]<min then min:=h7[1];
    h[i]:=min;
    t2:=t2+1;h2[t2]:=h[i]*2;
    t3:=t3+1;h3[t3]:=h[i]*3;
    t5:=t5+1;h5[t5]:=h[i]*5;
    t7:=t7+1;h7[t7]:=h[i]*7;
    if h2[1]=min then begin
      for j:=1 to t2-1 do h2[j]:=h2[j+1];
      t2:=t2-1;
    end;
    if h3[1]=min then begin
      for j:=1 to t3-1 do h3[j]:=h3[j+1];
      t3:=t3-1;
    end;
    if h5[1]=min then begin
      for j:=1 to t5-1 do h5[j]:=h5[j+1];
      t5:=t5-1;
    end;
    if h7[1]=min then begin
      for j:=1 to t7-1 do h7[j]:=h7[j+1];
      t7:=t7-1;
    end;
end;
writeln('The no. ',n,' h number is ',h[n]);
end.
```

算法三:优化构造法

仔细分析算法二,可以发现 H 数的 4 个倍数表中的所有元素与 H 数表中的所有元素相比,只相差一个倍数而已。可不可以不用这 4 个倍数表,而借用 H 数表来表示它们呢? 答案是肯定的。为了说明问题,首先引进线性表中指针的概念。在用数组描述线性表时,线性表中元素的位置完全取决于数组下标的值,我们不妨将这个下标值(即一个整数)看作指向线性表中某一元素的指针。需要说明的是,这里所谓的指针只是为了便于说明问题而定的称谓,与 FreePascal 语言中所说的指针是完全不同的。这样可以用 4 个指针分别指向 H 数表中的 4 个数,这 4 个数的 2 倍数、3 倍数、5 倍数及 7 倍数的值分别是 4 个倍数表中的首元素,以此表示 H 数的 4 个倍数表。一开始,它们均指向 1,即当前 4 个倍数表的首元素分别为 $2*1$、$3*1$、$5*1$、$7*1$,取 4 个数中最小者作为第 2 个 H 数,记入 H 数表中,并将代表 H 数 2 倍表的指针后移一位,指向 2;比较 $2*2$、$3*1$、$5*1$、$7*1$,取 3,将代表 H 数 3 倍表的指针后移一位,指向表中下一个 H 数,此时,H 数 3 倍表中的首元素变成了 $3*2=6$,以此类推,直到插入表中的 H 数的总数满足要求为止。这个算法在改进空间复杂度的同时,也将时间复杂度降到了 $O(n)$。因为用指针模拟 H 数的倍数表后,线性表的删除操作变成了指针的移动操作,而指针的移动操作只要用一个赋值语句即可。

程序中 4 个指针由数组 p 实现,p[1]表示指针指向的 H 数表中的元素的 2 倍为 H 数 2 倍表的首元素,数组 mark 记录 4 个因子 2,3,5,7。H 数表由数组 h 来表示。4 个数中若有多个相等者取一个即可,并将相应的多个指针同时后移一格。

【示范程序】

```pascal
program ex8_2c(input,output);
const maxn=5910;
    mark:array [1..4] of integer=(2,3,5,7);
var i,j,n,min:longint;
    p:array[1..4] of longint;
    h:array[1..maxn] of longint;
begin
    write('input n(n<=',maxn,'):');
    readln(n);
    h[1]:=1;
    for i:=1 to 4 do p[i]:=1;
    for i:=2 to n do
    begin
        min:=h[p[1]]*mark[1];
        for j:=2 to 4 do
            if h[p[j]]*mark[j]<min  then  min:=h[p[j]]*mark[j];
        h[i]:=min;
        for j:=1 to 4 do
            if h[p[j]]*mark[j]=min  then  p[j]:=p[j]+1;
    end;
    writeln('The no.',n,' h number is ',h[n])
end.
```

【程序说明】

表 8-2 是程序 ex8_2a、ex8_2b、ex8_2c 在 PⅣ2.5/256M/FreePascal1.0.10 计算机环境下运行时的对照情况,第三到第五列分别为三个程序的运行时间,全部以秒为计时单位。可以看到,第三个程序是最优的,同时表中运行时间的数量关系与前面的分析也是相吻合的,即第三种算法的时间复杂度为 $O(n)$;第二种算法的时间复杂度为 $O(n*n)$;第一种算法的时间复杂度很难估算,但显然是远远超过 $O(n*n)$ 的。在空间复杂度方面,第一种算法为 $O(1)$,第二种算法为 $O(5n)$,第三种算法为 $O(n)$。

表 8－2　H 数问题三种算法的性能比较

表 8－2　H 数问题三种算法的性能比较

规模	结果	算法一	算法二	算法三
$n=100$	H[100]=450	0.00	0.00	0.00
$n=500$	H[500]=32928	0.01	0.00	0.00
$n=1\,000$	H[1000]=385875	0.1	0.00	0.00
$n=2\,000$	H[2000]=7077888	2.85	0.01	0.01
$n=3\,000$	H[3000]=50176000	14.55	0.01	0.01
$n=4\,000$	H[4000]=228614400	54.38	0.04	0.01
$n=5\,000$	H[5000]=797343750	225.23	0.09	0.01

　　算法的复杂度分析不仅可以对算法的好坏作出客观的评价,同时对算法设计本身也有着指导性作用,因为在解决实际问题时,算法设计者通过对算法作事先评估能够大致得知所想出的算法的优劣,进而作出决定是否采纳该算法,这样就能避免把大量的精力投入到低效算法的实现中去,特别是现在各级各类信息学奥林匹克竞赛都对程序运行的时间和空间有着严格的限制,掌握算法复杂度的评价方法就显得尤为重要。

8.2　穷举法

　　计算机的特点之一就是运算速度快、善于重复做一件事、"穷举法"正是基于这一特点的最古老的算法。它一般是在一时找不出解决问题的更好途径,即从数学上找不到求解的公式或规则时,根据问题中的"约束条件",将解的所有可能情况一一列举出来,然后再逐个验证是否符合整个问题的求解要求,从而得到问题的所有解。

　　穷举法的特点是算法的设计、实现都很简单;但运行时所花费的时间和空间往往很大。有时所列举出来的情况数目会大得惊人,就是用最先进、最高速的计算机运行,其运行时间也使人无法忍受,甚至连所需要的存储空间都无法满足。因此,我们在用穷举法解决问题时,往往要尽可能分析出问题的本质,将不符合条件的情况排除在外,以减少穷举的次数,尽快得出问题的解。

　　穷举算法的一般模式为:

　　(1) 列出问题解的可能范围,一般用循环或循环嵌套结构实现;

　　(2) 探究、挖掘出问题解的约束条件;

　　(3) 根据约束条件优化算法,尽可能地缩小穷举范围,减少穷举次数,降低算法的时间和空间复杂度。

8.2.1　穷举法的应用举例

【例 8－3】　完全数。

【问题描述】

　　古希腊人称因子的和等于它本身的数是完全数,例如 28 的因子是 1、2、4、7、14,而 1＋2

＋4＋7＋14＝28,所以,28 是一个完全数。编程输出 2～1 000 内的所有完全数。

【问题分析】

多举几个例子会发现,各个完全数之间没有明显的数学关系,即判断一个数是否是完全数并没有直接的判断公式或定理。所以,我们只能从 2 到 1 000 逐个穷举,判断每一个数是否满足完全数的条件:所有因子之和等于它本身。这样问题的关键便是把每一个数的所有因子寻找出来,并求出它们的和。而一个数 n 的因子怎么求呢? 还是穷举,逐个判断 1 到 n div 2 之间的数 j,看"n mod j＝0"是否成立。

【示范程序】

```
program ex8_3(input,output);
var n,j,s:integer;
begin
    for n:＝2 to 1000 do        {穷举 2～1000 之间的每个数}
    begin
        s:＝0;
        for j:＝1 to n div 2 do
            if n mod j＝0   then s:＝s+j;        {分解因子并累加求和}
        if n＝s then
        begin        {判断并输出}
            write(n,'＝1');
            for j:＝2 to n div 2 do
                if n mod j＝0 then write('＋',j);
            writeln;
        end;
    end;
end.
```

【程序说明】

程序运行后,输出结果如下:

6＝1＋2＋3

28＝1＋2＋4＋7＋14

496＝1＋2＋4＋8＋16＋31＋62＋124＋248

【例 8－4】　三角形个数。

【问题描述】

输入一根木棒的长度,将该木棒分成三段,每段的长度为正整数;输出由这三段小木棒组成的不一样边长的三角形个数。如输入 10,则输出 2,能组成的两个三角形边长分别为 2,4,4 和 3,3,4。

【问题分析】

分析本题后发现,没有公式能直接求出三角形的个数,所以只能采用穷举法,一一穷举三角形的三条边(a,b,c)的可能值,验证能否构成一个三角形,若能则累计。最后输出计数器的值。为了保证组成的三角形不重复,在穷举时要设定:$1 \leqslant a \leqslant b \leqslant c \leqslant n-2$。

【示范程序】

```
program ex8_4(input,output);
var n,s,a,b,c:integer;
begin
    readln(n);
    s:=0;
    for a:=1 to n-2 do
        for b:=a to n-2 do
            for c:=b to n-2 do
                if (a+b>c) and (b+c>a) and (c+a>b) and (a+b+c=n) then s:=s+1;
    writeln(s);
end.
```

【程序说明】

(1) 运行程序,输入:100

  输出:208

(2) 在前两条边确定的情况下,第三条边是可以计算出来的,而不需要穷举,即可以将三重循环优化成二重循环。主要程序段如下:

```
for a:=1 to n-2 do
    for b:=a to n-2 do
    begin
        c:=n-a-b;
        if (a+b>c) and (b+c>a) and (c+a>b) and (c>=b) then s:=s+1;
end;
```

【例 8-5】 一元三次方程的解。

【问题描述】

设有一元三次方程 $ax^3+bx^2+cx+d=0$,给出该方程中各项系数 a、b、c、d(均为实数),并假设该方程一定存在三个不同的实数解(范围在 $-100\sim100$ 之间),且解与解之差的绝对值大于等于 1。请编程由小到大输出这三个解,精确到小数点后 2 位。

提示:记方程 $f(x)=0$,若存在 2 个数 x_1 和 x_2,且 $x_1<x_2$,则若 $f(x_1)*(x_2)<0$,则在 x_1 到 x_2 之间一定有一个解。

例如,输入:1 -5 -4 20

输出:-2.00 2.00 5.00

【问题分析】

直接用数学方法求一元三次方程的解并不容易实现,我们可以换个角度思考问题:在 $-100\sim100$ 之间找三个满足方程的实数,这就是"穷举法"的思路。由于实数是无序类型,不好直接穷举,只能利用题目给出的一个重要的限制条件:解只要精确到小数点后 2 位。所以,我们只需将循环变量扩大 100 倍即可顺利穷举,最后再将所求结果缩小 100 倍输出。

【示范程序】

```
program ex8_5(input,output);
```

```
var a,b,c,d,x:real;
    i,x1,x2,x3:integer;
begin
    readln(a,b,c,d);
    x1:=maxint;
    x2:=x1;
    x3:=x1;
    for i:=-10000 to 10000 do        {将解放大 100 倍后穷举}
    begin
        x:=i/100;
        if abs(a*x*x*x+b*x*x+c*x+d)<0.000001        {判断等式是否成立}
            then if i<x1 then x1:=i
                        else if i<x2 then x2:=i
                                else if i<x3 then x3:=i;        {确保 x1<x2<x3}
    end;
    writeln(x1/100:0:2,' ',x2/100:0:2,' ',x3/100:0:2);
end.
```

【例 8-6】 四皇后问题。

【问题描述】

在 4×4 的棋盘上安置 4 个皇后,要求任意两个皇后不在同一行、同一列、同一条对角线上,输出所有可能的皇后放置方案。

【问题分析】

逐行穷举每一个皇后的列位置,判断是否合法,即是否满足"不在同一行、同一列、同一条对角线上"。穷举的次数为 $4^4=256$。

【示范程序】

```
program ex8_6(input,output);
const n=4;
var i1,i2,i3,i4:integer;
    s:array[1..n] of integer;

function check:boolean;        {检查某个状态是否合法}
var i,j:integer;
begin
    check:=true;
    for i:=1 to n-1 do
        for j:=i+1 to n do
            if (s[i]=s[j]) or (s[i]-i=s[j]-j) or (s[i]+i=s[j]+j)
                then begin check:=false;exit;end;
end;
```

```
procedure print;        {输出一个解}
var i:integer;
begin
    for i:=1 to n do write(s[i]:2);
    writeln
end;


begin        {main}
    for i1:=1 to n do        {分别穷举4行的皇后的列位置}
        for i2:=1 to n do
            for i3:=1 to n do
                for i4:=1 to n do
                begin
                    s[1]:=i1;s[2]:=i2;s[3]:=i3;s[4]:=i4;
                    if check then print;        {当前状态合法则输出}
                end;
end.
```

【程序说明】

(1) 运行程序,输出两种方案:

2 4 1 3   {第1行的皇后在第2列,第2行的皇后在第4列,……}

3 1 4 2

(2) 如果题目改为"八皇后问题",也可以用完全类似的算法来实现。只是八重循环的穷举量为 $8^8 = 16\ 777\ 216$,程序的效率很差,我们将会在回溯算法中深入讨论这个问题。

【例 8 - 7】 孪生素数。

【问题描述】

在素数的大家庭中,大小之差不超过2的两个素数称为一对"孪生素数",如2和3、3和5、17和19等。请你编程统计出不大于自然数 $n(n \leqslant 2^{31})$ 的素数中,孪生素数的对数。例如,输入:20,输出:5。

【问题分析】

首先,大于2的两个连续自然数不可能都是素数;大于2的偶数也一定不是素数,所以从3开始穷举一个自然数 s,检查 $s+2$ 是不是也是素数,是则计数器加1;否则从 $s+4$ 开始找下一个素数接着判断。

【示范程序】

```
program ex8_7(input,output);
var n,i,s,ans:longint;


function   prime(x:longint):boolean;        {素数的判断函数}
var i,k:longint;
```

```
      b:boolean;
   begin
      b:=true;
      k:=trunc(sqrt(x)+0.1);
      i:=2;
      while  (i<=k) and b do
         if x mod i=0   then b:=false else inc(i);
      prime:=b;
   end;


begin      {main}
   readln(n);
   if n<=2 then ans:=0
               else begin
                     ans:=1;
                     s:=3;
                     while s<n−1 do
                        if prime(s+2)
                           then begin inc(ans);s:=s+2;end
                           else begin
                                   s:=s+4;
                                   while (s<n−1) and not(prime(s)) do s:=s+2;
                               end;
                  end;
               writeln(ans);
end.
```

【例 8 - 8】 学校名次。

【问题描述】

有 A,B,C,D,E 五所学校。在一次检查评比中,已知 E 校肯定不是第 2 名或第 3 名,他们互相进行推测。A 校有人说,E 校一定是第 1 名;B 校有人说,我校可能是第 2 名;C 校有人说,A 校最差;D 校有人说,C 校不是最好的;E 校有人说,D 校会获第 1 名。结果只有第 1 名和第 2 名学校的人猜对了。请编程输出这 5 所学校的真实名次。

【问题分析】

本题是一个逻辑判断题,一般的逻辑判断题都采用穷举法进行求解。我们对五所学校所得名次的各种可能情况进行穷举。在每种情况中,为了防止不同学校取得相同的名次,定义逻辑数组 x,初始化为 true,当 $x[i]$ 为 false 时表示已有某校取得第 i 名。此题的难点在于确定判断条件,我们设立逻辑变量 $b0$、$b1$ 来描述这两个主要条件:"E 校不是第 2 名或第 3 名"与"只有第 1 名和第 2 名学校的人猜对",前一条件比较容易判断;后一条件还需要判断:① 是否只有两人说法正确? ② 说得正确的人是否是取得第 1 名和第 2 名学校的人? 而要判断是否仅有两人说正确,需要统计正确命题的个数,为此,定义函数 bton,将逻辑量数值化。

【示范程序】

```
program ex8_8(input,output);
var i,a,b,c,d,e,m:integer;
    x:array[1..5] of boolean;
    b0,b1:boolean;
function bton(b:boolean):integer;
begin
    if b then bton:=-1 else bton:=0;
end;

begin      {main}
    for i:=1 to 5 do x[i]:=true;
    for a:=1 to 5 do
    begin
        x[a]:=false;
        for b:=1 to 5 do
            if x[b] then
            begin
                x[b]:=false;
                for c:=1 to 5 do
                    if x[c] then
                    begin
                        x[c]:=false;
                        for d:=1 to 5 do
                            if x[d] then
                            begin
                                e:=15-a-b-c-d;
                                b0:=(e<>2) and (e<>3);
                                m:=bton(e=1)+bton(b=2)+bton(a=5)+bton(c<>1)+bton(d=1);
                                b0:=b0 and (m=-2);
                                b1:=(e=1) and (a<>2);
                                b1:=b1 or (a=5) and(c<>1) and(c<>2);
                                b1:=b1 or (c<>1) and (d<>1) and (d<>2);
                                b1:=b1 or (d=1) and (e<>2);
                                b0:=b0 and not b1;
                                if b0 then
                                    writeln('a=',a:2,'b=',b:2,'c=',c:2,'d=',d:2,'e=',e:2);
```

```
                    x[d]:=true;
                  end;
                  x[c]:=true;
                end;
                x[b]:=true;
              end;
            x[a]:=true;
          end;
        end.
```

【程序说明】

运行程序,输出:$a=5$　$b=2$　$c=1$　$d=3$　$e=4$,即 a、b、c、d、e 五所学校的排名分别为 5、2、1、3、4。

8.2.2　穷举法的优化

【例 8-9】　阿姆斯特朗数。

【问题描述】

编程找出三位数到七位数中的所有阿姆斯特朗数。阿姆斯特朗数也叫水仙花数,它的定义如下:一个 n 位自然数的各位数字的 n 次方之和等于它本身。例如 153 是一个三位数的阿姆斯特朗数,8208 则是一个四位数的阿姆斯特朗数。

【问题分析】

由于阿姆斯特朗数是没有规律的,所以只能采用穷举法,一一验证 100~9 999 999 范围内的数是否是阿姆斯特朗数,若是则打印。但若对任意一个数 K,都去求它的各位的若干次方,再求和判断是否等于 K,效率比较差。

我们注意到每个位只可能是 0~9,而且只会计算 3~7 次方,为了使得程序尽快运行出正确结果,我们采用"以空间换时间"的策略,使用一个数组 power 存放所有数字的各次幂之值,power[i,j]等于 i 的 j 次方。程序 ex8_9 中,变量 currentnumber 存放当前要被验证的数,数组 digit 存放当前数的各位数字,highest 存放当前数的位数。开始时 digit[3]=1,其他元素均为 0,表示当前数为 100。

【示范程序】

```pascal
program ex8_9(input,output);
const maxlen=7;
var i,j,currentnumber,highest,sum,total:longint;
    digit:array [0..maxlen+1] of integer;
    power:array [0..9,0..maxlen] of longint;
begin
  for i:=0 to 9 do
  begin
    power[i,0]:=1;
    for j:=1 to maxlen do power[i,j]:=power[i,j-1]*i;
  end;
```

```
        for i:=1 to maxlen do digit[i]:=0;
        digit[3]:=1;
        highest:=3;
        currentnumber:=100;
        total:=0;
        while digit[maxlen+1]=0 do
        begin
            sum:=0;
            for i:=1 to highest do
                sum:=sum+power[digit[i],highest];
            if sum=currentnumber
                then begin
                        total:=total+1;
                        write(currentnumber:maxlen+5);
                        if total mod 6=0 then writeln;
                    end;
            digit[1]:=digit[1]+1;
            i:=1;
            while digit[i]=10 do
            begin
                digit[i+1]:=digit[i+1]+1;
                digit[i]:=0;
                i:=i+1;
            end;
            if i>highest then highest:=i;
            currentnumber:=currentnumber+1;
        end;
        writeln;
end.
```

【程序说明】

运行程序,输出结果如下:

153	370	371	407	1634	8208
9474	54748	92727	93084	548834	1741725
4210818	9800817	9926315			

【例 8-10】 方格填数。

【问题描述】

在如图 8-1(a)所示的 8 个格子中放入 1~8 八个数字,使得相邻的和对角线的数字之差不为 1,编程输出所有放法。图 8-1(b)便是一种放法。

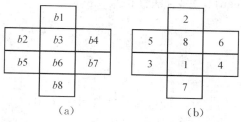

图 8 - 1 方格图

【问题分析】

我们先不考虑后一个条件,只考虑第一个条件,即把 1~8 八个数字放入 8 个格子中。这是容易做到的,这就是 8 个数字的全排列,共有 8!＝40 320 种放法。然后对这 40 320 种可行解用后一个条件加以检验,输出符合条件的解。

对于后一个条件中"相邻"的判断,可以建立一个"邻接表"来解决,表 8 - 3 显示了哪两个格子是相邻的,link[i,1]和 link[i,2]是相邻格子的编号。

表 8 - 3 邻接表

i	1	2	3	4	5	6	7	8	9	10	11	12	13	14	15	16	17
link[i,1]	1	1	1	2	2	2	3	3	3	3	4	4	5	5	6	6	7
link[i,2]	2	3	4	3	5	6	4	5	6	7	6	7	6	7	7	8	8

全排列的产生,可以用八重循环穷举,也可以用专门的算法(如生成法)。但不管怎样,由于可行解的数量巨大,带来的后续运算量也很大,如何提高算法的效率呢?本题可以想办法尽量减少可行解的个数,使得第二步的检验运算量尽可能的少。注意到 b3 和 b6 两个格子,与它们"相邻"的格子有 6 个;也就是说,放入这两个格子中的数,必须和 6 个数不连续,仅可以和一个数是连续的,这样的数只有 2 个,即 1 和 8。这样,b1、b3、b6、b8 这 4 个格子中数的放法仅有两种可能:2、8、1、7 和 7、1、8、2。而 b2、b4、b5、b7 四个格子中的数仅需在 3~6 四个数中选择。经过上述优化,可行解仅有 2×4!＝48 个,大大减少了计算量;并且检验是否符合要求,也只需检查(1,2),(1,4),(2,5),(4,7),(5,8),(7,8)这 6 对数之差就可以了。

【示范程序】

```
program ex8_10(input,output);
const link:array[1..6,1..2] of integer=((1,2),(1,4),(2,5),(4,7),(5,8),(7,8));
var b:array[1..8] of integer;

procedure print;        〈输出〉
begin
   writeln('  ',b[1]:2);
   writeln(b[2]:2,b[3]:2,b[4]:2);
   writeln(b[5]:2,b[6]:2,b[7]:2);
   writeln('  ',b[8]:2);
   writeln;
end;
```

```pascal
function choose:boolean;      {合法性检查}
var i:integer;
begin
    choose:=false;
    for i:=1 to 6 do
        if abs(b[link[i,1]]−b[link[i,2]])=1 then exit;
    choose:=true;
end;


procedure try;      {穷举另外的 4 个数}
begin
    for b[2]:=3 to 6 do
        for b[4]:=3 to 6 do
            if b[2]<>b[4] then
                for b[5]:=3 to 6 do
                    if (b[5]<>b[2]) and (b[5]<>b[4]) then
                        begin
                            b[7]:=18−b[2]−b[4]−b[5];
                            if choose then print;
                        end;
end;


begin      {main}
    b[1]:=2;b[3]:=8;b[6]:=1;b[8]:=7;      {初始化 4 个数}
    try;      {穷举第一类情况}
    b[1]:=7;b[3]:=1;b[6]:=8;b[8]:=2;      {初始化 4 个数}
    try;      {穷举第二类情况}
    readln;
end.
```

【程序说明】

　　减少穷举的范围和不必要的穷举是优化穷举算法的关键。在使用穷举算法之前,先要考虑各个"解元素"之间的关联,将一些非穷举不可的解元素列为"穷举变量",其他元素通过计算和分析得出可能值。同时,分解题目中的约束条件,将拆分出的约束条件嵌套在相应的循环体中,把明显不符合条件的可行解尽可能剪去,达到尽量减少可行解的数目,从而减少穷举的计算量,这一方法称为"剪枝"。

8.3　进制转换原理及应用

　　很多时候,我们需要将生活中用的十进制数转换成计算机中用的二进制、八进制或十六进制数;有时又需逆向转换,将计算机中用的二进制、八进制或十六进制数转换成生活中用的十进制数;有时还需要在二进制、八进制和十六进制数之间相互转换。

十六进制的基数是 16;在十六进制中用到的符号除了十进制中的 0~9 外,还包括英文字母 A~F,分别表示 10~15;十六进制的运算规则是"逢 16 进 1"。同理,二进制和八进制的基数分别为 2 和 8;用到的符号分别只有 0~1 和 0~7;运算规则分别为"逢 2 进 1"和"逢 8 进 1"。

为了区分十六进制中的 123 和十进制中的 123,一般我们把十六进制中的数 123 表示成 $(123)_{16}$。同理,二进制和八进制中的 10,分别表示成 $(10)_2$、$(10)_8$,它们分别对应着十进制中的 2 和 8。也可以在一个数的后面加上英文字母 D、B、O、H 来分别表示该数是十进制数、二进制数、八进制数和十六进制数。

在十进制中,123.45 可以表示成 $1*10^2+2*10^1+3*10^0+4*10^{-1}+5*10^{-2}$,其中 10^i 称为对应位的"权",这种表示方式称为"按权展开式",在其他进制中也是通用的。如十六进制数 2B3F,可以表示成 $2*16^3+11*16^2+3*16^1+15*16^0$,对应着十进制数 11 071。

8.3.1 进制转换原理

(1)十进制正整数转换成 n 进制数

转换方法是直接模拟除法运算的过程。比如把十进制数 39 转换成二进制数的方法如图 8-2(a)所示,要注意的是,结果要"反序输出",转换结果为 $(39)_{10}=(100111)_2$。把 245 转换成八进制数的方法如图 8-2(b)所示,转换结果为 $(245)_{10}=(365)_8$。

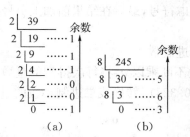

图 8-2 十进制整数转换成 *n* 进制数的方法示意图

【例 8-11】 将十进制正整数转换成 *n* 进制数($n<10$)。

【问题分析】

设十进制正整数为 *y*,用数组 *a* 存放转换结果,*i* 为数组下标,则算法描述如下:

i:=0;

重复做:

        i:=i+1;

        a[i]:=y mod n;

        y:=y div n;

直到 y=0 为止。

依次输出最高位 a[i]到最低位 a[1]。

【示范程序】

```
program ex8_11(input,output);
```

```pascal
var a: array [1..50] of integer;
    n,y,i,j: integer;
begin
    write ('input number y,n:');
    readln(y,n);
    i:=0;
    repeat
        i:=i+1;
        a[i]:=y mod n;
        y:=y div n;
    until y=0;
    for j:=i downto 1 do write (a[j]);
    writeln;
end.
```

【程序说明】

① 运行程序,根据提示输入:245 8

　　输出:365

② 如果 n 超过了 10,比如要转换成十六进制数,只要在输出时把10～15转换为字符 A～F 即可。

③ 如果是负数,则先不考虑符号,最后在结果前加上负号即可。

(2) 十进制小数转换为 n 进制数

基本算法是将十进制小数不断乘以 n,将每次得到的整数部分依次输出,并且每次都将整数部分恢复为 0。例如,把 $(0.325)_{10}$ 转换成二进制小数的过程如图 8 - 3 所示。

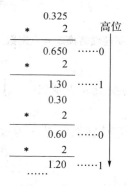

图 8 - 3　十进制小数转换成 n 进制小数的方法示意图

所以,转换结果为 $(0.325)_{10} \approx (0.0101)_2$。

观察以上转换过程,我们发现这种转换有可能会出现循环的情况,即转换结果是一个近似值。对于一个十进制实数,我们可以把整数部分和小数部分分解出来后,分别转换成 n 进制的整数和小数,再相加得到对应的 n 进制数。

（3）任意 n 进制数转换成十进制数

基本算法是把要转换的数（整数、实数皆可）表示成"按权展开式"，再求和输出结果。

【例 8 - 12】 将任意 n 进制整数 x 转换成十进制数（设 $n<10$）。

【示范程序】

```pascal
program ex8_12(input,output);
const m=32;
var str:string;
    n,i,len,y,t:longint;
    a:array[1..m] of integer;
begin
  write('input n:');
  readln(n);
  write('input x:');
  readln(str);
  len:=length(str);        {考虑到数的位数可能很多,采用字符串的方式输入}
  for i:=1 to len do
    a[i]:=ord(str[i])−ord('0');     {将每个字符转换成数字}
  y:=1;
  t:=a[len];
  for i:=len−1 downto 1 do
    begin
      if a[i] > n then      {判断输入的每一位数是否超出 n}
        begin
          writeln('error');
          exit;
        end;
      y:=y * n;        {累乘求权}
      t:=t+a[i] * y;        {按权展开每一位,并累加}
    end;
  writeln(t);
end.
```

【程序说明】

（1）运行程序，按提示信息依次输入：2

                             100110

输出：38

（2）如果 $n>10$，则将输入的 A～F 转换成 10～15 即可。

（3）这个方法也适用于把任意 n 进制小数转换成十进制小数。这样，对一个 n 进制的实数，可以把整数和小数部分截取出来后分别进行转换，最后再相加即可。

（4）二进制、八进制、十六进制数之间的转换

利用 3 位二进制数表示 1 位八进制数，4 位二进制数表示 1 位十六进制数的基本思想，以 3（或 4）位为一段分别转换。

【例 8－13】 将一个二进制实数转换成十六进制数。

【问题分析】

举例来说，$(1011110011.010011)_2＝(2F3.4C)_{16}$。方法是以小数点为界，整数部分从低位向高位以 4 位为一段（最高一段不满 4 位就在前面补 0），分别转换成十六进制数；小数部分从高位向低位以 4 位为一段（最低一段不满 4 位就在后面补 0），分别转换成十六进制数；最后合并后输出即可。

【示范程序】

```pascal
program ex8_13(input,output);
var s,s1,s2,result:string;
    a,b:array[1..100] of 0..1;
    k,i,w,y,t:longint;
begin
    readln(s);          {必须为 x. y 的形式}
    k:=pos('.',s);      {找出小数点的位置}
    s1:=copy(s,1,k-1);  {截取整数部分}
    s2:=copy(s,k+1,length(s)-k);    {截取小数部分}
    fillchar(a,sizeof(a),0);
    fillchar(b,sizeof(b),0);
    for i:=1 to length(s1) do    {将字符转换成数字}
      a[length(s1)+1-i]:=ord(s1[i])-ord('0');
    for i:=1 to length(s2) do
      b[i]:=ord(s2[i])-ord('0');
    result:='';
    w:=0;
    y:=1;
    t:=length(s1);
    if t mod 4<>0 then t:=(t div 4+1)*4;    {最高一段补成 4 位}
    for i:=1 to t do    {转换整数部分}
    begin
      w:=w+a[i]*y;    {累加}
      y:=y*2;         {权}
      if i mod 4=0  then begin
        if w<10 then result:=chr(48+w)+result
          else result:=chr(55+w)+result;
        w:=0;
        y:=1;
```

```
        end;
      end;
    write(result);        {输出转换后的整数部分}

    if k<>0 then        {如果有小数部分,则开始转换小数部分}
    begin
      write('.');
      t:=length(s2);
      if t mod 4<>0 then t:=(t div 4+1)*4;        {小数部分最低一段补齐 4 位}
      w:=0;
      for i:=1 to t do        {转换小数部分}
      begin
        w:=w*2+b[i];
        if i mod 4=0 then
        begin
          if w<10 then write(w)
            else write(chr(55+w));
          w:=0;
        end;
      end;
      writeln;
    end;
end.
```

8.3.2 进制转换原理的应用

在解决实际问题时,巧妙地应用数的进制转换原理,可以解决不少问题。

【例 8-14】 天平称重。

【问题描述】

用 1 克、3 克、9 克、27 克和 81 克的砝码称物体的重量,最大可称出 121 克。如果砝码允许放在天平的两边,编程输出称不同重量物体时,砝码放置的方式。

例如所称物体的重量 $m=14$ 克时,因为 $m+9+3+1=27$,所以 $m=27-9-3-1$,即天平一端放该物体和 9 克、3 克、1 克的砝码,另一端放 27 克的砝码。

输出格式如下:

$1=0+0+0+0+1$

……

$14=0+27-9-3-1$

……

$121=81+27+9+3+1$

【问题分析】

问题的关键在于在算法中如何体现砝码放在天平的左边、右边或没有参与称量。可以用－1、1、0分别表示砝码放在天平的左边、右边及没有参与称量。由于每个砝码都只有三种状态,故类似于"三进制数"。被称物体的重量计算公式为:$m = a * 81 + b * 27 + c * 9 + d * 3 + e$,其中$a$、$b$、$c$、$d$、$e$的取值可以是－1、1、0。

【示范程序】

```pascal
program ex8_14(input,output);
var a,b,c,d,e,m:integer;
begin
    for m:=1 to 121 do
        for a:=0 to 1 do
            for b:=-1 to 1 do
                for c:=-1 to 1 do
                    for d:=-1 to 1 do
                        for e:=-1 to 1 do
                            if m=a*81+b*27+c*9+d*3+e then
                            begin
                                write(m,'=',a*81);
                                if b<0 then write(b*27) else write('+',b*27);
                                if c<0 then write(c*9) else write('+',c*9);
                                if d<0 then write(d*3) else write('+',d*3);
                                if e<0 then writeln(e) else writeln('+',e);
                            end;
    readln;
end.
```

【例 8 - 15】 0 - 1 圈。

【问题描述】

将2^n个0和2^n个1排成一圈。从任意一个位置开始,每次按逆时针的方向以长度$n+1$为单位计算二进制数。要求给出一种排法,用上面的方法产生出2^{n+1}个不相同的二进制数。

例如,当$n=2$时,2^2个0和2^2个1的排列如图8-4所示。如果从a位置开始,逆时针方向取三个数000,然后再从b位置上开始取三个数001,接着取010,…,可以得到$2^3=8$个不同的二进制数。

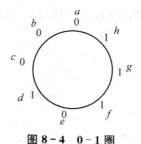

图 8 - 4 0 - 1 圈

【问题分析】

（1）要由 2^{n-1} 个 0 和 2^{n-1} 个 1 组成 n 位的二进制数，可以用一个数组记录 2^{n-1} 个 0 和 2^{n-1} 个 1 的排列方法。

（2）一般情况下，数组需多定义 n 位。

（3）从后向前产生数据 $t=a_{i-1} * 2^{n-1}+t/2$，若 t 在 s 中则接受；否则不接受，应另换一个值。

（4）本题假设输入的 $n<8$，这样可以用集合判断是否出现过某个数，否则要换成数组判断。

【示范程序】

```pascal
program ex8_15(input,output);
const maxn=7;m=255;
type ts=set of 0..m;
var n:1..maxn;
    a:array[1..m] of integer;
    s:ts;
    p,y,i:integer;

function bbb(k,t:integer):boolean;
var b:boolean;
begin
    if k=0 then bbb:=true      {k 表示位数}
      else begin
          t:=t div 2;      {产生一个数}
          if t in s then begin
            s:=s-[t];       {从集合 s 中除去 t}
            a[k]:=0;      {n 个 0}
            b:=bbb(k-1,t);
            if not b then s:=s+[t];      {添加到集合中}
          end
          else b:=false;
          if not b then begin
            t:=t+p div 2;      {产生下一个数}
            if t in s then begin
              s:=s-[t];
              a[k]:=1;      {n 个 1}
              b:=bbb(k-1,t);
              if not b then s:=s+[t]
            end
            else b:=false;
          end;
```

— 173 —

```
            bbb:=b;
        end;
    end;


begin    {main}
    readln(n);
    p:=1;
    for i:=1 to n do p:=p*2;        {计算 2^n}
    for i:=1 to p+n-1 do a[i]:=0;        {数组 a 初始化}
    s:=[1..p-1];
    if bbb(p-1,0) then
        for i:=1 to p do write(a[i]:2)        {输出每一位}
        else write('no    solution！');
    writeln;
end.
```

【程序说明】

运行程序，输入：4

输出：0 0 0 1 1 1 1 0 1 0 1 1 0 0 1 0

【例 8-16】 数列（sequence）。

【问题描述】

给定一个正整数 k，将所有 k 的方幂及所有有限个互不相等的 k 的方幂之和构成一个递增序列。例如，当 $k=3$ 时，序列为 $1,3,4,9,10,12,13,\cdots$，该序列实际上就是 $3^0,3^1,3^0+3^1$，$3^2,3^0+3^2,3^1+3^2,3^0+3^1+3^2,\cdots$，请你求出这个序列的第 n 项的值（用十进制数表示）。

例如，对于 $k=3,n=100$，正确答案是 981。

【输入文件】

输入文件 sequence.in，只有一行，为两个正整数 k 和 n 的值，彼此之间用一个空格隔开，且 $3\leqslant k\leqslant15,10\leqslant n\leqslant1\,000$。

【输出文件】

输出文件 sequence.out，为计算结果，是一个不超过 longint 的正整数。

【输入样例】

3 100

【输出样例】

981

【示范程序】

```
program   ex8_16(input,output);
var k,n,i,j,x,tot:longint;
    a:array[0..1000] of longint;
begin
    assign(input,'sequence.in');
```

```
reset(input);
assign(output,'sequence.out');
rewrite(output);
readln(k,n);
i:=0;
repeat
    inc(i);
    a[i]:=n mod 2;
    n:=n div 2;
until n=0;
x:=1;tot:=0;
for j:=2 to i do
begin
    x:=x*k;
    tot:=tot+a[j]*x;
end;
tot:=tot+a[1];
writeln(tot);
close(input);
close(output);
end.
```

8.4 高精度运算

计算机最初的应用,也是最重要的应用就是数值运算。在编程进行数值运算时,有时会遇到运算的精度要求特别高,远远超过各种数据类型的精度范围;有时又会遇到数据特别大,远远超过各种数据类型的极限值的情况,这时我们就需要进行"高精度运算"。

进行高精度运算首先要处理好数据的接收和存储问题,当输入的数据位数很长时,可以采用字符串方式读入,然后再利用字符串的函数和过程,转存到数组中。其次,要处理好运算过程中的"进位"和"借位"问题。

【例 8-17】 高精度加法。

【问题描述】

输入两个 250 位以内的正整数,输出它们的和。

【问题分析】

模拟加法的过程,从低位开始逐位相加,最后再统一处理进位。

【示范程序】

```
program ex8_17(input,output);
const max=250;
```

```
var s1,s2:string;
    a,b,c:array[1..max+1] of integer;
    l1,l2,l,i:integer;
begin
    readln(s1);readln(s2);
    l1:=length(s1);l2:=length(s2);
    for i:=1 to max do begin a[i]:=0;b[i]:=0;c[i]:=0;end;
    for i:=1 to l1 do        {转存到数组中}
        a[i]:=ord(s1[l1+1-i])-48;
    for i:=1 to l2 do
        b[i]:=ord(s2[l2+1-i])-48;
    if l1>l2 then l:=l1 else l:=l2;
    for i:=1 to l do c[i]:=a[i]+b[i];        {逐位相加}
    for i:=1 to l do        {从低位到高位逐位处理进位}
        if c[i]>=10 then
            begin
                c[i]:=c[i]-10;
                c[i+1]:=c[i+1]+1;
            end;
    if c[l+1]>0 then l:=l+1;        {最高位产生进位}
    for i:=l downto 1 do write(c[i]);
    writeln;
end.
```

【程序说明】

（1）运行程序，分两行输入：123456789 和 987654321

输出：1111111110

（2）高精度加法也可以在逐位相加的同时处理"进位"。

（3）对于高精度减法运算，一是要先判断结果的正负，然后用大数减去小数，输出结果时再加上符号位。当然，在逐位相减的过程中还要处理好"借位"问题。

（4）如果输入数据不是十进制数，也可以一样处理，只要遵循"逢 n 进 1"或"借 1 当 n"的运算规则。

【例 8 - 18】 高精度乘法。

【问题描述】

输入两个 250 位以内的正整数，输出它们的乘积。

【问题分析】

模拟"竖式"乘法的过程，将一个数的每一位（从低位开始）逐位与另一个数的每一位相乘，同时处理好进位。

【示范程序】

program ex8_18(input,output);

```
const max=250;
var s1,s2:string;
    a,b,c:array[1..max*max] of integer;
    l1,l2,w,jw,h,i,j,f:integer;
begin
    readln(s1);
    readln(s2);
    l1:=length(s1);
    l2:=length(s2);
    for i:=1 to max do begin a[i]:=0;b[i]:=0;c[i]:=0;end;
    for i:=1 to l1 do
        a[i]:=ord(s1[l1+1-i])-48;
    for i:=1 to l2 do
        b[i]:=ord(s2[l2+1-i])-48;
    jw:=0;          {存储每次运算的进位}
    for i:=1 to l1 do
        for j:=1 to l2 do
            begin
                f:=a[i]*b[j];
                jw:=f div 10;
                f:=f mod 10;
                w:=i+j-1;        {a[i]*b[j]的结果存储到c[i+j-1]}
                c[w]:=c[w]+f;
                c[w+1]:=c[w+1]+jw+c[w] div 10;
                c[w]:=c[w] mod 10;
            end;
    h:=l1+l2;
    while c[h]=0 do h:=h-1;        {找出乘积的最高位}
    for i:=h downto 1 do write(c[i]);
    writeln;
end.
```

【程序说明】

运行程序,分两行输入:123456789 和 987654321

输出:121932631112635269

【例 8 - 19】 编程输出 $n!$ 的精确值。$n! =1×2×3×\cdots×n, n<1000$。

【示范程序】

```
program ex8_19(input,output);
const max=10000;
var a:array[1..max] of integer;
```

```pascal
        n,h,i,j:integer;
    begin
        readln(n);
        for i:=1 to max do a[i]:=0;
        a[1]:=1;
        h:=1;
        for i:=2 to n do
            begin
                for j:=1 to h do a[j]:=a[j]*i;        {将i乘到每一位上}
                for j:=1 to h do        {不断处理进位}
                    if a[j]>=10 then begin
                                        a[j+1]:=a[j+1]+a[j] div 10;
                                        a[j]:=a[j] mod 10;
                                    end;
                while a[h+1]>0 do        {处理最高位产生的进位}
                    begin
                        h:=h+1;
                        a[h+1]:=a[h] div 10;
                        a[h]:=a[h] mod 10;
                    end;
                if a[h+1]>0 then h:=h+1;
            end;
        for i:=h downto 1 do write(a[i]);
        writeln;
    end.
```

【程序说明】

运行程序,输入 $n=100$

输出:93326215443944152681699238856266700490715968264381621468592963895217
59999322991560894146397615651828625369792082722375825118521091686400000000000000
000000000000

【例 8 - 20】 计算 n/m 的精确值,假设 n 和 m 在 integer 范围以内。

【问题分析】

依然采用模拟的方法。由数学知识可知,除法运算中被除数、除数和商、余数的关系为:

新的被除数=10 * 余数

商=被除数 div 除数

余数=被除数 mod 除数

【示范程序】

```pascal
program ex8_20(input,output);
const e=500;        {假设精确到小数点后 500 位}
```

```
var a,d,x:array[0..e] of integer;
    n,m,t:integer;
begin
    readln(n,m);
    write(n,'/',m,'=');
    a[0]:=n;
    d[0]:=n div m;
    x[0]:=n mod m;
    write(d[0],'.');          {初始化处理,得到整数部分的商}
    for t:=1 to e do
        begin
            if x[t-1]=0 then exit;
            a[t]:=x[t-1]*10;      {将余数扩大 10 倍}
            d[t]:=a[t] div m;
            write(d[t]);          {计算商}
            x[t]:=a[t] mod m;     {生成新余数}
        end;
    writeln;
end.
```

【程序说明】

运行程序,输入:355 113

输出:355/113＝3.14159292035398230088495575221238938053097…

【例 8-21】 Hanoi 双塔问题。

【问题描述】

给定 A、B、C 三根足够长的细柱,在 A 柱上放有 $2n$ 个中间有孔的圆盘,共有 n 个不同的尺寸,每个尺寸都有两个相同的圆盘,注意这两个圆盘是不加区分的(图 8-5 为 $n=3$ 的情形)。现要将这些圆盘移到 C 柱上,在移动过程中可放在 B 柱上暂存。要求:

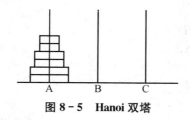

图 8-5　Hanoi 双塔

(1) 每次只能移动一个圆盘;

(2) A、B、C 三根细柱上的圆盘都要保持上小下大的顺序;

设 A_n 为 $2n$ 个圆盘完成上述任务所需的最少移动次数,输入的 n,输出 A_n。

【输入格式】

输入文件 hanoi.in,仅一行,包含一个正整数 n,表示在 A 柱上放有 $2n$ 个圆盘。

【输出格式】

输出文件 hanoi. out,仅一行,包含一个正整数,为完成上述任务所需的最少移动次数 A_n。

【输入样例】

2

【输出样例】

6

【数据规模】

对于 50% 的数据,$1 \leqslant n \leqslant 25$

对于 100% 的数据,$1 \leqslant n \leqslant 200$

【问题分析】

本题是 NOIP2007 普及组的第 4 题,主要考察选手的数学归纳能力和高精度运算技巧。

hanoi 单塔的最少移动步数是 $2^n - 1$。现在有 2 层,可以将 2 层看作 1 层(单塔),便回到了单塔问题上,每移动想象中的"单个"盘子需要两步,故 hanoi 双塔等于 hanoi 单塔乘以 2,即 $A_n = 2^{n+1} - 2$。这个公式可以通过数学归纳法证明,也可以从 $A_n = 2A_{n-1} + 2$,$A_1 = 2$ 这个递推式中得出。程序实现只要编写一个高精度乘法即可。

【示范程序】

```pascal
program ex8_21(input,output);
var n,i,j:integer;
    a:array[1..100] of 0..9;


procedure doit(k:integer);
var i,j,w,s:integer;
begin
    a[1]:=1;
    w:=0;
    for i:=1 to k do
        for j:=1 to 100 do
        begin
            s:=a[j]*2+w;
            a[j]:=s mod 10;
            w:=s div 10;
        end;
end;

begin     {main}
    assign(input,'hanoi.in');
    assign(output,'hanoi.out');
    reset(input);
    rewrite(output);
```

```
    readln(n);
    doit(n+1);
    if a[1]>=2 then a[1]:=a[1]-2
                else begin
                        a[1]:=a[1]+8;
                        a[2]:=a[2]-1;
                    end;
    i:=100;
    while a[i]=0 do i:=i-1;
    for j:=i downto 1 do write(a[j]);
    writeln;
    close(input);
    close(output);
end.
```

8.5 数据查找与排序

在处理大批量数据时,经常需要在这些数据中查找满足条件的数据是否存在,也经常需要把给定的数据按照升序或降序重新排列。所以,数据查找与排序是解决很多问题的必要操作。本节将系统介绍一些常用的数据查找与排序算法。

8.5.1 数据查找算法

【例 8 - 22】 顺序查找与哨兵查找。

【问题分析】

对于读入的大批量数据,我们按照从前往后(或从后往前)的自然顺序,依次判断目标数据(满足一定条件的数据)是否出现的方法称为"顺序查找"。程序实现时,一般根据是"找到一个就结束"还是"找出满足条件的数据有几个"来分别书写不同的循环结构。对于初学者来说,经常犯的错误是"由于没有找到目标数据而出现数组下标越界"。

"哨兵查找"是对顺序查找的一种改进。为了在 $a[1..n]$ 中查找 x 这个元素,往往把数组多定义一位,即定义数组 $a[1..n+1]$,然后把 x 存放到 $a[n+1]$ 中,再按照顺序查找的方法,从 $a[1]$ 开始逐个判断某数是否等于 x,最终一定会出现 $a[i]=x$ 的情况。当循环结束时,如果 $i=n+1$,则说明不存在 x 这个数;否则输出 i。

不论是顺序查找还是哨兵查找,算法的时间复杂度都是 $O(n)$。

【示范程序】

```
program ex8_22(input,output);
const n=10;
var a:array[1..n+1] of integer;
```

```
        x,i:integer;
    begin
        write('input array a:');
        for i:=1 to n do read(a[i]);
        readln;
        write('search x=');
        readln(x);
        a[n+1]:=x;
        i:=1;
        while a[i]<>x do i:=i+1;
        if i=n+1 then writeln('not found')
                    else writeln('found in:',i);
    end.
```

【例 8 - 23】 二分查找。

【问题描述】

输入 n 个从小到大排好序的整数,再输入一个 x,查找这 n 个数里有没有 x 这个数,有则输出 x 的位置;没有则输出"not found"。

【问题分析】

"二分查找"又称"折半查找",是一种基于递归思想的查找算法。假设要在 $a[i..j]$ 中查找 x 这个数,令 mid$=(i+j)$ div 2,我们直接比较 x 与 $a[\text{mid}]$,如果相等则输出 mid;如果 $x>a[\text{mid}]$,则就在 $a[\text{mid}+1..j]$ 中查找 x;否则就在 $a[i..\text{mid}-1]$ 中查找 x。如果出现 $i>j$ 的情形,则说明 $a[i..j]$ 中不存在 x。算法的时间复杂度为 $O(\log_2 n)$。需要注意的是,只有在给定的数据是有序(递增或递减)的情况下,才可以用二分查找,否则要先进行排序操作。

【示范程序】

```
program ex8_23(input,output);
const n=10;
var a:array[1..n] of integer;
    x,i:integer;

procedure search(i,j,x:integer);        {二分查找的递归过程}
    var mid:integer;
    begin
        if i>j then begin writeln('not found');halt;end
            else begin
                    mid:=(i+j) div 2;
                    if x=a[mid] then begin writeln('find in: ',mid);halt;end
                            else if x>a[mid] then search(mid+1,j,x)
                                        else search(i,mid-1,x);
                end;
    end;
```

```
begin        {main}
    for i:=1 to n do read(a[i]);
    readln;
    readln(x);
    search(1,n,x);
end.
```

8.5.2 数据排序算法

以下排序算法都是假设读入的 n 个元素按照非递减顺序存放并输出。

【例 8-24】 插入排序。

【问题分析】

算法的思想是将待排序的 n 个数 $a[1..n]$ 分为两部分,前半部分已经有序(称为有序区),后半部分无序(称为无序区)。每次将无序区中的第 1 个数插入到有序区中,保证有序区仍然有序。这样经过 $n-1$ 趟"插入"操作即可实现排序。

假设 8 个数依次为:36,25,48,12,65,43,20,58,则需要 7 趟插入操作完成排序,数组的变化情况如下(带方框的表示有序区):

```
初始时: 36  25  48  12  65  43  20  58
第1趟后:25  36  48  12  65  43  20  58
第2趟后:25  36  48  12  65  43  20  58
第3趟后:12  25  36  48  65  43  20  58
第4趟后:12  25  36  48  65  43  20  58
第5趟后:12  25  36  43  48  65  20  58
第6趟后:12  20  25  36  43  48  65  58
第7趟后:12  20  25  36  43  48  58  65
```

【示范程序】

```
program ex8_24(input,output);
const n=10;
var a:array[0..n] of integer;
    i,j,x:integer;
begin
    randomize;        {启动随机数开关}
    for i:=1 to n do a[i]:=random(100);     {产生 n 个 0～100 之间的随机整数}
    writeln('before:');      {输出原始数据}
    for i:=1 to n do write(a[i]:3);
    writeln;
    a[0]:=-maxint;       {a[0]称为哨兵,以防止越界}
    for i:=2 to n do      {依次在有序区中插入 a[i]}
```

```
begin
    j:=i-1;
    x:=a[i];
    while x<a[j] do      {查找 a[i]的插入位置}
        begin a[j+1]:=a[j];j:=j-1;end;      {将大于 a[i]的元素依次后移}
    a[j+1]:=x;      {插入 a[i]}
end;
writeln('result:');      {输出排序后的结果}
for i:=1 to n do write(a[i]:3);
writeln;
end.
```

【例 8-25】 选择排序。

【问题分析】

算法的思想是将整个排序过程分为 $n-1$ "趟"进行,每一"趟"排序的作用是将当前剩下的数中最小的一个找出来放在它应该在的位置。具体方法如下:先用 $a[1]$ 和其他各个元素 $a[j]$ 进行比较(j 从 2~n),如果 $a[j]<a[1]$,则交换 $a[1]$ 和 $a[j]$ 的位置。这样一"趟"结束后,$a[1]$ 中存放的便是所有元素中的最小者。然后再用 $a[2]$ 和剩下的各个元素 $a[j]$ 进行比较(j 从 3 到 n),如果 $a[j]<a[2]$,则交换 $a[2]$ 和 $a[j]$ 的位置。这样一"趟"结束后,$a[2]$ 中存放的便是剩下的元素中的最小者(即原 n 个数中第 2 小的数)。以此类推,经过 $n-1$ "趟"后,所有元素必然是从小到大排列的。

算法实现时需要一个两重循环,外层循环用来控制趟数,内层循环用来从剩余数中找出最小者。假设有 10 个数依次为:53,33,19,13,3,63,82,20,9,39,排序过程如下(带方框的数表示在某趟结束后已有序):

```
初始时:        53   33   19   13    3   63   82   20    9   39
第 1 趟排序后: | 3 |  53   33   19   13   63   82   20    9   39
第 2 趟排序后: | 3    9 |  53   33   19   63   82   20   13   39
第 3 趟排序后: | 3    9   13 |  53   33   63   82   20   19   39
第 4 趟排序后: | 3    9   13   19 |  53   63   82   33   20   39
第 5 趟排序后: | 3    9   13   19   20 |  63   82   53   33   39
第 6 趟排序后: | 3    9   13   19   20   33 |  82   63   53   39
第 7 趟排序后: | 3    9   13   19   20   33   39 |  82   63   53
第 8 趟排序后: | 3    9   13   19   20   33   39   53 |  82   63
第 9 趟排序后: | 3    9   13   19   20   33   39   53   63   82 |
```

【示范程序】

```
program ex8_25(input,output);
const n=10;
```

```
var a:array[1..n] of integer;
    i,j,temp:integer;
begin
    randomize;        {启动随机数开关}
    for i:=1 to n do a[i]:=random(100);    {产生 n 个 0～100 之间的随机整数}
    writeln('before:');        {输出原始数据}
    for i:=1 to n do write(a[i]:3);
    writeln;
    for i:=1 to n-1 do
        for j:=i+1 to n do
            if a[j]<a[i] then
                begin
                    temp:=a[i];a[i]:=a[j];a[j]:=temp;        {交换 a[i]和 a[j]}
                end;
    writeln('result:');        {输出排序后的结果}
    for i:=1 to n do write(a[i]:3);
    writeln;
end.
```

【例 8－26】　冒泡排序。

【问题分析】

算法的思想是将相邻两个元素($a[i]$与$a[i+1]$)逐个比较,若"逆序",则交换这两个数。就像水中的气泡一样,大的会不断往上冒("冒泡法"概念由此而来),这样一"趟"下来,最大的数一定存放在$a[n]$中了。下一"趟"再对$a[1..n-1]$进行同样的操作,则一定会把剩下的数里最大的一个移到$a[n-1]$中。这样经过$n-1$"趟"后,排序结束。

程序实现时,可以进行优化,增加一个布尔型变量 exchange,每趟排序前 exchange:=false 表示无交换,一旦发生了数据交换就把 exchange 赋值为 true。当一趟排序结束后,若 exchange 的值为 false,则说明这一趟没有发生任何数据交换,说明所有数据都有序了,这时就不再需要进行后续排序了,可提前结束循环。

【示范程序】

```
program ex8_26(input,output);
const n=10;
var a:array[1..n] of integer;
    i,k,temp:integer;
    exchange:boolean;
begin
    randomize;        {启动随机数开关}
    for i:=1 to n do a[i]:=random(100);    {产生 n 个 0～100 之间的随机整数}
    writeln('before:');        {输出原始数据}
    for i:=1 to n do write(a[i]:3);
```

```
    writeln;
    k:=n;        {k 为计数器}
    repeat
        exchange:=false;
        for i:=1 to k-1 do
            if a[i]>a[i+1] then
            begin
                temp:=a[i+1];a[i+1]:=a[i];a[i]:=temp;
                exchange:=true;
            end;
        k:=k-1;
    until (k=1) or not exchange;
    writeln('result:');        {输出排序后的结果}
    for i:=1 to n do write(a[i]:3);
    writeln;
end.
```

【例 8 - 27】 快速排序。

【问题分析】

插入排序、选择排序和冒泡排序三种算法的效率都不是很高,主要原因在于算法中存在过多的比较语句和交换语句,其实有很多这样的操作是多余的;而且它们都是从一边进行的。而快速排序是从两边同时进行的一种高效排序方法。

快速排序的思想如下:假设要对 $A[1..n]$ 进行排序,初始时,设头指针 $i=1$,尾指针 $j=n$。先选择某一个元素 x(一般取 $x=A[(i+j)\ div\ 2]$),从两边($A[i]$、$A[j]$)开始将元素逐个与 x 比较,找到左边比它大的那个元素 $A[i]$ 和右边比它小的那个元素 $A[j]$,则交换 $A[i]$ 与 $A[j]$。然后令 $i:=i+1,j:=j-1$,再继续进行扫描,直到 $i>j$。则一趟结束后 x 一定排在了它应该在的位置上了。然后,对 x 左右两边进行类似的递归操作。这实际上是一种"二分"思想,即把大于某个数的所有数交换到它的右边,把小于它的所有数都交换到左边,如此递归,直到所有数都各就其位为止。

【示范程序】

```
program ex8_27(input,output);
const max=100;
var a:array[1..max] of longint;
    i:longint;

procedure qsort(l,r:longint);        {递归实现快速排序}
var i,j,mid,temp: longint;
begin
    i:=l;j:=r;
    mid:=a[(l+r) div 2];
```

```
repeat
    while a[i]<mid do i:=i+1;
    while mid<a[j] do j:=j-1;
    if i<=j then
    begin
        temp:=a[i];a[i]:=a[j];a[j]:=temp;
        i:=i+1;j:=j-1;
    end;
until i>j;
if l<j then qsort(l,j);
if i<r then qsort(i,r);
end;


begin      {main}
    writeln('creating ',max,' random numbers between 1 and 30000');
    randomize;
    for i:=1 to max do a[i]:=random(30000);
    writeln('sorting...');
    qsort(1,max);
    for i:=1 to max do write(a[i]:8);
end.
```

8.5.3　排序算法的比较

　　数据排序的方法很多,除了上面介绍的几种基本算法外,还有计数排序、归并排序、希尔排序、堆排序等,有兴趣的读者可以查阅其他相关书籍。

　　对于各种排序算法,主要从以下两个方面进行比较和分析:一是算法的平均时间复杂度、最好情况下的时间复杂度、最坏情况下的时间复杂度;二是稳定性,我们知道当待排序的数据均不相同时,排序结果是唯一的,否则排序结果不唯一。如果若干个相同的数据经过某种排序算法排序后,仍能保持它们在排序之前的相对次序,则称这种排序算法是“稳定”的,否则称这种排序算法是“不稳定”的。请读者自己分析以上几种排序算法的各种时间复杂度及稳定性。

　　对于排序算法的选择,若 n 较小,则一般采用插入排序、冒泡排序或选择排序等简单、易于实现的算法。若 n 较大,则应采用时间复杂度为 $O(n\log_2 n)$ 的排序方法,如快速排序。快速排序是目前竞赛中最重要、最实用的排序方法。由于插入排序所需进行的移动操作较选择排序多,因而当数据元素本身信息量较大时,用选择排序较好;若数据的初始状态已基本有序,则应选用插入排序或冒泡排序。

8.5.4　查找与排序应用举例

　　【例 8 - 28】　明明的随机数(random)。

【问题描述】

明明想在学校中请一些同学一起做一项问卷调查,为了实验的客观性,他先用计算机生成了 n 个 1 到 1 000 之间的随机整数($n \leqslant 100$),对于其中重复的数字,只保留一个,把其余的去掉,不同的数对应着不同学生的学号。然后再把这些数从小到大排序,按照排好的顺序去找同学做调查。请你协助明明完成"去重"与"排序"的工作。

【输入文件】

第 1 行为 1 个正整数,表示要生成的随机数的个数 n。

第 2 行有 n 个用空格隔开的正整数,为所产生的随机数。

【输出文件】

输出文件也有两行,第 1 行为 1 个正整数 m,表示不相同的随机数的个数。

第 2 行为 m 个用空格隔开的正整数,为从小到大排好序的不相同的随机数。

【输入样例】

10

20 40 32 67 40 20 89 300 400 15

【输出样例】

8

15 20 32 40 67 89 300 400

【问题分析】

考虑到本题 n 的范围很小,使用任何一种排序算法都能很好地解决。第二遍的去重也不困难,直接对排序后的数组扫描即可。总的时间复杂度为 $O(n\log_2 n)$。

【示范程序】

```pascal
program ex8_28(input,output);
var a,b:array[0..110] of longint;
    n,m:longint;

procedure qsort(l,r:longint);
var i,j,mid,temp: longint;
begin
    i:=l;j:=r;
    mid:=a[(l+r) div 2];
    repeat
        while a[i]<mid do i:=i+1;
        while mid<a[j] do j:=j-1;
        if i<=j then begin
            temp:=a[i];a[i]:=a[j];a[j]:=temp;
            i:=i+1;j:=j-1;
        end;
    until i>j;
    if l<j then qsort(l,j);
    if i<r then qsort(i,r);
end;
```

```
procedure scanf;
var i:longint;
begin
    assign(input,'random. in');
    assign(output,'random. out');
    reset(input);
    read(n);
    for i:=1 to n do   read(a[i]);
    close(input);
end;

procedure work;
var i:longint;
begin
    qsort(1,n);
    b[1]:=a[1];
    m:=1;
    for i:=2 to n do
        if a[i]<>a[i-1] then begin inc(m);b[m]:=a[i];end;
    rewrite(output);
    writeln(m);
    for i:=1 to m-1 do write(b[i],' ');
    writeln(b[m]);
    close(output);
end;

begin      {main}
    scanf;
    work;
end.
```

【例 8-29】 排名(paiming)。

【问题描述】

一年一度的江苏省小学生程序设计比赛结束了,组委会公布了所有学生的成绩,成绩按分数从高到低排名,成绩相同的按年级从低到高排名。现在主办单位想知道每一位学生的排名前,有几位学生的年级低于他。

【输入格式】

输入文件的第 1 行只有一个正整数 $n(1 \leqslant n \leqslant 200)$,表示参赛的学生人数。

第 2 行至第 $n+1$ 行,每行有两个正整数 $s(0 \leqslant s \leqslant 400)$ 和 $g(1 \leqslant g \leqslant 6)$,彼此之间用隔

开,第 $i+1$ 行的第一个数 s 表示第 i 个学生的成绩,第 $i+1$ 行的第二个数 g 表示第 i 个学生的年级。

【输出格式】

输出文件有 n 行,每行只有一个正整数,其中第 i 行的数 k 表示排第 i 名学生前面有 k 个学生排名比他高且年级比他低。

【样例输入】

```
5
300 5
200 6
350 4
400 6
250 5
```

【样例输出】

```
0
0
1
1
3
```

【问题分析】

本题考察了排序算法的一个变形,即有两个"关键字"的排序问题。本题先按照成绩进行排序;在成绩一样的情况下,按年级排序,"成绩"和"年级"就称为"关键字"。前者一般叫"主关键字",后者叫"次关键字"。

【示范程序】

```pascal
program ex8_29(input,output);
const maxn=200;
var a,b,ans:array[1..maxn]of integer;
    n,i,j,tmp:integer;
begin
    assign(input,'paiming.in');
    reset(input);
    assign(output,'paiming.out');
    rewrite(output);
    readln(n);
    for i:=1 to n do readln(a[i],b[i]);
    for i:=1 to n-1 do
        for j:=i+1 to n do
        if (a[i]<a[j]) or (a[i]=a[j]) and (b[i]>b[j]) then
        begin
            tmp:=a[i];a[i]:=a[j];a[j]:=tmp;
            tmp:=b[i];b[i]:=b[j];b[j]:=tmp;
```

```
        end；
    ans[1]：=0；
    for i：=2 to n do
    begin
        ans[i]：=0；
        for j：=1 to i－1 do
            if b[i]＞b[j] then ans[i]：=ans[i]＋1；
    end；
    for i：=1 to n do writeln(ans[i])；
    close(output)；
    close(input)；
end.
```

【例 8－30】 分数(mark)。

【问题描述】

高考分数刚刚公布,共有 n 个人了参加考试。为了便于考生填报志愿,教育部把所有考生的成绩平均分为 m 档,保证 n 是 m 的倍数。考试成绩名次在 $(k-1)*(n/m)+1$ 名到 $k*(n/m)$ 名的考生被分在第 k 档 $(k=1,2,3,\cdots,m)$,并列第 i 名的所有考生都算第 i 名。小 Y 刚参加完高考,迫切想知道自己被分在第几档,你能帮助他吗?

【输入格式】

第一行两个整数 $n,m(m \leqslant 1\,000,n \leqslant 1\,000)$,保证 n 是 m 的倍数。

接下来 n 行,每行一个整数 a_i,表示第 i 个考生的成绩。

最后一行,一个整数 $x(1 \leqslant x \leqslant n)$,表示询问第 x 个考生被分在哪一档。

【输出格式】

仅一行,一个整数,表示第 x 个考生被分在某一档。

【样例输入 1】

3 3

632

651

624

3

【样例输出 1】

3

【样例输入 2】

3 3

632

624

624

3

191

【样例输出 2】

2

【示范程序】

```pascal
program ex8_30(input,output);
var n,m,i,j,x,t,ans:longint;
    a,num,rank:array[0..1000] of longint;
begin
    assign(input,'mark.in');
    assign(output,'mark.out');
    reset(input);
    rewrite(output);
    readln(n,m);
    for i:=1 to n do
    begin
        read(a[i]);num[i]:=i;
    end;
    readln(x);
    for i:=1 to n-1 do
        for j:=i+1 to n do
            if a[i]<a[j] then
            begin
                t:=a[i];a[i]:=a[j];a[j]:=t;
                t:=num[i];num[i]:=num[j];num[j]:=t;
            end;
    rank[1]:=0;
    for i:=2 to n do
    begin
        if a[i]=a[i-1] then rank[i]:=rank[i-1] else rank[i]:=i-1;
        if num[i]=x then begin ans:=rank[i];break;end;
    end;
    writeln(ans div (n div m)+1);
    close(input);
    close(output);
end.
```

8.6 组合数学

组合数学是数学的一个重要分支,它起源于人类早期的数学游戏、美学消遣和智力探索,如"纵横图"问题。组合数学研究的中心问题是如何按照一定的规则来安排一些物体,具体可以分为四种问题:存在性问题、计数性问题、构造性问题和最优化问题。根据研究对象有无顺序,组合数学一般分为"排列"问题和"组合"问题,排列与组合的根本区别在于前者与元素的顺序有关,后者与元素的顺序无关。

8.6.1 组合数学中的基本原理

(1) 抽屉原理

把 $n+1$ 件东西放入 n 个抽屉,则至少有一个抽屉里放了两件或两件以上的东西;反之,把 $n-1$ 件东西放入 n 个抽屉,则至少有一个抽屉是空的。

(2) 加法原理

加法原理可以描述为:如果事件 A 有 p 种产生方式,事件 B 有 q 种产生方式,则事件"A 或 B"有 $p+q$ 种产生方式。

例如,两个班的同学报名参加篮球比赛,A 班有 15 人报名,B 班有 10 人报名,则两个班报名参加篮球比赛的人数总共为 $15+10=25$ 人。

使用加法原理要注意事件 A 和 B 产生的方式不能重叠,即一种方式只能属于其中一个事件,而不能同时属于两个事件。

加法原理也可以推广到 n 个事件。若事件 A_1 有 p_1 种产生方式,事件 A_2 有 p_2 种产生方式,$\cdots$,事件 A_n 有 p_n 种产生方式,则事件"A_1 或 $A_2\cdots$ 或 A_n"有 $p_1+p_2+\cdots+p_n$ 种产生方式。

(3) 乘法原理

乘法原理可以描述为:如果事件 A 有 p 种产生方式,事件 B 有 q 种产生方式,则事件"A 与 B"有 $p\times q$ 种产生方式。

例如,从 A 地到 B 地有 5 种走法,从 B 地到 C 地有 3 种走法,则从 A 地经过 B 地再到 C 地的走法一共有 $5\times 3=15$ 种。

使用乘法原理的条件是:事件 A 与 B 要互相独立,即它们的产生方式要彼此无关。类似于加法原理,乘法原理也可以推广到 n 个事件。

(4) 容斥原理

设 S 为一个有穷集合,$P_1,P_2,\cdots,P_n$ 是 n 条性质,S 中的任一元素 x 对于这 n 条性质可能符合其中的 1 种、2 种、$\cdots$、n 种,也可能都不符合。设 A_i 为 S 中具有 P_i 性质的元素构成的子集,$|A|$ 表示有限集合 A 中的元素个数。则容斥原理可以叙述为:

① 集合 S 中不具有性质 P_1、P_2、$\cdots$、P_n 的元素个数为:

$$|\overline{A_1}\cap\overline{A_2}\cap\cdots\cap\overline{A_n}|=|S|-\sum_i|A_i|+\sum_{i<j}|A_i\cap A_j|-\sum_{i<j<k}|A_i\cap A_j\cap A_k|+\cdots+(-1)^n|A_1\cap A_2\cap\cdots\cap A_n|$$

② 集合 S 中至少具有性质 P_1、P_2、$\cdots$、P_n 一条的元素个数为:

$$|A_1|+|A_2|+\cdots+|A_n|=\sum_i|A_i|-\sum_{i<j}|A_i\cap A_j|+\sum_{i<j<k}|A_i\cap A_j\cap A_k|-\cdots+(-1)^{n+1}|A_1\cap A_2\cap\cdots\cap A_n|$$

（5）应用举例

【例 8－31】 输出没有重复数字且能够被 5 整除的四位奇数的个数。

【问题分析】

被 5 整除的奇数个位必须为 5，只有 1 种方案；千位不能是 5 和 0，有 8 种方案；十位和百位只要不是 5 和千位上的数字就可以，有 8×7＝56 种方案。根据乘法原理，共有 1×8×56＝448 个符合条件的数。

【例 8－32】 8 位同学排成一列，其中有 4 位女生，要求同性别的人不相邻，有多少种排法？

【问题分析】

假设第一位同学是男生，则 4 个男生的排列数为 4!＝24 种；再把每个女生插入每个男生后面，而 4 个女生的排列数也为 4!＝24 种。把每种男生的排列方法与每种女生的排列方法进行合成，根据乘法原理，共有 24×24＝576 种排法。同理，如果第一位同学是女生，则有 576 种排法。再根据加法原理，本题共有 1 152 种排法。

【例 8－33】 一个班中有 20 人学习英语，有 10 人学习德语，有 3 人同时学习英语和德语，问班级中共有几人学习外语？

【问题分析】

用集合 A、B 分别表示学习英语和德语的学生，那么学习外语的学生就可以用集合 $A \cup B$ 表示。应用容斥原理，则 $|A \cup B| = |A| + |B| - |A \cap B| = 20 + 10 - 3 = 27$ 人。

【例 8－34】 一个班级有 50 名学生，进行了一次语数外考试，有 9 人语文得满分，12 人数学得满分，14 人英语得满分。又知道有 6 人语文、数学同时得满分，有 3 人语文、英语同时得满分，有 8 人英语、数学同时得满分，有 2 人三门课都得了满分。则没有一门课得满分的有几人？至少一门课得满分的有几人？

【问题分析】

设 S 为班级所有学生的集合，A、B、C 分别表示语文、数学、英语得满分的学生的集合。则由题意得 $|S| = 50$，而且 $|A| = 9$，$|B| = 12$，$|C| = 14$，$|A \cap B| = 6$，$|A \cap C| = 3$，$|B \cap C| = 8$，$|A \cap B \cap C| = 2$。

没有一门课得满分的学生集合为：$\overline{A} \cap \overline{B} \cap \overline{C}$，至少一门课得满分的学生集合为：$A \cup B \cup C$。应用容斥原理，得

$$
\begin{aligned}
|\overline{A} \cap \overline{B} \cap \overline{C}| &= |S| - (|A| + |B| + |C|) + (|A \cap B| + |A \cap C| + |B \cap C|) - \\
&\quad (|A \cap B \cap C|) \\
&= 50 - (9 + 12 + 14) + (6 + 3 + 8) - 2 \\
&= 30 \text{ 人}
\end{aligned}
$$

$$
\begin{aligned}
|A \cup B \cup C| &= (|A| + |B| + |C|) - (|A \cap B| + |A \cap C| + |B \cap C|) + \\
&\quad (|A \cap B \cap C|) \\
&= (9 + 12 + 14) - (6 + 3 + 8) + 2 \\
&= 20 \text{ 人}
\end{aligned}
$$

8.6.2 排列

从 n 个不同元素的集合 S 中,有序选取出 r 个元素 ($r \leqslant n$),叫做 S 的一个"r 排列"。如果两个排列满足下列条件之一,它们就被认为是不同的排列:所含元素不全相同;所含元素相同但顺序不同。如果 $r < n$,则称为"选排列";如果 $r = n$,则称为"全排列"。不同的排列总数记作 $P(n, r)$ 或 p_n^r,$P(n, r) = n \times (n-1) \times (n-2) \times \cdots \times (n-r+1) = n!/(n-r)!$,读作"$n$ 的降 r 阶乘"。特别地,$P(n, n) = n!$。

从 n 个不同元素中可以重复地选取出 m 个元素的排列,叫做"相异元素可重复选排列"。其排列方案数为 n^m 种。例如,从 1、2、3、4、5 五个数字中任取三个组成一个三位数,有 $P(5, 3) = 60$ 种方案,即每位都不允许相同;如果每个数字都可以重复使用,即可以出现 111 这样的三位数,则有 $5^3 = 125$ 种。

如果在 n 个元素中,有 n_1 个元素彼此相同,有 n_2 个元素彼此相同,$\cdots$,还有 n_m 个元素彼此相同,并且 $n_1 + n_2 + \cdots + n_m = n$,则这 n 个元素的全排列称为"不全相异元素的全排列",其排列数公式为 $n!/(n_1! \times n_2! \times \cdots \times n_m!)$。如果 $n_1 + n_2 + \cdots + n_m < n$,则从这 n 个元素中选出 r 个的选排列叫"不全相异元素的选排列"。

从 n 个不同元素中选取出 r 个元素,不分首尾地围成一个圆圈的排列叫做圆排列,其排列方案数为 $P(n, r)/r$。

设 $(a_1, a_2, \cdots, a_n)$ 是 $\{1, 2, \cdots, n\}$ 的一个全排列,若对于任意的 $i \in \{1, 2, \cdots, n\}$ 都有 $a_i \neq i$,则称 $(a_1, a_2, \cdots, a_n)$ 是 $\{1, 2, \cdots, n\}$ 的一个"错位排列"。一般用 D_n 表示 $\{1, 2, \cdots, n\}$ 的错位排列个数,$D_n = n! \times (1 - 1/1! + 1/2! - 1/3! + 1/4! - \cdots + (-1)^n/n!)$。

【例 8-35】 将 1、2、3、4、5 五个数进行排列,要求 4 一定要排在 2 的前面,计算有多少种排法。

【问题分析】

这种问题一般称为"条件排列",是指加上一些"限制条件"的排列。

因为 1、3、5 的排列次序无任何要求,所以可以先对 1、3、5 做全排列,有 3! 种。假设 1、3、5 构成的一种排列为 abc,然后把 2、4 插入其中,先插 4 再插 2,则 4 有 4 种插法($4abc$,$a4bc$,$ab4c$,$abc4$);对于每一种插法,2 分别有 4,3,2,1 种插法。则根据加法原理,2 与 4 有 $4 + 3 + 2 + 1 = 10$ 种插法;再根据乘法原理,问题的解为 $3! \times 10 = 60$ 种。

换个角度,先不考虑 2、4 的要求,求 5 个数的全排列,共有 5! 种排法。其中 2 和 4 的位置先后分布情况一定是各占一半,所以问题的解为 $5!/2 = 60$ 种。

【例 8-36】 将 3 个相同的黄球、2 个相同的蓝球、4 个相同的白球排成一排,求有多少种不同的排法。

【问题分析】

根据"不全相异元素的全排列"公式,解为 $(3+2+4)!/(3! \times 2! \times 4!) = 1\,260$ 种。

【例 8-37】 把 2 个红球、1 个蓝球、1 个白球放到 10 个编号不同的盒子中去,每个盒子最多放 1 个球,求有多少种放法。

【问题分析】

根据"不全相异元素的选排列"公式,解为 $P(10,4)/(2! \times 1! \times 1!) = 2\,520$ 种。

【例 8 - 38】 有男女各 5 人,其中 3 对是夫妻,沿有 10 个位置的圆桌就座,若每对夫妻都要坐在相邻的位置,求有多少种坐法。

【问题分析】

先让 3 对夫妻中的妻子和其他 4 人就座,根据"圆排列"公式,共有 $7!/7 = 6!$ 种坐法。然后每位丈夫可以坐在自己妻子的左右两边,所以,共有 $6! \times 2 \times 2 \times 2 = 5\,760$ 种坐法。

【例 8 - 39】 书架上有 6 本书,编号分别为 1、2、3、4、5、6,取出来再放回去,要求每本书都不在原来的位置上,求有多少种排法。

【问题分析】

直接应用"错位排列"公式,$D_6 = 6! \times (1 - 1/1! + 1/2! - 1/3! + 1/4! - 1/5! + 1/6!) = 265$。

【例 8 - 40】 选排列的生成。

【问题描述】

编程输入 n 和 r,输出 $P(n,r)$ 的所有排列方案,$0 < r < n < 20$。

【问题分析】

采用"回溯法"实现。设过程 done(i) 递归的层数 i 表示当前正在生成排列中第 i 个位置上的数。执行时,首先判断 j($1 \leqslant j \leqslant n$)是否在该排列前面的位置上出现过,若已经出现过,说明 j 不可能出现在当前位置上,此时 j 的值增加 1,重复以上判断;当 $j = n$ 时回溯。若 j 没有在该排列前面的位置上出现过,则该位置上就选择 j。再判断递归的层数 i 与 r 的值是否相等,若相等($i = r$),则输出一个新的排列方式,并回溯继续找下一种排列方式;否则($i < r$)继续递归下去。

【示范程序】

```pascal
program ex8_40(input,output);
var n,r:integer;
    flag:set of byte;        {用集合来判断一个元素是否出现过}
    data:array[1..20] of integer;

procedure out;
    var i:integer;
    begin
        for i:=1 to r do write(data[i],' ');
        writeln;
    end;

procedure done(i:integer);        {递归搜索}
    var j:integer;
    begin
```

```
      for j:=1 to n do      {穷举}
          if not(j in flag) then      {未出现过}
             begin
                flag:=flag+[j];      {作标记}
                data[i]:=j;      {记录}
                if i=r then out   else done(i+1);
                flag:=flag-[j];      {回溯}
             end;
          end;

  begin      {main}
      write('input n,r:');
      readln(n,r);
      flag:=[   ];
      done(1);
  end.
```

【例 8 - 41】　全排列的生成。

【问题描述】

将 $1\sim n$ 的 n 个自然数排成一列,共有 $1\times2\times3\times\cdots\times n=n!$ 种不同的排列方法。如 $n=3$ 时,有 6 种排列方案,分别为 123,132,213,231,312,321。

编程输出 $1\sim n$ 的全部排列,$n<20$。

【问题分析】

本题可以采用与例 8 - 40 一样的方法,只要令 $r=n$ 即可。下面再介绍另外三种方法。

方法 1:用"栈"模拟执行,本质上还是回溯法。

【示范程序】

```
program ex8_41a(input,output);
var stack:array[0..20] of integer;
    s:set of 0..20;
    j,top,k,n,count:integer;
begin
    write('input n:');
    readln(n);
    s:=[   ];top:=0;k:=0;count:=0;
    while top>=0 do
    begin
        k:=k+1;
        if k>n
          then begin k:=stack[top];s:=s-[k];top:=top-1;end      {回溯}
```

```
        else if not(k in s) then
            begin
                top：=top+1；
                stack[top]：=k；
                s：=s+[k]；
                k：=0；
                if top=n then begin
                  for j：=1 to top do write(stack[j])；
                  count：=count+1；
                  if count mod 10=0 then writeln else write('  ')；
                end
            end
        end
    end
end.
```

【程序说明】

运行程序，输入：5，则输出如下：

```
12345   12354   12435   12453   12534   12543   13245   13254   13425   13452
13524   13542   14235   14253   14325   14352   14523   14532   15234   15243
15324   15342   15423   15432   21345   21354   21435   21453   21534   21543
23145   23154   23415   23451   23514   23541   24135   24153   24315   24351
24513   24531   25134   25143   25314   25341   25413   25431   31245   31254
31425   31452   31524   31542   32145   32154   32415   32451   32514   32541
34125   34152   34215   34251   34512   34521   35124   35142   35214   35241
35412   35421   41235   41253   41325   41352   41523   41532   42135   42153
42315   42351   42513   42531   43125   43152   43215   43251   43512   43521
45123   45132   45213   45231   45312   45321   51234   51243   51324   51342
51423   51432   52134   52143   52314   52341   52413   52431   53124   53142
53214   53241   53412   53421   54123   54132   54213   54231   54312   54321
```

方法 2：生成法

为了输出 $n!$ 种排列，我们可以试着寻找不同排列之间的规律。通过观察 $n=5$ 的排列情况发现，如果把每个排列看作一个自然数，则所有排列对应的数是按从小到大的顺序排列的，从当前排列产生下一个排列时必然会造成某一位置上的数字变大。这一位置显然应该尽量靠右，并且在它左边的数字保持不变。这就意味着，这一位置变成的数字来自于它的右边，并且变大的幅度要尽可能小；也就是说，在它右边如有几个数同时比它大时，应该用其中最小的来代替它。由于这一位置是满足上述条件的最右边的一位，所以在它右边的所有数字按逆序排列，即在该数字的右边没有一个大于它的数。

程序实现时，先从右至左找到第一个位置，要求该位置上的数比它右边的数小。然后从右至左找到第一个比该位置上的数字大的数字所在的位置，将两个位置上的数字交换，再将该位置右边的所有元素颠倒，即将它们按从小到大的顺序排列，就得到了下一个排列。

对于相邻的两项,若 $P_i < P_{i+1}$,则称 P_i,P_{i+1} 为正序,P_i 为正序的首位,P_{i+1} 为末位。若 $P_i > P_{i+1}$,则称 P_i,P_{i+1} 为逆序,P_i 为逆序的首位,P_{i+1} 为末位。已知排列 A,生成下一个排列 B 的方法如下(设 $n=5$,$A=P_1P_2P_3P_4P_5$,假如 $A=13452$):

① 确定要变动的第一位,记为 i 位,它应为最后一个正序的首位。本例 $i=3$,$P_i=4$。

② 确定要与第 i 位交换的位,记为 j 位,它应在第 i 位之后,所以从第 $i+1$ 位起,向后找到最后一个大于 P_i 的数。本例 $j=4$,$P_j=5$。

③ 交换 P_i 与 P_j,生成一个新排列 C。本例 $C=13542$。

④ 将 P_{i+1},P_{i+2},$\cdots$,P_n 从小到大排序,即由逆序转换成正序,得到 B。本例 $B=13524$。

【示范程序】

```pascal
program ex8_41b(input,output);
const maxn=9;
type arraytype=array [0..maxn] of integer;
var i,j,n,temp:integer;
    k,total:longint;
    a:arraytype;
begin
    write('input n:');
    readln(n);
    for i:=1 to n do a[i]:=i;
    total:=1;
    for i:=1 to n do total:=total*i;          {计算全排列的个数 n!}
    for k:=1 to total do
    begin
        for i:=1 to n do write(a[i]);
        write(' ');
        if k mod 10=0 then writeln;
        i:=n-1;
        while (i>0) and (a[i]>a[i+1]) do i:=i-1;
        j:=n;
        while a[j]<a[i] do j:=j-1;
        temp:=a[i]; a[i]:=a[j]; a[j]:=temp;
        i:=i+1; j:=n;
        while i<j do
        begin
            temp:=a[i]; a[i]:=a[j]; a[j]:=temp;
            i:=i+1; j:=j-1
        end
    end;
    writeln
end.
```

方法 3:阶乘数法

所谓"阶乘数"是指其最低位的基为 1,即逢一进一;每高一位则基加一,即进位依次为 2、3、…。n 位阶乘数共有 $n!$ 个,如三位阶乘数从小到大依次为:000、010、100、110、200、210,共 6 个。

设 n 元集合 $S=\{a_0,a_1,a_2,\cdots,a_{n-1}\}$,则 S 的全排列与 n 位阶乘数一一对应。对应方式为:从 n 个元素中选取第一个元素有 n 种方法,被选取的元素的下标值为 0 到 $n-1$ 之间的一个整数,将这个数作为 n 位阶乘数的最高位。将剩下的元素的下标从 0 到 $n-2$ 重新编号,重新编号时不改变它们的相对次序,则选取第二个元素有 $n-1$ 种方法,被选取的元素的下标值为 0 到 $n-2$ 之间的一个整数,将这个数作为 n 位阶乘数的次高位……则选取最后一个元素只有 1 种方法,被选取的元素的下标值为 0,将这个数作为 n 位阶乘数的最低位,这样任何一种排列必然对应一个 n 位阶乘数。

程序实现时,首先用最低位加一的方法依次产生所有的 n 位阶乘数,对任意一个 n 位阶乘数用上述方法求出对应的排列。

【示范程序】

```pascal
program ex8_41c(input,output);
const maxn=9;
type arraytype=array[0..maxn] of integer;
var i,j,n:integer;
    a,b,p:arraytype;
begin
    write('input n:');
    readln(n);
    for i:=0 to n-1 do b[i]:=0;
    while b[n]=0 do
    begin
        for i:=0 to n-1 do a[i]:=i+1;
        for i:=n-1 downto 0 do
        begin
            p[i]:=a[b[i]];
            for j:=b[i] to i-1 do a[j]:=a[j+1]
        end;
        for i:=n-1 downto 0 do write(p[i]);
        writeln;
        b[0]:=b[0]+1;i:=0;
        while b[i]>i do
        begin
            b[i]:=0;
            b[i+1]:=b[i+1]+1;
            i:=i+1
```

```
        end
      end;
      writeln
   end.
```

8.6.3 组合

从 n 个元素的集合 S 中,无序的选取出 r 个元素,叫做 S 的一个"r 组合"。如果两个组合中,至少有一个元素不同,它们就被认为是不同的组合。在一个问题中,所有不同组合的个数叫做"组合数",记做 $C(n,r)$ 或 C_n^r,$C(n,r)=P(n,r)/r!=n!/(r!\times(n-r)!)$。

从 n 个不同的元素中,取出 r 个元素组成一个组合,且允许这 r 个元素重复使用,则称这样的组合为"可重复组合",其组合数记为 $H(n,r)$,$H(n,r)=C(n+r-1,r)$。

常用的组合公式有:$C(n,r)=C(n,n-r)$

$C(n,r)=C(n-1,r)+C(n-1,r-1)$

$C(n,0)+C(n,1)+\cdots+C(n,n-1)+C(n,n)=2^n$

【例 8-42】 初一(1) 班有 10 名同学,初一(2) 班有 8 名同学。要在每个班级中选出 2 名学生参加一个座谈会,有多少种选法?

【问题分析】

运用组合数公式及乘法原理,有 $C(10,2)\times C(8,2)=1\,260$ 种。

【例 8-43】 某班有 10 名同学,其中有 4 名女同学。要在班级中选出 3 名学生参加座谈会,其中至少有 1 名女同学,有多少种选法?

【问题分析】

运用组合数公式及加法原理,有 $C(4,1)\times C(6,2)+C(4,2)\times C(6,1)+C(4,3)\times C(6,0)=100$ 种。也可以运用"减法原理",1 名女同学都不选的方案数为 $C(6,3)\times C(4,0)=20$ 种,从 10 个人中选 3 个人(不分性别)的方案数为 $C(10,3)=120$ 种,所以,符合题目要求的方案数为 $120-20=100$ 种。

【例 8-44】 仅含有数字 1 和 0 的十位正整数中,能被 11 整除的数有多少个?

【问题分析】

一个正整数能被 11 整除的充要条件是其奇数位上数字之和与偶数位上数字之和的差是 11 的倍数。

设仅含有数字 1 和 0 的十位十进制正整数为 $1a_8a_7a_6a_5a_4a_3a_2a_1a_0$,且

$a_8+a_6+a_4+a_2+a_0=P$ (1)

$1+a_7+a_5+a_3+a_1=Q$ (2)

根据充要条件,则 $P-Q$ 能被 11 整除,且 $|P-Q|\leqslant5$。所以,P 只能等于 Q,设为 k,则 k 可取 1、2、3、4、5 五种方案。对于给定的 k,根据式(1),a_8、a_6、a_4、a_2、a_0 中应该为 k 个 1,$5-k$ 个 0,共有 $C(5,k)$ 种方案;而 a_7、a_5、a_3、a_1 中应该为 $k-1$ 个 1,$5-k$ 个 0,共有 $C(4,k-1)$ 种方案。根据乘法原理、加法原理和排除法,总的方案数为 $C(5,1)\times C(4,0)+C(5,2)\times C(4,$

$1)+C(5,3)\times C(4,2)+C(5,4)\times C(4,3)+C(5,5)\times C(4,4)=126$ 个。

【例 8 - 45】 字母组合(charcom)。

【问题描述】

字母 A,B,C 的所有可能组合(按字典顺序排序)如下:A,AB,ABC,AC,B,BC,C,每个组合都对应一个字典顺序的序号,如下所示。编程找出某个字母组合的字典序号。例如,AC 的字典序号是 4。假设某个字母组合为 $X_1X_2X_3\cdots X_k$,保证 $X_1<X_2<X_3<\cdots<X_k$。

序　号	组　合
1	A
2	AB
3	ABC
4	AC
5	B
6	BC
7	C

【问题输入】

输入文件包括 2 行,第一行为 n,表示字母组合由字母表中前 $n(n\leqslant 26)$ 个字母组成。第二行为某一个字母组合,都是大写字母。

【问题输出】

输出文件只有一行,一个整数,表示该字母组合的序号。

【输入样例】

3
AB

【输出样例】

2

【问题分析】

设有 n 个字母,字母组合为 $a_1a_2\cdots a_n$,则以 a_1 开头的字母有 2^{n-1} 个,以 a_2 开头的字母有 2^{n-2} 个,$\cdots$,以 a_n 开头的字母有 2^0 个,用数组 $f['A'..'Z']$ 分别表示,则数组 f 可以很容易算出。$a_1a_2\cdots a_n$ 的序号可以表示为:$f['A']$ 到 $f[a_1$ 的前趋]$+f[a_1$ 的后继]到 $f[a_2$ 的前趋]$+f[a_2$ 的后继]到 $f[a_3$ 的前趋]$+\cdots+f[a_{n-1}$ 的后继]到 $f[a_n$ 的前趋]$+n$。

【示范程序】

```pascal
program ex8_45(input,output);
var f:array['A'..'Z'] of longint;
    n,i,ans:longint;
    s:string;
    ch,last:char;
begin
    assign(input,'charcom.in');
    reset(input);
```

```
assign(output,'charcom. out');
rewrite(output);
readln(n);
readln(s);
f[chr(n+64)]:=1;
for ch:=chr(n+63) downto 'A' do f[ch]:=f[succ(ch)]*2;
ans:=0;
last:=pred('A');
for i:=1 to length(s) do
begin
    for ch:=succ(last) to pred(s[i]) do ans:=ans+f[ch];
    ans:=ans+1;
    last:=s[i];
end;
writeln(ans);
close(input);
close(output);
end.
```

8.7　递推与递归

递推和递归是计算机解题中经常用到的两种重要方法,两者之间是相互关联的,很多问题既可以用递推法来编程,也可以用递归法来解决,它们相互之间也可以进行转换。

"递推关系"是一种简洁高效的常见数学模型。比如经典的斐波那契数列问题,$F(1) = 0, F(2) = 1$;在 $n > 2$ 时存在如下关系式:$F(n) = F(n-1) + F(n-2)$。在这种类型的问题中,每个数据项都和它前面的若干个数据项(或后面的若干个数据项)有一定的关联,这种关联一般可通过一个"递推关系式"来表示。求解问题时,从初始的一个或若干个数据项出发,通过递推关系式逐步推进,得到最终结果。这种求解问题的方法叫"递推法"。其中,初始的若干个数据项称为"递推边界"。

解决递推问题有三个重点:一是建立正确的递推关系式,二是了解递推关系式的性质,三是根据递推关系式求解。其中第一点是基础,也是最重要的。

按照推导问题的方向,递推法通常分为顺推法和倒推法。所谓顺推法,就是从问题的边界条件(初始状态)出发,通过递推关系式依次从前往后递推出问题的解;所谓倒推法,就是在不知道问题边界条件(初始状态)的情况下,从问题的最终解(目标状态或某个中间状态)出发,反过来推导问题的初始状态。

"递归关系"也是一种简洁高效的常见数学模型,有很多问题都可以找到它们的递归描述和递归概念,比如阶乘问题、斐波那契数列问题。这种问题往往从概念和描述入手,采用子程序递归调用来解决。这种算法思想一般称为"递归法"。

【例 8 - 46】 分别用递推法和递归法编程求 $n!$（$0 \leqslant n \leqslant 10$）。

【问题分析】

用递推法求 $n!$，就是"累乘"。设 $f(n)$ 表示 $n!$ 的值，很明显存在着这样一个递归公式：

$$f(n) = \begin{cases} 1 & n = 0 \\ n * f(n-1) & n > 0 \end{cases}$$

采用一个基本的递归函数就可以实现了。

【示范程序】

```pascal
program ex8_46a(input,output);      {递推法}
var s,n,i:longint;
begin
    readln(n);
    s:=1;
    for i:=1 to n do
        s:=s*i;
    writeln(s);
end.


program ex8_46b(input,output);      {递归法}
var n:integer;

function fac(n:integer):longint;    {递归函数}
    begin
    if n=0 then fac:=1
            else fac:=n*fac(n-1);
    end;

begin       {main}
    readln(n);
    writeln(fac(n));
end.
```

【例 8 - 47】 杨辉三角。

【问题描述】

如下数字三角形是我国古代著名数学家杨辉首先提出的：

```
            1
          1   1
        1   2   1
      1   3   3   1
    1   4   6   4   1
```
……

现在给你一个整数 $n(1 \leqslant n \leqslant 20)$，请编程打印出杨辉三角的前 n 行。

【问题分析】

本题可以用一个二维数组存储杨辉三角，采用递推法实现；也可以用递归的思想求解。请读者结合题目和下面的递归函数归纳出本题的递归公式。

【示范程序】

```
program ex8_47a(input,output);      {递推法}
var n,i,j: longint;
    a:array[1..20,1..20] of longint;
begin
  readln(n);
  for i:=1 to n do
    for j:=1 to i do
      begin
        if i=1 then a[i,j]:=1
          else if (j=1) or (i=j) then a[i,j]:=1
            else a[i,j]:=a[i-1,j-1]+a[i-1,j];
      end;
  for i:=1 to n do
  begin
    for j:=1 to i do write(a[i,j]:5);
    writeln;
  end;
end.


program ex8_47b(input,output);      {递归法}
var n,i,j: longint;

function yh(i,j: longint):longint;      {递归函数}
begin
  if (j=1) or (j=i) then yh:=1
            else yh:=yh(i-1,j-1)+yh(i-1,j);
end;

begin      {main}
  readln(n);
  for i:=1 to n do
  begin
    write('1');
    for j:=2 to i do
      write(' ',yh(i,j));
```

```
        writeln;
    end;
end.
```

【程序说明】

如果本题只允许采用一维数组实现,该如何做?

【例 8 - 48】 骨牌问题。

【问题描述】

有 $2×n$ 的一个长方形方格,要用若干个 $1×2$ 的骨牌铺满。例如 $n=3$ 时,有 $2×3$ 方格;此时用 3 个 $1×2$ 的骨牌铺满,共有 3 种铺法,如图 8 - 6 所示。

编写一个程序,对给出的任意一个 $n(0<n≤30)$,输出铺法总数。

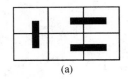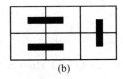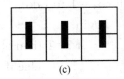

图 8 - 6 $2×3$ 方格铺满骨牌的方式

【问题分析】

当 $n=1$ 时,只有 1 种铺法,如图 8 - 7(a)所示,铺法总数为 $X_1=1$。

当 $n=2$ 时,骨牌可以两个并列竖排,也可以两个并列横排,如图 8 - 7(b)所示,铺法总数为 $X_2=2$。

当 $n=3$ 时,骨牌可以全部竖排,也可以有一个竖排,另外两个横排,如图 8 - 7(c)所示,铺法总数为 $X_3=3$。

当 $n>2$ 时,要求 X_n 的值可以这样考虑:若第 1 个骨牌竖排,那么还剩下 $n-1$ 个骨牌需要排列,这时排列的方法数为 X_{n-1};若第 1 个骨牌横排,则整个方格至少有 2 个骨牌要横排,因此还剩下 $n-2$ 个骨牌需要排列,这时排列的方法数为 X_{n-2}。有如下递推关系式:$X_n=X_{n-1}+X_{n-2}$;边界条件为:$X_1=1$,$X_2=2$。

具体实现时,可以采用一个一维数组,也可以采用"迭代法"。

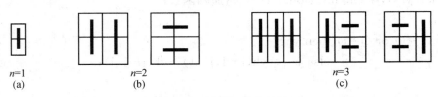

图 8 - 7   骨牌问题的归纳

【示范程序】

```
program ex8_48(input,output);        {递推法}
var i,n,x,y,z:longint;
begin
    readln(n);
    x:=0;
    y:=1;
```

```
    for i:=1 to n do
        begin
            z:=x+y;
            writeln('x[',i,']=',z);
            x:=y;        {迭代}
            y:=z;
        end;
end.
```

【程序说明】

运行程序,输入 30,输出结果如下:

x[1]=1

x[2]=2

x[3]=3

x[4]=5

x[5]=8

……

x[30]=1346269

我们惊奇地发现问题的解就是斐波那契数列。

【例 8－49】 用递归法把一个十进制正整数转换成八进制数。

【问题分析】

把一个十进制正整数转换成八进制数的方法是:除 8 求余数,再倒序输出。下面用递归法编程实现。请读者再采用递推法编程实现,并比较两种方法的优缺点。

【示范程序】

```
program ex8_49(input,output);
var m:longint;

procedure tran(n:longint);        {用递归法完成进制转换}
    var k:longint;
    begin
        k:=n mod 8;
        if n div 8<>0 then tran(n div 8);
        write(k);
    end;

begin    {main}
    readln(m);
    write(m,'=(');
    tran(m);
    writeln(')8');
end.
```

【例 8 - 50】 铺瓷砖(cover)。

【问题描述】

用 $1*1$ 和 $2*2$ 的瓷砖不重叠地铺满 $N*3$ 的瓷砖($0<N<1\,000$),共有多少种方案?从键盘输入 N,输出方案总数模 12345 的值。例如输入:2,则输出:3。

【问题分析】

设用数组 $a[n]$ 表示结果,可以分两种情况考虑问题:一种是最后一行都用 $1*1$ 的瓷砖铺;另一种是最后两行用一块 $2*2$ 和两块 $1*1$ 的瓷砖铺(最后两行就有两种铺法)。第一种铺法转换为 $a[i-1]$,第二种铺法就是 $a[i-2]*2$,所以递推公式为:$a[i]=a[i-1]+a[i-2]*2$;边界条件为:$a[0]=1,a[1]=1$。

【示范程序】

```pascal
program ex8_50(input,output);
var a:array[0..1000]of longint;
    i,n:longint;
begin
    assign(input,'cover.in');
    reset(input);
    assign(output,'cover.out');
    rewrite(output);
    a[0]:=1;
    a[1]:=1;
    readln(n);
    for i:=2 to n do
        a[i]:=(a[i-1]+a[i-2]*2)mod 12345;
    writeln(a[n]);
    close(input);
    close(output);
end.
```

【例 8 - 51】 偶数个 3(problem 3)。

【问题描述】

在所有的 N 位数中($0<N<1\,000$),有多少个数中有偶数个数字 3?从键盘输入 N,输出结果模 12345 的值。例如输入:2,则输出:73。

【问题分析】

无论一个多位数中有几个 3,都可以分为奇数个和偶数个两组。可以以 1~9 九个一位数为基础,采用每次向末尾加一位的方法,逐步构造并达到 n 位数,讨论它的奇偶性。

设 $a[i]$ 存储 i 位数中 3 为奇数的数字总数,$b[i]$ 存储 i 位数中 3 为偶数的数字总数,则有如下边界条件:$a[1]=1,b[1]=8$(首位不为 0);容易推出如下递推公式:$a[i]=a[i-1]*9+b[i-1],b[i]=b[i-1]*9+a[i-1]$。程序实现时,可以用一个数组来解决。

【示范程序】

```
program ex8_51(input,output);
var a,b:array[0..1000]of longint;
    i,n:longint;
begin
    assign(input,'problem3.in');
    reset(input);
    assign(output,'problem3.out');
    rewrite(output);
    a[1]:=8;
    b[1]:=1;
    readln(n);
    for i:=2 to n do
    begin
        a[i]:=(9 * a[i-1]+b[i-1])mod 12345;
        b[i]:=(9 * b[i-1]+a[i-1])mod 12345;
    end;
    writeln(a[n]);
    close(input);
    close(output);
end.
```

8.8 回溯法

在程序设计中,有相当一类问题是求问题的一组解、全部解或最优解的,例如八皇后问题、跳马问题、迷宫问题等。它们虽然都是按照一定的规则完成一个任务的,但这些任务和规则是无法用精确的数学公式来描述的,不能根据某种确定的计算法则去生成解,需要采用不断"试探"和"后退"的搜索策略去求解。"回溯法"就是解决这类问题的一种重要方法。

回溯法也称试探法,它的基本思想是:从问题的某一种状态(初始状态)出发,搜索从这种状态出发所能达到的所有"状态",当一条路走到"尽头"的时候(不能再前进),再后退一步或若干步,从另一种可能"状态"出发,继续搜索,直到所有的"路径(状态)"都试探过。这种不断"前进"、不断"回溯"寻找解的方法,就称作"回溯法"。

比如,给定一个如图 8-8 所示的地图,要找一条从路口 A 到路口 B 的路径。我们可以先从 A 走 1 这条路,然后接着走 1.1,此时发现无路可走了;则后退一步再试探 1.2 这条路,再走 1.2.1,又走到了死路;再回头走 1.2.2,又是死路。经过几次不断的回溯退到 A,再走 2 这条路……如此不断前进、不断回溯,最终走到了 B。

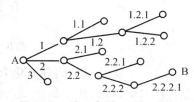

图 8-8 找一条从 A 到 B 的路

回溯的过程实际上是一种有规则的、组织的井井有条的穷举过程。

【例 8 - 52】 八皇后。

【问题描述】

要求在 8×8 格的国际象棋棋盘上摆放 8 个皇后,使其不能互相攻击,即任意两个皇后都不能处于同一行、同一列或同一条斜线上,请编程输出一种摆法。

【问题分析】

为了解决这个问题,我们把棋盘的横坐标设定为 $i(1 \leqslant i \leqslant 8)$,纵坐标设定为 $j(1 \leqslant j \leqslant 8)$。当某个皇后占据了一个位置 (i, j) 时,则这个位置的垂直方向、水平方向和两条斜线方向上都不能再放皇后了。图 8 - 9 便是八皇后问题的一个解(Q 表示皇后占据的位置)。

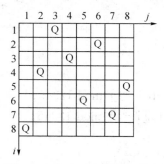

图 8 - 9 八皇后问题的一个解

显然,在每一行上(即对每一个 i)都有唯一的一个皇后,现在的关键问题是求出每行上的皇后的列坐标(j 值)。八皇后问题可以表示成一个 8 元组 $(x_1, x_2, \cdots, x_8)$,其中 x_i 是放置在第 i 个(行)皇后的列坐标(j 值)。同时,所有的 x_i 都不能相同,即所有皇后都必须在不同的列上;对于任意的 $i, j(i \neq j, 1 \leqslant i, j \leqslant 8)$,需保证 $abs(x_i - x_j) \neq abs(i - j)$,即没有两个皇后在同一条斜线上。图 8 - 9 的这个解便满足这些约束条件,所以是八皇后问题的一个解,用 8 元组表示为 $x = (3, 6, 4, 2, 8, 5, 7, 1)$。

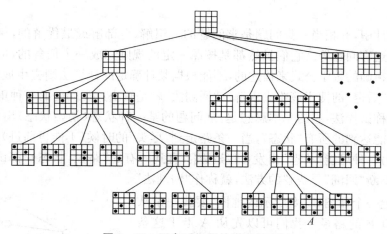

图 8 - 10 四皇后问题的棋盘状态树

图 8 - 10 将八皇后问题简化为四皇后问题,它展示了求解过程中棋盘状态的变化情况。这是一棵"四叉树",树上每个结点表示一个局部布局或一个完整布局,根结点表示棋盘的初始状态。每个皇后都有四个可选择的位置,但在任何时刻,棋盘的合法布局都必须满足三个

约束条件。我们发现,在图 8-10 已展开的分支结点中,除结点 A 之外的叶子结点都不是合法的布局。

这样,我们不难描述出求解八皇后问题的回溯算法。

```
procedure try(i);        {放置第 i 个皇后}
begin
    j:=0;        {初始化第 i 个皇后的位置}
    repeat        {穷举 8 个位置}
        j:=j+1;        {试探 1 个位置}
        q:=false;        {假设未成功}
        if 第 j 个位置安全 then        {当前位置的安全性检查}
        begin
            a[i]:=j;        {把第 i 个皇后放置在 j 列}
            设置管辖范围,即把该列和两条对角线做上标记;
            if i<8 then begin
                    try(i+1);        {前进,递归放置第 i+1 个皇后}
                    if not q then 删除第 i 个皇后的摆法;        {不成功,回溯}
                    end
                else q:=true;        {设置成功标志}
        end
    until q or (j=8);        {成功获得一个解;或所有位置都试探完了,结束}
end;
```

程序实现时,根据同一列和同一条对角线(两个方向)上的下标特点,设置三个布尔型数组,初值都为 true,表示是安全的。一旦放置了一个皇后,就把该皇后能控制的区域,即三个数组的相应位置设置成 false。这样,以后再放置一个皇后的时候,安全性检查就只要查看这三个数组的相关位置值。

【示范程序】

```
program ex8_52a(input,output);
const n=8;
var i:integer;
    q:boolean;
    a:array[1..n]       of byte;        {存储解的 n 元组}
    c:array[1..n]       of boolean;       {存储列的安全性}
    l:array[1-n..n-1] of boolean;        {存储左上到右下方向的对角线的安全性}
    r:array[2..2*n]     of boolean;        {存储右上到左下方向的对角线的安全性}

procedure print;        {输出}
var i:integer;
begin
    for i:=1 to n do write(a[i]:4);
    writeln
```

```
end;

procedure erase(i,j:integer);        {回溯任务:清除当前走错的一步}
begin
    c[j]:=true;l[i-j]:=true;r[i+j]:=true;        {清除管辖范围}
end;

procedure try(i:integer;var q:boolean);{递归搜索,如果产生一个解则 q=true}
var j:integer;
begin
    j:=0;
    repeat
        j:=j+1;q:=false;
        if c[j] and l[i-j] and r[i+j] then
        begin
            a[i]:=j;
            c[j]:=false;l[i-j]:=false;r[i+j]:=false;
            if i<n then begin
                        try(i+1,q);
                        if not q then erase(i,j);
                    end
                else q:=true;
        end;
    until q or (j=n);
end;

begin      {main}
    for i:=1 to n do          c[i]:=true;        {初始化}
    for i:=1-n to n-1 do l[i]:=true;
    for i:=2 to 2*n do      r[i]:=true;
    q:=false;        {是否产生了一个解}
    try(1,q);        {回溯,直到 q=true 结束}
    print;        {输出一个解}
end.
```

【程序说明】

(1) 运行程序,输出满足条件的第一个解:1 5 8 6 3 7 2 4。

(2) 如果要输出所有可能的摆法,只要穷举所有状态,在产生一个解时输出并回溯,而不是终止程序即可。

【示范程序】

```
program ex8_52b(input,output);
```

```
const n=8;
var i,total:integer;
    a:array[1..n]         of byte;
    c:array[1..n]         of boolean;
    l:array[1-n..n-1] of boolean;
    r:array[2..2*n]       of boolean;


procedure print;
var i:integer;
begin
    total:=total+1;
    write('no. ',total:3,':');
    for i:=1 to n do write(a[i]:4);
    writeln
end;


procedure erase(i,j:integer);
begin
    c[j]:=true;l[i-j]:=true;r[i+j]:=true;
end;


procedure try(i:integer);
var j:integer;
begin
    for j:=1 to n do      {穷举}
    begin
        if c[j] and l[i-j] and r[i+j] then
        begin
            a[i]:=j;
            c[j]:=false;l[i-j]:=false;r[i+j]:=false;
            if i<n then try(i+1)
                    else print;      {产生一个解,立即输出}
            erase(i,j);      {不管是产生了一个解,还是无法再前进,都回溯}
        end;
    end;
end;


begin      {main}
    for i:=1 to n do c[i]:=true;
    for i:=1-n to n-1 do l[i]:=true;
```

```
    for i:=2 to 2 * n do r[i]:=true;
    total:=0;
    try(1);
    writeln('total=',total);
end.
```

【程序说明】

表 8-4 是四皇后~十皇后的方案数。

表 8-4　N 皇后问题的方案数

N	4	5	6	7	8	9	10
方案数	2	10	4	40	92	352	724

【例 8-53】 素数环。

【问题描述】

把 1 到 n 这 n 个数摆成一个环,要求相邻的两个数的和必须是一个素数。编程输出所有可能的摆法($n<19$)。

【问题分析】

从第 1 个($i=1$)位置开始,每个空位都有 $21-i$ 种可能。若填进去的数合法:即与前面的数不相同且与左边相邻数的和是一个素数,则填上此数;否则试探下一个数。如果在一个位置上,所有数试探过后都不合法,则回溯。对于第 n 个数,还要判断其与第 1 个数的和是否是素数。

【示范程序】

```
program ex8_53(input,output);
const max=20;
var a:array [0..max] of integer;
    n,m,total:longint;

function prime(x:integer):boolean;      {素数的判定}
var k:integer;
begin
    prime:=true;
    for k:=2 to trunc(sqrt(x)) do
        if x mod k=0 then begin prime:=false;exit;end;
end;

function judge1(x,i:integer):boolean;      {第 i 个数 x 是否出现过}
var k:integer;
begin
    judge1:=true;
    for k:=1 to i-1 do
```

```
         if a[k]=x then begin judge1:=false;exit;end;
end;

function judge2(x,i:integer):boolean;      {判断相邻两个数之和是否是素数}
begin
    if i=1 then judge2:=true
            else if i<n then judge2:=prime(x+a[i-1])
                        else judge2:=prime(x+a[i-1]) and prime(x+a[1]);
end;

procedure print;      {输出}
var k:integer;
begin
    total:=total+1;
    write('no. ',total:6,': ');
    for k:=1 to n do write(a[k]:3);
    writeln;
end;

procedure try(i:integer);      {递归搜索}
var j:integer;
begin
    for j:=1 to n do
        begin
            if judge1(j,i) and judge2(j,i) then
              begin
                  a[i]:=j;
                  if i=n then print
                          else try(i+1);
                  a[i]:=0;      {回溯}
              end;
        end;
end;

begin      {main}
    readln(n);
    for m:=1 to n do a[m]:=0;
    try(1) ;
    if total=0 then writeln('no')
              else writeln('total=',total);
end.
```

【程序说明】

运行程序,输入5,输出:no。

输入4,输出:

no. 1: 1 2 3 4

no. 2: 1 4 3 2

no. 3: 2 1 4 3

no. 4: 2 3 4 1

no. 5: 3 2 1 4

no. 6: 3 4 1 2

no. 7: 4 1 2 3

no. 8: 4 3 2 1

total=8

【例 8 - 54】 跳马。

【问题描述】

设有一个 $m \times n$ 的棋盘(图 8-11 是一个 8×4 的棋盘),在棋盘上的 A 点$(0,0)$有一个中国象棋的马,约定马行走的规则是:走日字;只能向右走。

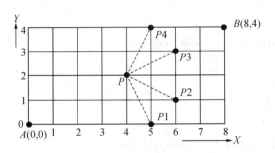

图 8-11 跳马问题的棋盘和马跳的 4 个方向

编程输入 m 和 n,打印出马从 $A(0,0)$ 跳到 $B(m,n)$ 的一条路径。

如输入:8 4

输出:$(0,0)->(2,1)->(4,0)->(5,2)->(6,0)->(7,2)->(8,4)$

【问题分析】

在无法知道马走哪条路正确的情况下,只能任选一条试探。但必须按照一定的顺序(规则),以防漏掉某些位置,即需设计跳马的方向顺序。设从 $p(x,y)$ 往下一个点跳,因为只能向右跳,所以下一步最多有 4 个位置;又根据"马走日字"的规则,将能跳到的位置分别记为 $p1=(x+1,y-2),p2=(x+2,y-1),p3=(x+2,y+1),p4=(x+1,y+2)$。为了简化程序的判断和书写,我们往往采用"增量数组"来表示,定义 dx,dy 为 array[1..4] of integer;,并分别赋值如下:$dx[1]=1;dy[1]=-2;dx[2]=2;dy[2]=-1;dx[3]=2;dy[3]=1;dx[4]=1;dy[4]=2$。若方向用 k 表示($k=1,2,3,4$),则第 k 个方向的增量为 $dx[k]$ 和 $dy[k]$。用数组(栈)stack:array[0..max] of integer;记录马每步跳的方向,设 top 为栈顶指针。这样从某个点出发,首先选择 $k=1$;如果行不通,则换个方向 $k:=k+1$,继续前进(试探)。若所有可能到达的点都不能到达目标,即 4 个方向都尝试过($k>4$),则说明到达此点是错误的,必须回溯。如此下去,直到找到一条达到 (m,n) 的路径或尝试过所有路径都试过 (top=0)。

【示范程序】

```pascal
program ex8_54(input,output);
const dx:array[1..4] of integer=(1,2,2,1);        {增量数组}
    dy:array[1..4] of integer=(-2,-1,1,2);
    max=1000;
var x,y,top,k,i,mm,nn:integer;
    stack:array[0..max] of integer;        {记录每一步跳的方向}
begin
    write('input m,n:');
    readln(mm,nn);
    x:=0;y:=0;        {从(0,0)开始遍历}
    top:=0;        {记录当前跳到哪一步}
    k:=0;        {记录方向}
    for i:=0 to max do stack[i]:=0;        {初始化}
    while (x<>mm) or (y<>nn) do        {未搜索到目标点就继续搜索}
    begin
        k:=k+1;        {找一个方向}
        if k>4
            then begin
                    k:=stack[top];{没有方向可跳,则回溯,找到当前错误一跳的方向}
                    x:=x-dx[k];
                    y:=y-dy[k];{根据错误一跳的方向,找到上一步的点的位置}
                    top:=top-1;{后退}
                    if top=0 then begin writeln('no');halt;end        {无解的情况}
                 end
            else begin        {这个方向目前可行}
                x:=x+dx[k];
                y:=y+dy[k];        {试探着前进一步}
                if (x>mm) or (y<0) or (y>nn)
                    then begin        {越界判断}
                            x:=x-dx[k];        {不行,则立刻回溯}
                            y:=y-dy[k];
                         end
                    else begin        {未越界则记录当前点,继续往下跳}
                            top:=top+1;
                            stack[top]:=k;
                            k:=0;        {方向初始化,为下一跳作准备}
                         end;
```

```
            end;
        end;
    x：＝0；y：＝0；      {输出}
    write('(0,0)－－>');
    for i：＝1 to top do
    begin
        x：＝x＋dx[stack[i]]；y：＝y＋dy[stack[i]]；
        if i<>top then write('(',x,',',y,')','－－>')
                  else writeln('(',x,',',y,')');
    end;
end.
```

【例 8 - 55】 骑士巡游。

【问题描述】

所谓"骑士巡游"，是指在 $n×n$ 方格($n≤10$)的国际象棋棋盘中，在任意指定的方格(x,y)上有一匹马(亦称为骑士(knight))，马走"日"字(见图 8 - 12)。要求寻找一条走遍棋盘每一方格并且每个方格只走一次的方法。

	4		3	
5				2
		马		
6				1
	7		8	

图 8 - 12　马走一步的示意图

【问题分析】

此题与"跳马问题"的主要区别在于以下几点：

(1) 本题的马是在格子里，而例 8 - 54 的马是在线的交点上。

(2) 本题取消了马只能向右跳的条件，即马可跳的方向变成 8 个。

(3) 越界判断不同。同时要求任一个格子都必须走到，且只能走一次。

(4) 约束条件不同，本题马跳的步数必定为 n^2-1 次。

本题仍然采用回溯法。设马在某个方格中，可以在一步内到达的不同位置最多有 8 个，如图 8 - 12 所示。用二维数组 a 表示棋盘，其元素记录马经过某位置时的步骤号，初值全为 0。对马的 8 种可能走法设定一个顺序，如马当前的位置在棋盘(i,j)方格中，则下一个可能位置按照方向 1~8 依次为($i+1$,$j+2$),($i-1$,$j+2$),($i-2$,$j+1$),($i-2$,$j-l$),($i-1$,$j-2$),($i+1$,$j-2$),($i+2$,$j-1$),($i+2$,$j+1$)。同样采用增量数组 dx 和 dy 存储马的 8 种走法相对当前位置(i,j)的纵、横坐标增量。但实际上可以走的位置仅限于还未走过的和没有越出棋盘边界的那些位置。

【示范程序】

```
program ex8_55(input,output);
const max=10;      {棋盘最大为 max * max}
    dx：array[1..8] of integer=(1,2,2,1,-1,-2,-2,-1);{8 个方向的增量数组}
```

```
          dy:array[1..8] of integer=(-2,-1,1,2,2,1,-1,-2);
    var n,x,y,x1,y1,step,k,i,sum:integer;
        b:array[0..max*max] of integer;        {记录每步跳的方向}
        a:array[1..max,1..max] of integer;        {棋盘状态,0—当前未遍历过,1..n*
n—遍历过的步骤号}
    begin
        write('input n=');readln(n);        {输入实际棋盘的状态}
        write('input x,y=');readln(x,y);        {出发点}
        step:=0;        {当前跳到哪一步}
        k:=0;        {方向}
        for i:=0 to n*n do b[i]:=0;
            for x1:=1 to n do
            for y1:=1 to n do
              a[x1,y1]:=0;
        a[x,y]:=1;        {开始}
        while (b[0]=0) and (step<n*n-1) do        {最终有两种情况:一是回溯到头,即
从 b[1]开始记录,但回溯到了 b[0],使 b[0]=1,表示无解;一是跳了 n*n-1 步,表示找到
了一个可行解}
            begin
              k:=k+1;
              if k>8 then begin        {当前这一步没有方向可跳,则回溯}
                          a[x,y]:=0;
                          k:=b[step];        {找到这一步的方向}
                          step:=step-1;
                          x:=x-dx[k];y:=y-dy[k];{根据这一步的方向,找到上一步的位置}
                      end
                  else begin        {按这个方向跳}
                          x:=x+dx[k];y:=y+dy[k];
                          if (x<1) or (x>n) or (y<1) or (y>n) or (a[x,y]>0)
                  then begin        {越界}
                          x:=x-dx[k];y:=y-dy[k];
                      end
                  else begin        {前进}
                          step:=step+1;
                          a[x,y]:=step+1;
                          b[step]:=k;
                          k:=0;
                      end
                end
          end
      end;
```

```
        sum:=0;      {判断是否在 n*n 个格子中填满数字 1..n*n}
      for y1:=1 to n do
        for x1:=1 to n do
          sum:=sum+a[x1,y1];
      if sum<>((n*n*n*n+n*n) div 2)
        then writeln('no!')      {无解}
        else for y1:=1 to n do      {输出一个解}
          begin
            for x1:=1 to n do write(a[x1,y1]:3);
            writeln;
          end;
  end.
```

【程序说明】

运行程序,输入:6

　　　　　　3 5

输出:

```
21  24  33  14   3  26
34  15  22  25  32  13
23  20  31   2  27   4
16  35  18   7  12   9
19  30   1  10   5  28
36  17   6  29   8  11
```

【例 8 - 56】 四色定理。

【问题描述】

设有如图 8-13 所示的地图,每个区域代表一个省,区域中的数字表示省的编号。现在要求给每个省涂上红、蓝、黄、白四种颜色之一,同时要求相邻的省份用不同的颜色。请编程输出一种涂色方案。

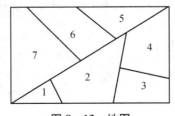

图 8 - 13　地图

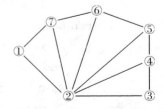

图 8 - 14　各个省的邻接情况

【问题分析】

本题是为了验证著名的"四色定理"。

我们可以将每个省看成一个点,若两个省是相邻的,则在两个点之间连一条线,这样我们可以构造出一个图论模型,如图 8-14 所示。我们一般用一个邻接矩阵 R 来读入和存储,其中 $R[x,y]=1$ 表示省 x 与省 y 相邻;$R[x,y]=0$ 表示省 x 与省 y 不相邻。表 8-5 给出了样例所对应的邻接矩阵。

表 8-5　邻接矩阵

R	1	2	3	4	5	6	7
1	0	1	0	0	0	0	1
2	1	0	1	1	1	1	1
3	0	1	0	1	0	0	0
4	0	1	1	0	1	0	0
5	0	1	0	1	0	1	0
6	0	1	0	0	1	0	1
7	1	1	0	0	0	1	0

　　从编号为 1 的省开始按四种颜色顺序涂色。第 1 个省的颜色任选,以后对第 i 个省涂色时,要保证所涂的颜色不和与它相邻的省的已涂颜色一样。仍然采用回溯法求解,算法框架如下:

procedure　涂色过程;　　　〔用 s[i]＝j 表示将第 i 个省涂成第 j 种颜色〕
begin
　　s[1]:＝1;
　　x:＝2;　　〔x 表示已涂到第 x 个省了〕
　　y:＝1;　　〔准备用第 1 种颜色涂〕
　　while x<＝n do　　〔还有省份没有涂色〕
　　　　while (y<＝4) and (x<＝n) do　　〔选择颜色〕
　　　　begin
　　　　　　if k<x and（检查相邻省份,如不是当前要涂色省份) then 试探下个省(k:＝k+1);
　　　　　　if 当前颜色不能涂 then 试探下一种颜色(y:＝y+1)
　　　　　　　　　　　　　　　　else 本省已涂色,准备试探下一个省;
　　　　　　if 试探不成功 then　　〔回溯〕
　　　　　　x:＝x-1　　〔返回上一个省重新涂色〕
　　　　　　修正 y 的值;
　　　　end;
　　end;
　　检测相邻省是否要涂色以及涂什么颜色只要判断以下条件:s[k] * R[x,k]<>x。
【示范程序】
program ex8_56(input,output);
const max＝100;
var r:array[1..max,1..max] of 0..1;
　　s:array[1..max] of integer;
　　n,a,b:integer;

```pascal
procedure mapcolor;
var x,y,k:integer;
begin
    s[1]:=1;x:=2;y:=1;        {初始化}
    while x<=n do
        while (y<=4) and (x<=n) do
        begin
            k:=1;
            while (k<x) and (s[k] * r[x,k]<>y) do k:=k+1;
            if k<x then y:=y+1      {试探下一种颜色}
                    else begin
                            s[x]:=y;        {给本省涂 y 颜色}
                            x:=x+1;         {准备试探下一个省}
                            y:=1;           {颜色重新赋值}
                        end;
            if y>4 then begin       {回溯到上一个省}
                            x:=x-1;
                            y:=s[x]+1;        {修正颜色值}
                        end;
        end;
end;


begin      {main}
    write('n=');readln(n);
    for a:=1 to n do      {输入邻接矩阵}
    begin
        for b:=1 to n do read(r[a,b]);
        readln;
    end;
    mapcolor;        {调用涂色过程}
    writeln('area    color');
    for a:=1 to n do
    writeln(a:3,'    :    ',s[a]:3);
end.
```

【程序说明】

运行程序,输入 $n=7$ 及以上邻接矩阵,输出结果如下:

```
area      color
  1    :    1
  2    :    2
  3    :    1
  4    :    3
  5    :    1
  6    :    3
  7    :    4
```

冒号左边为省份,右边为相应省份的颜色类型。也可以把右边的数字 1~4 用四种颜色的英文单词表示,以增加程序的可读性。

8.9　动态规划

动态规划(Dynamic Programming)是运筹学的一个分支,它是解决多阶段决策过程最优化问题的一种方法。1951 年,美国数学家贝尔曼(R. Bellman)提出了解决这类问题的"最优化原则",1957 年出版了《动态规划》,该书是动态规划方面的第一本著作。动态规划问世以来,在工农业生产、经济、军事、工程技术等许多方面都得到了广泛的应用,取得了显著的效果。动态规划运用于信息学竞赛是在 20 世纪 90 年代初期,它以独特的优点获得了出题者的青睐。此后,它就成为信息学竞赛中必不可少的一个重要方法,几乎在每次国内和国际信息学竞赛中,都至少有一道动态规划的题目。

【例 8 - 57】　城市交通。

【问题描述】

有 n 个城市,编号 1~n。这些城市之间有些有路相连,有些则没有,有路当然有一定距离。如图 8 - 15 所示为一个含有 11 个城市的交通图,连线上的数(权)表示距离。现在规定只能从编号小的城市走到编号大的城市,问从编号为 1 的城市到编号为 n 的城市之间的最短距离是多少?

键盘输入第一行为 n,表示城市数,$n \leqslant 100$。后续的 n 行是一个 $n * n$ 的邻接矩阵 map$[i, j]$,其中,map$[i, j] = 0$ 表示城市 i 和城市 j 之间没有路相连;否则为两者之间的距离。

图 8 - 15 对应的输入数据格式如下:

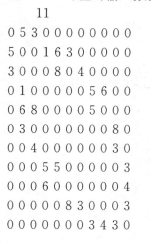

```
   11
0 5 3 0 0 0 0 0 0 0 0
5 0 0 1 6 3 0 0 0 0 0
3 0 0 8 0 4 0 0 0 0 0
0 1 0 0 0 0 5 6 0 0 0
0 6 8 0 0 0 5 0 0 0 0
0 3 0 0 0 0 0 8 0 0 0
0 0 4 0 0 0 0 0 3 0 0
0 0 0 5 5 0 0 0 0 0 3
0 0 0 6 0 0 0 0 0 0 4
0 0 0 0 0 8 3 0 0 0 3
0 0 0 0 0 0 3 4 3 0
```

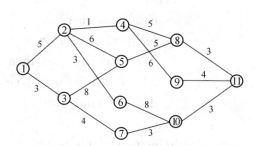

图 8 - 15　城市交通图

程序输出一个数,表示最短距离。数据保证一定可以从城市 1 到城市 n。

【问题分析】

我们可以用穷举的方法求出问题的解,但是效率很差。有没有其他方法呢? 我们反过来思考,若现在想要从城市 1 到达城市 11,则只能从城市 8、9 或 10 中转过去,如果知道了从城市 1 到城市 8、9 和 10 的最短距离,则只要把这 3 个最短距离分别加上这 3 个城市与城市 11 之间的距离,再从中取一个最小值即可。那么题目的任务就变成了求城市 1 到城市 8、9、10 的最短距离,而这三个子问题与原问题的类型是完全一致的,只是问题的规模缩小了一点。而如何求城市 1 到城市 8 的最短距离呢? 思想方法与刚才一样,如果知道了城市 1 到城市 4 和 5 的最短距离,则到城市 8 的最短距离就是到达城市 4 的最短距离加上 5 以及到达城市 5 的最短距离加上 5 当中的那个较小值,而如何求城市 4 和 5 的最短距离呢?……直到求城市 1 到城市达 2 和 3 的最短距离,而这个值是已知的(因为城市 1 和 2、3 之间有直接的边相连)。这种解题的方法就是"动态规划"。请结合下面的示范程序,体会动态规划的思想。

【示范程序】

```pascal
program ex8_57(input,output);
const max=100;
var dis:array[1..max] of integer;
    map:array[1..max,1..max] of integer;
    n,i,j,min:integer;
begin
    readln(n);
    for i:=1 to n do
        begin
            for j:=1 to n do read(map[i,j]);
            readln;
        end;
    dis[1]:=0;
    for i:=2 to n do
        begin
            min:=maxint;
            for j:=1 to i-1 do
                if map[j,i]<>0 then
                    if dis[j]+map[j,i]<min then min:=dis[j]+map[j,i];
            dis[i]:=min;
        end;
    writeln('min=',dis[n]);
    readln
end.
```

【程序说明】

运行程序,输入样例数据,输出:min=13。

【例 8－58】 拦截导弹。

【问题描述】

某国为了防御敌国的导弹袭击,研究出一种导弹拦截系统。但是这种导弹拦截系统有一个缺陷:虽然它的第一发炮弹能够到达任意的高度,但是以后每一发炮弹都不能高于前一发的高度。某天,雷达捕捉到敌国的导弹来袭。由于该系统还在试用阶段,所以只有一套系统,因此有可能不能拦截所有的导弹。

输入导弹的枚数和导弹依次飞来的高度(雷达给出的高度数据是不大于 30 000 的正整数,每个数据之间用空格分隔),计算这套系统最多能拦截多少导弹? 如果要拦截所有导弹,最少要配备多少套这种导弹拦截系统?

【输入样例】

8

389　207　155　300　299　170　158　65

【输出样例】

6(最多能拦截的导弹数)

2(要拦截所有导弹最少要配备的系统数)

【问题分析】

我们先解决第一问。一套系统最多能拦截多少导弹,跟它最后拦截的导弹高度有很大关系。假设 $a[i]$ 表示拦截的最后一枚导弹是第 i 枚时,系统能拦得的最大导弹数。例如,样例中 $a[5]=3$,表示如果系统拦截的最后一枚导弹是 299 的话,最多可以拦截第 1 枚(389)、第 4 枚(300)、第 5 枚(299)三枚导弹。显然,$a[1]\sim a[8]$ 中的最大值就是第一问的答案。关键是怎样求得 $a[1]\sim a[8]$。

假设现在已经求得 $a[1]\sim a[7]$(在动态规划中,这样的假设往往是很必要的),那么怎样求 $a[8]$ 呢? $a[8]$ 要求系统拦截的最后 1 枚导弹必须是 65,也就意味着倒数第 2 枚被拦截的导弹高度必须不小于 65,则符合要求的导弹有 389、207、155、300、299、170、158。假如倒数第二枚导弹高度 300,则 $a[8]=a[4]+1$;假如倒数第 2 枚导弹是 299,则 $a[8]=a[5]+1$;类似地,$a[8]$ 还可能是 $a[1]+1,a[2]+1\cdots\cdots$ 我们现在要求得是以 65 结束的最多导弹数目,因此 $a[8]$ 要取所有可能值的最大值,即 $a[8]=\max\{a[1]+1,a[2]+1,\cdots,a[7]+1\}=\max\{a[i]\}+1,i=1..7$。

类似地,我们可以假设 $a[1]\sim a[6]$ 为已知,求得 $a[7]$。对 $a[6]$、$a[5]$、$a[4]$、$a[3]$、$a[2]$ 也采用类似求法,而 $a[1]$ 就是 1,即如果系统拦截的最后 1 枚导弹是 389,则只能拦截第 1 枚。

这样,求解过程可以用下式归纳:

$a[1]=1$

$a[i]=\max\{a[j]\}+1$　　　　$(i>1,j=1,2,\cdots,i-1,$且 j 同时要满足:$h[j]\geqslant h[i])$

最后,只需把 $a[1]\sim a[8]$ 中的最大值输出即可。

第二问由于紧接着第一问,所以很容易受前面的影响。若多次采用第一问的办法,然后得出总次数,其实是不对的。要举反例并不难,比如长为 7 的高度序列"7 5 4 1 6 3 2",最长不上升序列为"7 5 4 3 2",用多次求最长不上升序列的结果为 3 套系统。但其实只要 2 套,分别击落"7 5 4 1"与"6 3 2"。所以不能用"动态规划",那么正确的做法又是什么呢?

我们的目标是用最少的系统击落所有导弹，至于系统之间怎么分配导弹数目则无关紧要，上面错误的想法正是承袭了"一套系统尽量多拦截导弹"的思维定式，忽视了最优解中各个系统拦截数较为平均的情况，本质上是一种贪心算法。如果从每套系统拦截的导弹数方面思考行不通的话，我们就应该换一个思路，从拦截某个导弹所选的系统入手。

题目告诉我们，已有系统目前的瞄准高度必须不低于来犯导弹高度，所以，当已有的系统均无法拦截某导弹时，就不得不启用新系统。如果已有系统中有一个能拦截该导弹，我们是应该继续使用它，还是启用新系统呢？事实是无论用哪套系统，只要拦截了这枚导弹，那么系统的瞄准高度就等于导弹高度，这一点对旧的或新的系统都适用。而新系统能拦截的导弹高度最高，即新系统的性能优于任意一套已使用的系统。既然如此，我们当然应该选择已有的系统。如果已有系统中有多个可以拦截该导弹，究竟选哪一个呢？由于当前瞄准高度较高的系统的"潜力"较大，而瞄准高度较低的系统则不同，它能打下的导弹别的系统也能打下，它打不到的导弹却未必是别的系统打不到的。所以，当有多个系统供选择时，要选瞄准高度大于等于来犯导弹高度中的最低者使用。

解题时用一个数组 sys 记下当前已有系统的各个当前瞄准高度，该数组中实际元素的个数就是第二问的答案。

【示范程序】

```pascal
program ex8_58(input,output);
const maxn=100;
var i,j,n,maxlong,tail,minheight,select:longint;
    h,longest,sys:array [1..maxn] of longint;
begin
    write('input n:');
    readln(n);
    for i:=1 to n do read(h[i]);
    readln;
    longest[1]:=1;        {以下求第一问}
    for i:=2 to n do
    begin
        maxlong:=1;
        for j:=1 to i-1 do
            if h[i]<=h[j] then
                if longest[j]+1>maxlong then maxlong:=longest[j]+1;
        longest[i]:=maxlong
    end;
    maxlong:=longest[1];
    for i:=2 to n do
        if longest[i]>maxlong then maxlong:=longest[i];
    writeln('max=',maxlong);
    sys[1]:=h[1];        {以下求第二问}
    tail:=1;        {数组下标,最后就是所需系统数}
```

```
    for i:=2 to n do
    begin
        minheight:=maxint;
        for j:=1 to tail do        {找出一套最适合的系统}
            if sys[j]>h[i] then
                if sys[j]<minheight then
                    begin minheight:=sys[j]; select:=j end;
        if minheight=maxint        {启用一套新系统}
            then begin tail:=tail+1;sys[tail]:=h[i] end
            else sys[select]:=h[i]
    end;
    writeln('total=',tail);
end.
```

【程序说明】

运行程序,输入:

13

465 978 486 476 324 575 384 278 214 657 218 445 123

输出:

7

4

【例 8－59】 数字三角形。

【问题描述】

如下所示为一个数字三角形:

$$
\begin{array}{ccccc}
& & 7 & & \\
& & 3 & 8 & \\
& 8 & 1 & 0 & \\
2 & 7 & 4 & 4 & \\
4 & 5 & 2 & 6 & 5
\end{array}
$$

请编程计算从顶部至底部某处的一条路径,使该路径所经过的数字的总和最大。约定:

① 每一步可沿直线向下或沿斜线向右下走。

② 1<三角形行数≤100。

③ 三角形中的数字为整数 0,1,…,99。

【输入格式】

键盘输入的第一行为一个自然数,表示数字三角形的行数 n;接下来的 n 行表示一个数字三角形。

【输出格式】

屏幕输出一个整数,表示要求的最大数字总和。

【输入样例】

5

7

3 8

8 1 0

2 7 4 4

4 5 2 6 5

【输出样例】

30

【问题分析】

本题用穷举法显然会超时,因为最多的 100 行有 2^{99} 条路径。还有一种思路是贪心法,每次取数值较大的那条路走,但显然,这种贪心法不能保证结果正确。

我们假设从顶部至数字三角形的某一位置的所有路径中,所经过的数字的总和最大的那条路径,为该位置的最大路径。由于问题规定每一步只能沿直线向下或沿斜线向右下走,若要走到某一位置,则其前一位置必为其左上方或正上方两个位置之一。由此可知,当前位置的最优路径必定与其左上方或正上方两个位置的最优路径有关,且来自于其中更优的一个。我们可以用一个二维数组 a 记录数字三角形中的数,$a[i,j]$ 表示数字三角形中第 i 行第 j 列的数;再用一个二维数组 sum 记录每个位置的最优路径的数字总和,则可得出如下的"动态转移方程":

$$sum[i,j]=\max\{sum[i-1,j],sum[i-1,j-1]\}+a[i,j]\quad(2\leqslant i\leqslant n,2\leqslant j\leqslant i)$$

边界条件:

$$sum[i,1]=sum[i-1,1]+a[i,1]\quad\{第 1 列\}$$
$$sum[i,i]=sum[i-1,i-1]+a[i,i]\quad\{对角线\}$$

这个问题呈现出明显的阶段性:三角形的每一行都是一个阶段,对最大路径的求解过程,实际上是从上往下不断地按照阶段的顺序求解。对问题适当地划分阶段是用动态规划解题中的一个重要步骤。

【示范程序】

```
program ex8_59(input,output);
const maxn=100;
var a:array[1..maxn,1..maxn] of longint;
    sum:array[1..maxn,0..maxn] of longint;
    i,j,k,n,ans:longint;
begin
  readln(n);
  for i:=1 to n do
  begin
    for j:=1 to i do read(a[i,j]);
    readln;
  end;
  fillchar(sum,sizeof(sum),0);
```

```
sum[1,1]:=a[1,1];
for i:=2 to n do
    for j:=1 to i do
    if sum[i-1,j-1]>sum[i-1,j]
        then sum[i,j]:=sum[i-1,j-1]+a[i,j]
        else sum[i,j]:=sum[i-1,j]+a[i,j];
ans:=0;
for j:=1 to n do
    if sum[n,j]>ans then   ans:=sum[n,j];
    writeln(ans);
end.
```

【例 8-60】 最小乘车费用(busses)。

【问题描述】

假设某条街上每一公里就有一个公共汽车站,并且乘车费用如下:

公里数	1	2	3	4	5	6	7	8	9	10
费用	12	21	31	40	49	58	69	79	90	101

而任意一辆汽车从不行驶超过 10 公里。某人想行驶 n 公里,假设他可以任意次换车,请你帮他找到一种乘车方案,使得总费用最小。

注意:10 公里的费用比 1 公里小的情况是允许的。

【输入格式】

输入文件共两行,第一行为 10 个不超过 200 的整数,依次表示行驶 1~10 公里的费用,相邻两数间用一个空格隔开。第二行为某人想要行驶的公里数。

【输出格式】

输出文件仅一行,包含一个整数,表示行驶这么远所需要的最小费用。

【输入样例】

12 21 31 40 49 58 69 79 90 101

15

【输出样例】

147

【问题分析】

本题与"城市交通"问题基本一样。假设 $f[i]$ 表示到达第 i 公里所需要花费的最小费用,则动态转移方程为 $f[i]=\min\{f[j]+\text{cost}[j,i]\}$,其中,$j<i$,$\text{cost}[j,i]$ 表示行驶 $i-j$ 公里的费用,$i-j \leqslant 10$。

【示范程序】

```
program ex8_60(input,output);
var st: array[0..500] of longint;
    v: array[1..10] of longint;
    n,i,j:longint;
```

```pascal
begin
    assign(input,'busses. in');
    reset(input);
    assign(output,'busses. out');
    rewrite(output);
    for i:=1 to 10 do read(v[i]);
    readln(n);
    for i:=1 to n do st[i]:=maxlongint;
    st[0]:=0;
    for i:=1 to n do
        for j:=i-1 downto 0 do
            if i-j > 10 then break
                            else if st[j]+v[i-j] < st[i] then st[i]:=st[j]+v[i-j];
    writeln(st[n]);
    close(input);
    close(output)
end.
```

习 题 8

8-1 基本知识题。

(1) 在待排序的数据表已经有序时,下列排序算法中花费时间反而较多的是_____。

A. 堆排序　　　　B. 选择排序　　　　C. 冒泡排序　　　　D. 快速排序

(2) 某数列有 1 000 个各不相同的单元,由低至高按序排列。现要对该数列进行二分查找,在最坏的情况下,需要查找_____个单元。

A. 1 000　　　　B. 10　　　　C. 100　　　　D. 500

(3) 写出下列算法的时间复杂度或空间复杂度。

① procedure　prime(n:integer)；　　{n 的值为一个正整数}
```pascal
    begin
        x=2;
        while ((n mod x)<>0) and (x<sqrt(n)) do x:=x+1;
        if x>sqrt(n) then writeln(n:6,' is a prime number. ')
                        else writeln(n:6,' is not a prime number. ')
    end;
```
　　时间复杂度_____。

② function sum1(n:integer):real；
```pascal
    begin
        p:=1;sum:=0;
```

```
    for x:=1 to n do
        begin p:=p * x;sum:=sum+p;end;
        sum1:=sum;
    end;
```
时间复杂度＿＿＿＿＿＿＿＿＿＿＿＿＿。

③ function sum2(n):real;
```
    begin
        sum:=0;
        for x:=1 to n do
        begin
            p:=1;
            for y:=1 to x do p:=p * y;
            sum:=sum+p;
        end;
        sum2:=sum;
    end;
```
时间复杂度＿＿＿＿＿＿＿＿＿＿＿＿。

④ procedure sort(a,n);　　{a 为数组类型}
```
    begin
        for x:=1 to n-1 do
        begin
            k:=x;
            for y:=x+1 to n do if a[y]<a[k] then k:=y;
            if   k<>x then 交换 a[x]与 a[k]
        end;
    end;
```
时间的复杂度＿＿＿＿＿＿＿＿；空间复杂度＿＿＿＿＿＿＿＿。

⑤ procedure matrimult (a,b,c);　　{a,b,c 为三个数组类型}
```
    begin
        for x:=1 to m do
            for y:=1 to n do
                c[x,y]:=0;
        for x:=1 to m do
            for y:=1 to n do
                for k:=1 to t do
                    c[x,y]:=c[x,y]+a[x,k] * b[k,y]
    end;
```
时间复杂度＿＿＿＿＿＿＿＿；空间复杂度＿＿＿＿＿＿＿＿。

8-2 写出下列程序的运行结果。

(1) program lx8_1;

```
    var x,y,w,r,q:integer;
    begin
        readln(x,y);
        r:=x;w:=y;q:=0;
        while w<r do w:=w+w;
        while w>y do
        begin
            w:=w div 2;q:=q+q;
            if r>=w then begin q:=q+1;r:=r-w;end;
        end;
        writeln(x,'/',y,'=',q,'...',r);
    end.
```

运行程序,输入:356　23

输出:_____。

(2) program lx8_2;

```
    type arr=array[1..1000] of integer;
    var b,c,d:arr;
        da,x,x1,k,max,num,y:integer;
    begin
        max:=0;num:=1000;
        for x:=2 to num do b[x]:=x;
        for x:=2 to num do
            if b[x]<>0 then
            begin
                k:=x+x;
                while k<=num do
                    begin b[k]:=0;k:=k+x;end;
            end;
        for x:=2 to num-1 do
            if b[x]<>0 then
            begin
                y:=1;d[y]:=b[x];
                for x1:=x+1 to num do
                    if b[x1]<>0 then
                    begin
                        da:=b[x1]-b[x];k:=da;
                        while (x+k<=num) and (b[x+k]<>0) do
```

```
                        begin
                            y:=y+1;d[y]:=x+k;k:=k+da;
                        end;
                    if y>max then begin max:=y;c:=d;end;
                        y:=1;
                end;
            end;
        writeln('print is: ',max);
        write('the string is: ');
        for x:=1 to max do write(c[x]:4);
    end.
```

运行程序,输出:＿＿＿＿＿＿＿＿＿＿＿＿＿。

(3) program lx8_3;

```
    const n=4;
    type tt=array[1..100] of char;
    var inp,t:tt;
        k,num:integer;
    procedure push (out,s:tt;it,ot,st:integer);
    var k:integer;
        c:tt;
    begin
        if it>0 then begin
                        c:=s;
                        c[st+1]:=inp[it];
                        push(out,c,it-1,ot,st+1);
                    end;
        if st>0 then begin
                        c:=out;
                        c[ot+1]:=s[st];
                        push(c,s,it,ot+1,st-1);
                    end;
        if ot=n then begin
                        num:=num+1;
                        for k:=1 to n do write(out[k]);
                        write('  ');
                    end;
    end;
    begin      {main}
      for k:=n downto 1 do inp[k]:=chr(65-k+n);
      num:=0;
```

```
        push(t,t,n,0,0);
        writeln;
        writeln('num=',num);
    end.
```

运行程序,输出:＿＿＿＿＿＿＿＿＿＿＿。

(4) program lx8_4;

```
    var n:integer;
    function d(n:integer):longint;
    begin
        case n of
            1:d:=0;
            2:d:=1;
            else d:=(n-1)*(d(n-1)+d(n-2));
        end;
    end;
    begin      {main}
        repeat
            write('n=');
            readln(n);
            if n<=0 then writeln('once more!');
        until n>0;
        writeln('d=',d(n));
    end.
```

运行程序,分别输入 $n=1\sim8$,输出:＿＿＿＿＿＿＿＿＿＿＿。

8-3 完善程序题。

(1) 求子串位置

问题描述:从键盘输入两个字符串 $x1,x2$,要求查找 $x2$ 在 $x1$ 中的起始位置。

算法说明:

① 用两个变量分别表示输入的字符串,并求出两个字符串的长度。

② 利用 i,j 变量作为扫描两个字符串的指针。

③ 扫描两个字符串,当其相等时,将指针指向下一个字符;当 j 的值大于 len2 时,则输出 $x2$ 在 $x1$ 中的位置。

④ 若子串位置不匹配,则 i 指针回溯,j 指针重新指向子串的第一个字符。

```
program lx8_5;
var x1,x2:string;
    i,j,len1,len2,ps:integer;
function pos1(r1,r2:string;l1,l2:integer):integer;
    var i,j:integer;
    begin
```

```
        i:=1;j:=1;
        while (i<=l1) and (j<=l2) do
            if r1[i]=r2[j] then begin   ③   ;   ④   end
                          else begin   ⑤   ;   ⑥   end;
            if j>l2 then   ⑦   else   ⑧   ;
        end;
begin    {main}
    readln(x1);readln(x2);
    writeln(x1);writeln(x2);
    len1:=   ①   ;
    len2:=   ②   ;
    ps:=pos1(x1,x2,len1,len2);
    writeln(ps:5);
end.
```

8-4　编程题。

(1) 邮票问题

邮局发行一套票面有 4 种不同值的邮票,如果每封信所贴邮票张数不超过 3 枚,存在整数 r,使得用不超过 3 枚的邮票可以贴出连续的整数 $1,2,3,\cdots,r$ 来。找出 4 种面值数,使得 r 值最大。

(2) 巧妙填数

将 1～9 这九个数字填入一个 3 行 3 列的表格中。每一行的三个数字组成一个三位数。如果要使第二行的三位数是第一行的两倍,第三行的三位数是第一行的三倍,应怎样填数?

(3) 数塔问题(numbertap)

有如图 8-16 所示的数塔,从顶部出发,每一结点可以选择向左下走或是向右下走,一直走到底层。要求找出一条路径,使路径上的数值的和最接近零。

输入文件有若干行,第一行是一个正整数 $n(n \leqslant 20)$,下面共有 n 行整数,每行整数的个数依次是 $1,2,\cdots,n$ 个,行首行末无多余空格。并且每个数字的绝对值不超过 1 000 000。

输出文件一行,代表最接近零的绝对值。

输入样例:5　　　　　　　　输出样例:40
　　　　　9
　　　　　12　15
　　　　　10　6　8
　　　　　2　18　9　5
　　　　　19　7　10　4　16

(4) 选数

已知 $n(1 \leqslant n \leqslant 20)$ 个整数 $x_1,x_2,\cdots,x_n(1 \leqslant x_i \leqslant 5\ 000\ 000)$ 以及一个整数 $k(k<n)$。从 n 个整数中任选 k 个整数相加,可分别得到一系列的和。现在,要求计算出和为素数的情况共有多少种?

比如输入:6　2　则输出:5
　　　　　2
　　　　　3
　　　　　4
　　　　　7
　　　　　11
　　　　　13

(5) 方格填数(number)

图8-17中有4行方格,在这10个格子中填入0~9这10个不同的数字,每行构成一个自然数,组成4个位数各不相同的自然数。已知这4个自然数都是某个整数的平方,求出所有的填写方案。一种可行的方案是9,81,324,7056。

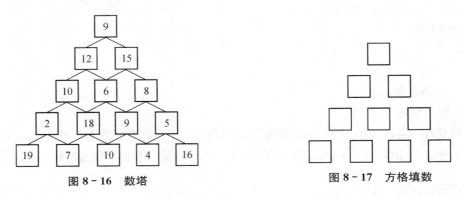

图8-16　数塔　　　　　　　　　　图8-17　方格填数

输出文件 nmber.out,文件包括若干行,每一行为一种可行的方案,包括4个整数,整数之间用一个空格分隔,最后一个数据后无空格。

(6) 交谈(talking)

来自不同国家的4位留学生A,B,C,D在一起交谈,他们每人只会中、英、法、日4种语言中的2种。情况是:没有人既能讲日语又能讲法语;A能讲日语,D不会日语,但A和D能互相交谈;B不会英语,但A和C交谈时却要B当翻译;B,C,D三人想互相交谈,但找不到共同的语言;只有一种语言3人都会。请编程确定这四人分别会哪两种语言。

(7) 物质使用统计(count)

【问题描述】

有n种基本物质($n \leqslant 10$),分别记为P_1,P_2,…,P_n。用这n种基本物质构造物品,这些物品使用在k个不同地区($k \leqslant 20$),每个地区对物品有自己的要求,这些要求用一个二维表表示:A_{ij}表示第i个地区对第j种物质的要求,其中$A_{ij}=1$表示i地区所需物质中必须有第j种基本物质;$A_{ij}=-1$表示i地区所需物质中必须不能有第j种基本物质;$A_{ij}=0$表示无所谓。当k个地区对n种物质的要求给出之后,求出符合要求的物质使用方案,输出方案总数。

【输入格式】

输入文件 count.in,第一行有用空格隔开的两个整数,分别表示物质数量n和地区数量

k,以下 k 行数据每行均为用一个空格隔开的 n 个整数,表示 k 个地区对 n 种物质的要求,最后无空格。

【输出格式】

输出文件 count. out,只有一行,包含"total＝"和一个整数,表示方案总数。

【输入样例】

2 2

1 1

0 1

【输出样例】

total＝1

（8）数字游戏（magic）

【问题描述】

填数字方格的游戏有很多种变化,如图 8 - 18 所示的 4×4 方格中,我们要选择从数字 1 到 16 来填满这十六个格子(A_{ij},其中 $i=1..4$,$j=1..4$)。为了让游戏更有挑战性,我们要求下列六项中的每一项所指定的四个格子,其数字累加的和必须为 34。

A_{11}	A_{12}	A_{13}	A_{14}
A_{21}	A_{22}	A_{23}	A_{24}
A_{31}	A_{32}	A_{33}	A_{34}
A_{41}	A_{42}	A_{43}	A_{44}

图 8 - 18　数字游戏

四个角落上的数字,即 $A_{11}+A_{14}+A_{41}+A_{44}=34$。

每个角落上的 2×2 方格中的数字,例如左上角:$A_{11}+A_{12}+A_{21}+A_{22}=34$。

最中间的 2×2 方格中的数字,即 $A_{22}+A_{23}+A_{32}+A_{33}=34$。

每条水平线上四个格子中的数字,即 $A_{i1}+A_{i2}+A_{i3}+A_{i4}=34$,其中 $i=1..4$。

每条垂直线上四个格子中的数字,即 $A_{1j}+A_{2j}+A_{3j}+A_{4j}=34$,其中 $j=1..4$。

两条对角线上四个格子中的数字,例如左上角到右下角:$A_{11}+A_{22}+A_{33}+A_{44}=34$。

右上角到左下角:$A_{14}+A_{23}+A_{32}+A_{41}=34$。

【输入格式】

输入文件 magic. in,会指定把数字 1 先固定在某一格内。输入的文件只有一行包含两个正数据 i 和 j,表示第 i 行和第 j 列的格子放数字 1。剩下的十五个格子,请按照前述六项条件用数字 2 到 16 来填满。

【输出格式】

输出文件 magic. out,把全部的正确解答用每 4 行一组写到输出文件,每行四个数,相邻两数之间用一个空格隔开。两组答案之间,要以一个空白行相间,并且依序排好。排序的方式,是先从第一行的数字开始比较,每一行数字,由最左边的数字开始比,数字较小的解答必须先输出到文件中。

【输入样例】

1 1

【输出样例】

```
1 4 13 16
14 15 2 3
8 5 12 9
11 10 7 6

1 4 13 16
14 15 2 3
12 9 8 5
7 6 11 10
......
```

（9）尺子的刻度

一根 29 厘米长的尺子，只允许在上面刻 7 个刻度，要能用它量出 1～29 厘米的各种长度。试问这根尺的刻度应该怎样选择？

（10）设函数定义如下：$f(0)=0,f(1)=1,f(2n)=f(n),f(2n+1)=f(n)+f(n+1)$，$n=1,2,3,\cdots$

要求对给定的 $n\geqslant0$，计算函数 $f(n)$ 的值。比如输入：8，则输入：1。采用两种编程方法：递归设计和非递归程序设计。

（11）从三个元素（例如 1,2,3）的字符表中选取字符，生成一个有 N 个符号的序列，使得其中没有 2 个相邻的子序列相等。如长度 $N=5$ 的序列"12321"是合格的，而"12323"和"12123"都是不合格的。比如输入：6，则输出：131231。

（12）已知 6 个城市，用 $C[i,j]$ 表示从城市 i 到城市 j 是否有单向的直达汽车（$1\leqslant i\leqslant6$，$1\leqslant j\leqslant6$）。$C[i,j]=1$ 时，表示城市 i 到城市 j 有单向直达汽车；$C[i,j]=0$ 时，表示城市 i 到城市 j 无单向直达汽车。

编写一个程序，给出城市代号 i，打印出从该城市出发乘汽车（包括转车）可以到达的所有城市。其城市之间直达汽车情况如表 8-6 所示。

表 8-6 邻接矩阵

0	0	1	0	0	0
0	0	0	0	1	0
1	0	0	0	0	1
0	0	0	0	0	1
0	1	0	0	0	0
0	0	0	1	0	0

(13) 求多精度数 A 除以多精度数 B 的商和余数。

(14) 四塔问题

三塔(汉诺塔问题)问题是大家非常熟悉的问题,下面详细说明四塔问题。设有 A,B,C,D 四个柱子(有时称塔),在 A 柱上有由小到大堆放的 n 个盘子,如图 8-19 所示。今将 A 柱上的盘子移动到 D 柱上去。可以利用 B,C 柱作为工作栈用,移动的规则如下:

① 每次只能移动一个盘子。

② 在移动的过程中,小盘子只能放到大盘子的上面。

编写一个程序,输出需要移动的盘子数和移动多少步。比如输入:3,则输出:5。

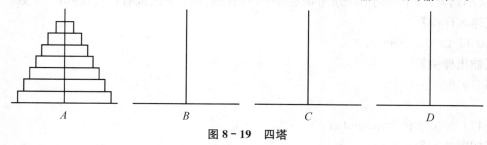

图 8-19　四塔

(15) 饥饿的牛

牛在饲料槽前排好了队。饲料槽依次用 1 到 $N(1 \leqslant N \leqslant 2\,000)$ 编号。每天晚上,一头幸运的牛根据约翰的规则,吃其中一些槽里的饲料。

约翰提供 B 个区间的清单。一个区间是一对整数 start-end,$1 \leqslant \text{start} \leqslant \text{end} \leqslant N$,表示一些连续的饲料槽,比如 1-3,7-8,3-4,等等。牛可以任意选择区间,但是牛选择的区间不能有重叠。当然,牛希望自己能够吃得越多越好。

给出一些区间,帮助这只牛找一些区间,使它能吃到最多的东西。在上面的例子中,1-3 和 3-4 是重叠的;聪明的牛选择{1-3,7-8},这样可以吃到 5 个槽里的东西。

输入:第 1 行,整数 $B(1 \leqslant B \leqslant 1\,000)$。

第 2 到 $B+1$ 行,每行两个整数,表示一个区间,较小的端点在前面。

输出:仅一个整数,表示最多能吃到多少个槽里的食物。

样例输入:

3

1　3

7　8

3　4

样例输出:

5

(16) 波浪数(num)

【问题描述】

波浪数是在一对数字之间交替转换的数,如 1212121,双重波浪数则是指在两种进制下都是波浪数的数,如十进制数 191919 是一个十进制下的波浪数,它对应的十一进制数 121212 也是一个波浪数,所以十进制数 191919 是一个双重波浪数。

类似的可以定义三重波浪数,三重波浪数在三种不同的进制中都是波浪数,甚至还有四重波浪数,如十进制 300＝606(七进制)＝363(九进制)＝454(八进制)＝1A1(十三进制)……你的任务就是在指定范围内找出双重、三重、四重波浪数。

【输入格式】

一行,包含五个用空格隔开的十进制整数,前两个数表示进制的范围(2～32),第三与第四个数表示指定的范围(1～10 000 000),第五个数为 2,3,4 中的一个,表示要找的波浪数的重数。

【输出格式】

从小到大,以十进制形式输出指定范围内的指定重数的波浪数,一行输出一个数。

【输入样例】

10 11 190000 960000 2

【输出样例】

191919

(17) 陶陶学数学(pnumber)

【问题描述】

陶陶很喜欢数学,尤其喜欢奇怪的数。一天,他突然发现,有的整数拥有的因子数是很有个性的,决定找到一个具有 n 个正因子数的最小的正整数。

例如:$n＝4$,则 $m＝6$,因为 6 有 4 个不同正整数因子 1,2,3,6;而且是最小的有 4 个因子的整数。

【输入文件】

仅一个数 $n(1\leqslant n\leqslant 50\ 000)$。

【输出文件】

仅一个数 m。

【样例输入】

4

【样例输出】

6

(18) 众数(masses)

【问题描述】

由文件给出 N 个 1 到 30 000 间无序数正整数,其中 $1\leqslant N\leqslant 10\ 000$,同一个正整数可能会出现多次,出现次数最多的整数称为众数。求出它的众数及它出现的次数。

【输入格式】

输入文件第一行是正整数的个数 N,第二行开始为 N 个正整数。

【输出格式】

输出文件有若干行,每行两个数,第 1 个是众数,第 2 个是众数出现的次数。

【输入样例】

12

2 4 2 3 2 5 3 7 2 3 4 3

【输出样例】

2 4

3 4

（19）第 k 小整数（knumber）

【问题描述】

现有 n 个正整数，$n \leqslant 10\,000$，要求出这 n 个正整数中的第 k 个最小整数（相同大小的整数只计算一次），$k \leqslant 1\,000$，正整数均小于 30\,000。

【输入格式】

第一行为 n 和 k，第二行开始为 n 个正整数的值，整数间用空格隔开。

【输出格式】

第 k 个最小整数的值；若无解，则输出"no result"。

【输入样例】

10 3

1 3 3 7 2 5 1 2 4 6

【输出样例】

3

（20）军事机密（secret）

【问题描述】

军方截获的信息由 $n(n \leqslant 30\,000)$ 个数字组成，因为是敌国的高端秘密，所以一时不能破获。最原始的想法就是对这 n 个数进行小到大排序，每个数都对应一个序号，然后对第 i 个是什么数感兴趣，现在要求编程完成。

【输入格式】

第一行 n，接着是 n 个截获的数字，接着一行是数字 k，接着是 k 行要输出数的序号。

【输出格式】

k 行序号对应的数字。

【输入样例】

5

121 1 126 123 7

3

2

4

3

【输出样例】

7

123

121

（21）奖学金（scholar）

【问题描述】

某小学最近得到了一笔赞助,打算拿出其中一部分为学习成绩优秀的前 5 名学生发奖学金。期末,每个学生都有 3 门课的成绩:语文、数学、英语。先按总分从高到低排序,如果两个同学总分相同,再按语文成绩从高到低排序,如果两个同学总分和语文成绩都相同,那么规定学号小的同学排在前面,这样,每个学生的排序是唯一确定的。

任务:先根据输入的 3 门课的成绩计算总分,然后按上述规则排序,最后按排名顺序输出前 5 名学生的学号和总分。注意,在前 5 名同学中,每个人的奖学金都不相同,因此,你必须严格按上述规则排序。例如,在某个正确答案中,如果前两行的输出数据(每行输出两个数:学号、总分)是:

7 279

5 279

这两行数据的含义是:总分最高的两个同学的学号依次是 7 号、5 号。这两名同学的总分都是 279(总分等于输入的语文、数学、英语三科成绩之和),但学号为 7 的学生语文成绩更高一些。如果你的前两名的输出数据是:

5 279

7 279

则按输出错误处理,不能得分。

【输入格式】

输入文件包含 $n+1$ 行。

第 1 行为一个正整数 n,表示该校参加评选的学生人数。

第 2 到 $n+1$ 行,每行有 3 个用空格隔开的数字,每个数字都在 0 到 100 之间。第 j 行的 3 个数字依次表示学号为 $j-1$ 的学生的语文、数学、英语的成绩。每个学生的学号按照输入顺序编号为 $1 \sim n$(恰好是输入数据的行号减 1)。所给的数据都是正确的,不必检验。

【输出格式】

输出文件共 5 行,每行是两个用空格隔开的正整数,依次表示前 5 名学生的学号和总分。

【输入输出样例 1】

scholar. in	scholar. out
6	6 265
90 67 80	4 264
87 66 91	3 258
78 89 91	2 244
88 99 77	1 237
67 89 64	
78 89 98	

【输入输出样例 2】

scholar. in	scholar. out
8	8 265
80 89 89	2 264
88 98 78	6 264
90 67 80	1 258
87 66 91	5 258
78 89 91	
88 99 77	
67 89 64	
78 89 98	

【数据限制】

50% 的数据满足：各学生的总成绩各不相同

100% 的数据满足：$6 \leqslant n \leqslant 300$

（22）统计数字（count）

【问题描述】

某次科研调查时得到了 n 个自然数，每个数均不超过 1 500 000 000。已知不相同的数不超过 10 000 个，现在需要统计这些自然数各自出现的次数，并按照自然数从小到大的顺序输出统计结果。

【输入格式】

输入文件包含 $n+1$ 行。

第 1 行是整数 n，表示自然数的个数。

第 2～$n+1$ 行每行一个自然数。

【输出格式】

输出文件包含 m 行（m 为 n 个自然数中不相同数的个数），按照自然数从小到大的顺序输出。每行输出两个整数，分别是自然数和该数出现的次数，其间用一个空格隔开。

【输入输出样例】

count. in	count. out
8	2 3
2	4 2
4	5 1
2	100 2
4	
5	
100	
2	
100	

【数据限制】

40% 的数据满足：$1 \leqslant n \leqslant 1\ 000$

80%的数据满足:1≤*n*≤50 000

100%的数据满足:1≤*n*≤200 000

(23) 盒子与球(box)

【问题描述】

现有 *r* 个互不相同的盒子和 *n* 个互不相同球,要将这 *n* 个球放入 *r* 个盒子中,且不允许有空盒子。问有多少种放法?

例如:有 2 个不同的盒子(分别编为 1 号和 2 号)和 3 个不同的球(分别编为 1、2、3 号),则有如下 6 种不同的方法。

【输入格式】

输入文件一行,两个整数 *n* 和 *r*,中间用一个空格分隔(0≤*n*,*r*≤10)。

【输出格式】

输出文件仅一行,一个整数(保证在长整型范围内),表示 *n* 个球放入 *r* 个盒子的方法。

1 号盒子	2 号盒子
1 号球	2、3 号球
1、2 号球	3 号球
1、3 号球	2 号球
2 号球	1、3 号球
2、3 号球	1 号球
3 号球	1、2 球

【输入样例】

3 2

【输出样例】

6

(24) 字母组合(charcom)

【问题描述】

字母 A,B,C 的所有可能的组合(按字典顺序排序)是:

A,AB,ABC,AC,B,BC,C

每个组合都对应一个字典顺序的序号,如下所示:

序号	组合
1	A
2	AB
3	ABC
4	AC
5	B
6	BC
7	C

找出编号为 K 的字母组合。例如,上例中编号为 4 的组合为 AC。

注:假设某个字母组合为 $X_1 X_2 X_3 \cdots X_K$,必须保证 $X_1 < X_2 < X_3 < \cdots < X_K$。

【输入格式】

输入包括 2 行。

第一行:N,表示字母组合由字母表中前 N(N≤26)个字母组成。

第二行:K,求编号为 K 的字母组合。

【输出格式】

该字母组合;均为大写字母。

【输入样例】

3

2

【输出样例】

AB

(25) 有 8 位同学排成一行,要求 A、B 两位同学互不相邻,问有多少种排法?

(26) 求 1 到 1 000 这 1 000 个整数中,有多少个不能被 5、6、8 中任一个数整除的数?

(27) 一只蜜蜂在图 8－20 所示的数字蜂房上爬动,已知它只能从标号小的蜂房爬到标号大的相邻蜂房,现在问你:蜜蜂从蜂房 M 开始爬到蜂房 N,M<N,有多少种爬行路线? 如输入:1,14,则输出:377。

图 8－20　蜂房

(28)"24 点"是八十年代全世界流行一种数字游戏。作为游戏者将得到 4 个 1~9 之间的自然数作为操作数,而任务是对这 4 个操作数进行适当的算术运算,要求运算结果等于 24。你可以使用的运算只有:＋,－,*,/,还可以使用( )来改变运算顺序。注意:所有的中间结果必须是整数,所以一些除法运算是不允许的(例如,(2 * 2)/4 是合法的,2 * (2/4) 是不合法的)。下面我们给出一个游戏的具体例子:若给出的 4 个操作数是:1、2、3、7,则你可以输出:1＋2＋3 * 7。说明:如果有多种解,则输出任何可行的解都算对。

(29) 传教士(bishop)

【问题描述】

某王国的疆土恰好是一个矩形,为了管理方便,国王将整个疆土划分成 $n \times m$ 块大小相同的区域。由于国王非常信教,因此他希望他的子民也能信教爱教,所以他想安排一些传教士到全国各地去传教。但这些传教士的传教形式非常怪异,他们只在自己据点周围特定的区域内传教且领地意识极其强烈(即任意一个传教士的据点都不能在其他传教士的传教区域内,否则就会发生冲突)。现在我们知道传教士的传教区域为以其据点为中心的两条斜对角线上(见图 8－21)。现在国王请你帮忙找出一个合理的安置方案,使得可以在全国范围内安置尽可能多的传教士而又不至于任意两个传教士会发生冲突。若 A 为某传教士的据点，则其传教范围为所有标有 x 的格子。为不产生冲突，则第二个传教士的据点只能放在图 8－21 的空格子中。

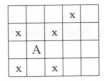

图 8－21　传教区域

【输入数据】

输入文件共一行，包含两个正整数 n 和 $m(1 \leqslant n, m \leqslant 10)$，代表国土的大小，$n$ 为水平区域数，m 为垂直区域数。

【输出数据】

输出文件仅一行，包含一个正整数，即最多可以安置的传教士的数目。

【样例输入】

3 4

【样例输出】

6

【样例说明】

样例安置方案如下所示，X 表示为某传教士的据点。

X X X

O O O

O O O

X X X

（30）采药（medic）

【问题描述】

辰辰是个天资聪颖的孩子，他的梦想是成为世界上最伟大的医师。为此，他想拜附近最有威望的医师为师。医师为了判断他的资质，给他出了一个难题。医师把他带到一个到处都是草药的山洞里对他说："孩子，这个山洞里有一些不同的草药，采每一株都需要一些时间，每一株也有它自身的价值。我会给你一段时间，在这段时间里，你可以采到一些草药。如果你是一个聪明的孩子，你应该可以让采到的草药的总价值最大。"

如果你是辰辰，你能完成这个任务吗？

【输入格式】

输入文件的第一行有两个整数 $T(1 \leqslant T \leqslant 1\,000)$ 和 $M(1 \leqslant M \leqslant 100)$，用一个空格隔开，$T$ 代表总共能够用来采药的时间，M 代表山洞里的草药的数目。接下来的 M 行每行包括两个在 1 到 100 之间（包括 1 和 100）的整数，分别表示采摘某株草药的时间和这株草药的价值。

【输出格式】

输出文件包括一行，这一行只包含一个整数，表示在规定的时间内，可以采到的草药的最大总价值。

【样例输入】

70 3

71 100

69 1

1 2

【样例输出】

3

【数据规模】

对于 30% 的数据，$M \leqslant 10$

对于全部的数据，$M \leqslant 100$

（31）取数字问题（number）

【问题描述】

给定 $M * N$ 的矩阵，其中的每个元素都是 -10 到 10 之间的整数。你的任务是从左上角 $(1,1)$ 走到右下角 (M,N)，每一步只能向右或向下，并且不能走出矩阵的范围。你所经过的方格里面的数字都必须被选取，请找出一条最合适的道路，使得在路上被选取的数字之和是尽可能小的正整数。

【输入格式】

第一行两个整数 M,N，$2 \leqslant M,N \leqslant 10$，分别表示矩阵的行和列的数目。

接下来的 M 行，每行包括 N 个整数，就是矩阵中的每一行的 N 个元素。

【输出格式】

仅一行一个整数，表示所选道路上数字之和所能达到的最小的正整数。如果不能达到任何正整数就输出 -1。

【样例输入】

2 2

0 2

1 0

【样例输出】

1

（32）合并果子（fruit）

【问题描述】

在一个果园里，多多已经将所有的果子打了下来，而且按果子的不同种类分成了不同的堆。多多决定把所有的果子合成一堆。

每一次合并，多多可以把两堆果子合并到一起，消耗的体力等于两堆果子的重量之和。可以看出，所有的果子经过 $n-1$ 次合并之后，就只剩下一堆了。多多在合并果子时总共消耗的体力等于每次合并所耗体力之和。

因为还要花大力气把这些果子搬回家，所以多多在合并果子时要尽可能地节省体力。假定每个果子重量都为 1，并且已知果子的种类数和每种果子的数目，你的任务是设计出合并的次序方案，使多多耗费的体力最少，并输出这个最小的体力耗费值。

例如有 3 种果子，数目依次为 1,2,9。可以先将 1、2 堆合并，新堆数目为 3，耗费体力为 3。接着，将新堆与原先的第三堆合并，又得到新的堆，数目为 12，耗费体力为 12。所以多多总共耗费体力为 3+12＝15。可以证明 15 为最小的体力耗费值。

【输入文件】

输入文件包括两行,第一行是一个整数 $n(1\leqslant n\leqslant 30\,000)$,表示果子的种类数。第二行包含 n 个整数,用空格分隔,第 i 个整数 $a_i(1\leqslant a_i\leqslant 20\,000)$ 是第 i 种果子的数目。

【输出文件】

输出文件包括一行,这一行只包含一个整数,也就是最小的体力耗费值。输入数据保证这个值小于 2^{31}。

【样例输入】

3

1 2 9

【样例输出】

15

【数据规模】

对于 30％的数据,保证有 $n\leqslant 100$

对于 50％的数据,保证有 $n\leqslant 5\,000$

对于全部的数据,保证有 $n\leqslant 30\,000$

(33) 合唱队形(chorus)

【问题描述】

N 位同学站成一排,音乐老师要请其中的 $(N-K)$ 位同学出列,使得剩下的 K 位同学排成合唱队形。

合唱队形是指这样的一种队形:设 K 位同学从左到右依次编号为 $1,2,\cdots,K$,他们的身高分别为 $T_1,T_2,\cdots,T_K$,则他们的身高满足 $T_1<T_2<\cdots<T_i,T_i>T_{i+1}>\cdots>T_K(1\leqslant i\leqslant K)$。

你的任务是,已知所有 N 位同学的身高,计算最少需要几位同学出列,可以使得剩下的同学排成合唱队形。

【输入文件】

输入文件的第一行是一个整数 $N(2\leqslant N\leqslant 100)$,表示同学的总数。第一行有 n 个整数,用空格分隔,第 i 个整数 $T_i(130\leqslant T_i\leqslant 230)$ 是第 i 位同学的身高(厘米)。

【输出文件】

输出文件包括一行,这一行只包含一个整数,就是最少需要几位同学出列。

【样例输入】

8

186 186 150 200 160 130 197 220

【样例输出】

4

【数据规模】

对于 50％的数据,保证有 $n\leqslant 20$

对于全部的数据,保证有 $n\leqslant 100$

第9章 数据结构初步

数据(data)是信息的载体,它能够被计算机识别、存储和加工处理,是计算机程序加工的对象。在计算机科学中,数据可以分为数值型数据和非数值型数据。数值型数据是指整数、实数等,非数值型数据包括字符、文字、图形、图像、语音等。

数据元素(data element)是数据的基本单位。在不同的场合中,数据元素又被称为元素、结点、顶点、记录等。

数据结构(data structure)是指互相之间存在着一种或多种关系的数据元素的集合。在任何问题中,数据元素之间都不会是孤立的,在它们之间都存在着这样或那样的关系,这种数据元素之间的关系称之为"结构"。根据数据元素之间关系的不同特性,通常有以下四种基本的结构:

① 集合结构:在集合结构中,数据元素之间的关系是"属于同一个集合"。集合是元素关系极为松散的一种结构,因此也可用其他结构来表示。

② 线性结构:该结构的数据元素之间存在着一对一的关系。

③ 树型结构:该结构的数据元素之间存在着一对多的关系。

④ 图型结构:该结构的数据元素之间存在着多对多的关系,也称作网状结构。

数据结构包括数据的逻辑结构和数据的物理结构。数据的逻辑结构可以看作是从具体问题抽象出来的数学模型,它与数据的存储无关。而研究数据结构的目的是为了在计算机中实现对它的操作,为此,还需要研究如何在计算机中表示一个数据结构。数据结构在计算机中的表示称为数据的物理结构(或存储结构),它研究的是数据结构在计算机中的实现方法,包括数据结构中元素的表示及元素间关系的表示。

数据的存储结构有顺序存储和链式存储两种。顺序存储方法是把逻辑上相邻的元素存储在物理位置相邻的存储单元中,由此得到的存储表示称为顺序存储结构。顺序存储结构是一种最基本的存储表示方法,通常借助程序设计语言中的数组实现。链式存储方法对逻辑上相邻的元素不要求其物理位置相邻,元素间的逻辑关系通过附设的指针字段来表示,由此得到的存储表示称为链式存储结构。链式存储结构通常借助程序设计语言中的指针类型实现。除了通常采用的顺序存储方法和链式存储方法外,有时为了查找的方便还采用索引存储方法和散列存储方法。

9.1 线性表

线性表是一种最常用、最简单的数据结构,它是由有限个数据元素组成的有序集合,每个数据元素又可以有一个或多个数据项。例如 26 个大写英文字母表(A,B,…,Z)就是一个线性表,表中每一个数据元素只有一个数据项,即一个大写英文字母。

线性表具有如下结构特征:

(1) 均匀性:同一线性表的各个数据元素的类型是一致的,且数据项数也相同。

(2) 有序性:线性表中数据元素之间的相对位置是线性的,存在唯一的"第一个"和"最后一个"数据元素。除"第一个"和"最后一个"数据元素外,其他每个数据元素均有唯一的直接前趋元素和唯一的直接后继元素。

【例 9 - 1】 分数数列。

【问题描述】

数列 $\{a_i\}$ 的各项是斐波那契数列 $\{f_i\}$ 的前后两项之商,即 $f_1=f_2=1$。当 $i>2$ 时,$f_i=f_{i-2}+f_{i-1}$,$a_i=f_i/f_{i+1}$。$\{f_i\}$ 的前 6 项为 1、1、2、3、5、8,$\{a_i\}$ 的前 5 项为 1、1/2、2/3、3/5、5/8。

【输入格式】

输入一个整数 n,$n \leqslant 10$。

【输出格式】

输出数列 $\{a_i\}$ 的前 n 项之和,输出格式参见输出样例,分数一定要是最简真分数。

【输入样例】

5

【输出样例】

sum(5)=3+47/120

【问题分析】

数列 $\{a_i\}$ 是一个实数数列,如果直接存储实数,一方面会产生误差,另一方面还要在最后输出时把小数转换成分数形式输出。所以,定义两个数组 fz 和 fm,分别存储数列 $\{a_i\}$ 的每一项分子和分母。那么,如何实现若干个分数相加呢?方法是找出两个分数的分母的最小公倍数再"通分"。比如要求 13/6 和 3/5 的和,则先求出分母 6 和 5 的最小公倍数 30,然后再计算 $(13 * (30 \text{ div } 6)+3 * (30 \text{ div } 5)) / 30=83/30$。

如何求最小公倍数呢? 有多种方法,可以用辗转相加(乘)法,也可以通过最大公约数去求,因为 m 和 n 的乘积等于它们的最大公约数乘以它们的最小公倍数。比如 6 和 5 的最大公约数是 1,所以它们的最小公倍数为 $6 * 5 \text{ div } 1=30$。在求最小公倍数时,我们要注意两个整数 m、n 的最小公倍数很可能超过 maxint,所以要用 longint 类型,而两个 longint 类型的数的乘积和累加又很容易超过 maxlongint,所以要用 int64 类型。当然,这样做只能保证 $n \leqslant 11$ 的时候正确。

【示范程序】

```pascal
program ex9_1(input,output);
var fz,fm:array[1..15] of longint;
    g,t1,t2,temp:int64;
    i,n:longint;

function gcd(x,y:int64):longint;      {用辗转相除法求最大公约数}
    var r:longint;
    begin
```

```
        r:=x mod y;
        while r<>0 do
            begin
                x:=y;
                y:=r;
                r:=x mod y;
            end;
        gcd:=y;
    end;


begin        {main}
    readln(n);
    fz[1]:=1;fm[1]:=1;
    fz[2]:=1;fm[2]:=2;
    for i:=3 to n do       {用递推法求出数列 a 前 n 项的分子和分母}
    begin
        fz[i]:=fz[i-1]+fz[i-2];
        fm[i]:=fm[i-1]+fm[i-2];
    end;
    t1:=1;t2:=1;       {t1 和 t2 分别表示最后结果的分子和分母}
    for i:=2 to n do       {从第 2 项开始,逐个把 fz[i]/fm[i]相加到 t1/t2 中}
    begin
        g:=t2*fm[i] div gcd(t2,fm[i]);       {g 为 t2 和 fm[i]的最小公倍数}
        t1:=t1*(g div t2)+fz[i]*(g div fm[i]);       {算出和的分子}
        t2:=g;       {分母就是最小公倍数}
        temp:=gcd(t1,t2);       {进行一次约分}
        t1:=t1 div temp;
        t2:=t2 div temp;
    end;
    writeln('sum=',t1 div t2,'+',t1-t2*(t1 div t2),'/',t2);
end.
```

【程序说明】

运行程序,输入:10

输出:sum=6+29072913/60580520。

【例 9 - 2】 卡布列克运算。

【问题分析】

卡布列克运算的实例我们前面已经介绍过。然而如何从数据结构角度简单的实现呢?问题首先是要把一个四位数 x 各位上的数字分解出来,然后进行排序。分解很容易,不断把 x 除以 10 求余数,到 x 等于 0 即可。排序过程能不能简化呢? 我们可以用一个数组 p 来存储分解的结果,$p[i]=j$,表示有 j 个 i,一开始 $p[i]$ 为 0,出现 i 后就执行 $p[i]:=p[i]+1$,这样排序过程就省略了。

题目既然保证有解,则程序的主体只需要一个 while 循环,未出现 6174 时一直做卡布列克运算即可。

【示范程序】

```pascal
program ex9_2(input,output);
var n,a,b,c,step,i,j:longint;
    p:array[0..9] of longint;        {存放分解出来的数,p[i]=j,表示有 j 个 i}

procedure fenjie(c:longint);         {把一个四位数 c 分解后存放在数组 p 中}
var r:longint;
begin
    for r:=0 to 9 do p[r]:=0;
    while c<>0 do
    begin
        r:=c mod 10;
        c:=c div 10;
        p[r]:=p[r]+1;
    end;
end;


begin      {main}
    readln(n);
    c:=n;
    step:=0;
    while c<>6174 do            {重复执行卡布列克运算,直到得到 6174 }
    begin
        step:=step+1;
        fenjie(c);
        a:=0;     {a 为组成的最大数}
        for i:=9 downto 0 do
          for j:=1 to p[i] do
            a:=a*10+i;
          b:=0;      {b 为组成的最小数}
          for i:=0 to 9 do
            for j:=1 to p[i] do
                b:=b*10+i;
        c:=a-b;
        writeln(a,'-',b:4,'=',c);
    end;
    writeln('step=',step);
end.
```

【例 9 - 3】　farey 序列。

【问题描述】

将所有 0~1 之间分母不大于 n 的最简分数按照升序排列,得到的序列就称作 farey 序列。现在给出 $n(n \leqslant 100)$,输出对应的 farey 序列。

例如,输入:5

输出:

  0/1
  1/5
  1/4
  1/3
  2/5
  1/2
  3/5
  2/3
  3/4
  4/5
  1/1

【问题分析】

用两个数组分别存储最后结果的分子和分母,根据输入的 n,穷举分母分子,写出所有可能的分数(注意要约分),如果没有出现过,则插入到数组尾部,最后进行排序输出。当然,也可以采用类似"插入排序"的思想执行,这样可以省去排序过程。

【示范程序】

```pascal
program ex9_3(input,output);
var fz,fm:array[1..10000] of integer;
    n,i,j,k,temp,tail:integer;
    yes:boolean;

function gcd(x,y:integer):integer;
    var r:integer;
    begin
        r:=x mod y;
        while r<>0 do
            begin
                x:=y;
                y:=r;
                r:=x mod y;
            end;
        gcd:=y;
    end;
```

```
begin        {main}
    readln(n);
    fz[1]:=0;fm[1]:=1;            {任何一个 Farey 序列都包括 0/1 和 1/1}
    fz[2]:=1;fm[2]:=1;
    tail:=2;       {数组的尾指针}
    for i:=1 to n-1 do      {穷举分子的范围}
        for j:=i+1 to n do        {穷举分母的范围}
        begin
            yes:=true;        {以下程序检查该数是否出现过,开始假设未出现过}
            for k:=1 to tail do
                if i * fm[k]=j * fz[k] then begin yes:=false;break;end;       {出现过}
            if yes then begin      {未出现过,则保存}
                tail:=tail+1;
                fz[tail]:=i div gcd(i,j);       {先化成最简分数形式再保存}
                fm[tail]:=j div gcd(i,j);
            end;
        end;
    for i:=1 to tail-1 do      {排序}
        for j:=i+1 to tail do
        if fz[i] * fm[j]>fm[i] * fz[j] then
            begin
                temp:=fz[i];fz[i]:=fz[j];fz[j]:=temp;
                temp:=fm[i];fm[i]:=fm[j];fm[j]:=temp;
            end;
    for i:=1 to tail do      {输出}
        writeln(fz[i],'/',fm[i]);
end.
```

9.2 栈

9.2.1 栈的概念

栈(stack)又称为堆栈,是一种特殊的线性表。举一个简单的例子,可以把食堂里洗干净的一摞碗看作一个栈,通常情况下,最先洗干净的碗总是放在最底下,最后洗干净的碗总是摞在最顶上。在使用时,是从顶上拿取,也就是说,后洗干净的先取用。如果我们把洗净的碗"摞上"称为进栈(压栈),把"取用碗"称为出栈(弹出),那么其特点是:后进栈的先出栈。

一般而言,栈是一个线性表,其所有的插入和删除操作均限定在线性表的一端进行,允许插入和删除的一端称为栈顶(top),不允许插入和删除的一端称为栈底(bottom)。若给定一个栈 $S=(a_1,a_2,a_3,\cdots,a_n)$,则称 a_1 为栈底元素,a_n 为栈顶元素,元素 a_i 位于元素 a_{i-1} 之上。栈中元素按 $a_1,a_2,a_3,\cdots,a_n$ 的次序进栈,如果要从这个栈中取出所有的元素,则出栈次序为 $a_n,a_{n-1},\cdots,a_1$。栈中元素的进出是按"后进先出"的原则进行,这是栈的重要特征,因此栈又称为后进先出表(lifo,last in first out),如图 9 - 1 所示。

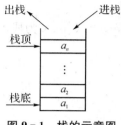

图 9 - 1　栈的示意图

9.2.2　栈的存储结构

(1) 顺序栈

栈是一种线性表,在计算机中用一维数组作为栈的存储结构最为简单,操作最方便,也是最常用的。例如,设一维数组 stack[1..n]表示一个栈,其中 n 为栈的容量。栈的第一个元素(栈底元素)存放在 stack[1],第二个元素存放在 stack[2]……第 i 个元素存放在 stack[i]处。由于栈顶元素经常变动,需要设置一个指针变量 top,用来指示栈顶的当前位置,栈空时,top=0;栈满时,top=n。

如果一个栈已经为空,还要对它做出栈(或读栈)操作,则会出现栈的"下溢"。如果一个栈已经满了,还要对它做进栈操作,则会出现栈的"上溢"。下溢和上溢统称为栈的"溢出"。

顺序栈的定义如下:

```
const max=10000;
type arraytype=array[0..max] of integer;        {防止数组下标越界,一般用 0..max}
var stack:arraytype;
    top:integer;
```

(2) 链式栈

用链表结构来表示栈,称为链式栈,如图 9 - 2 所示,其优点是可以"实开实用"。

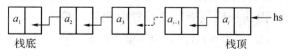

图 9 - 2　链式栈

链式栈的定义如下:

```
type link=^node;
    node=record
        data:integer;
        next:link;
    end;
var hs:link;
```

（3）记录型栈

由于栈本身和栈顶指针是密不可分的,所以有时就把它们定义成一个记录类型。这样,栈的某个元素可以表示为 s. vec[i],栈顶指针可以表示为 s. top。

记录型栈的定义如下:

```
type stack＝record
    vec：array[0..max] of integer;     {max 为栈可达到的最大深度}
    top：integer;
end；
var s：stack；
```

9.2.3　栈的基本操作

（1）建栈

在使用栈之前,首先需要建立一个空栈,称为建栈(或栈的初始化)。只要把栈顶指针置为零即可。

```
procedure setnull(var stack：arraytype)；
begin
    top：=0
end；
```

（2）测试栈

在使用栈的过程中,需要不断测试栈是否为空或已满,称为测试栈。若 top＝0,则栈空;若 top＝n,则栈满。

```
function sempty(stack：arraytype)：boolean；     {或 function sfull}
begin
    sempty：=(top=0)；     {或 sfull：=(top=max)；}
end；
```

（3）进栈(压栈、入栈)

进栈即往栈顶加入一个新元素。需先将栈顶指针的值加 1,再把新元素存储到栈顶。进栈操作前必须保证栈不满,否则会溢出。假设新元素 x 为整型,栈的最大深度为 max,则 x 和 max 要设置为值形参,而栈和栈顶指针要设置成变量形参。

```
procedure push(var stack：arraytype；var top：integer；max：integer；x：integer)；
begin
    if top＝max   then begin writeln('stack full!')；halt；end
                else begin top：=top＋1；stack[top]：=x；end
end；
```

（4）出栈(退栈、弹出)

出栈即删除栈顶元素。需先把栈顶元素的值赋给 x,再把栈顶指针的值减 1。出栈操作前必须保证栈不为空。需要注意的是,出栈操作之后,原栈顶元素依然存在,只是栈顶指针下移,不再指向它,也不能再访问它了。

```
procedure pop(var stack:arraytype;var top:integer;var x:integer);
begin
    if top=0 then begin writeln('stack empty!');halt;end
            else begin x:=stack[top];top:=top-1;end
end;
```

（5）读栈

读栈即查看当前的栈顶元素。若 top＝0，即栈空，无栈顶元素可读，则显示出错信息，中止程序；若 top≠0，则将栈顶元素的值赋给某个变量。

```
function readtop(stack：arraytype):integer;
begin
    if top=0   then writeln('underflow')
            else readtop:=stack[top]
end;
```

9.2.4　栈的应用举例

【例 9-4】　编程从键盘读入若干个整数，把它们逐个压栈，读到 0 表示结束（0 不压栈），再逐个出栈并输出。

【问题分析】

本题纯粹是对栈的简单模拟实现，具体参阅下面的示范程序。

【示范程序】

```
program ex9_4(input,output);
var s:array[0..100] of integer;
    top,x,i:integer;
begin
    for i:=0 to 100 do s[i]:=0;
    top:=0;
    writeln('push stack:');
    repeat
        read(x);
        if x<>0 then begin
                        top:=top+1;
                        s[top]:=x;
                    end;
    until x=0;
    readln;
    writeln('pop stack:');
    while top<>0 do
        begin
            write(s[top]:4);
            top:=top-1;
        end;
end.
```

【例 9 - 5】 自然数的拆分。

【问题描述】

编程用栈实现自然数的拆分,即输入 $n(n<100)$,输出等于 n 的所有不增的正整数和式。如 $n=4$,输出如下:

4＝4

4＝3+1

4＝2+2

4＝2+1+1

4＝1+1+1+1

total＝5

【问题分析】

用栈 s 来存储最后的拆分方案。一开始将 n 进栈,输出第一种方案;然后看 $s[\text{top}]$ 是否能再拆分,若能则继续拆分,每次拆分时减 1;若不能拆分,就回溯到下一层 $s[\text{top}-1]$ 继续拆分,最后 $s[1]\sim s[\text{top}]$ 中都变成 1,不能再拆分了,则回溯到 top＝0,结束程序。如何判断一个拆分已经形成了呢? 可用变量 rest 存储到目前为止已放置了 $s[1]\sim s[\text{top}]$ 后,n 还剩下多少,如果 rest＝0,则输出一种方案。

【示范程序】

```pascal
program ex9_5(input,output);
var s:array[0..1000] of integer;
    top,n,i,x,rest,count:longint;
begin
    write('input n:');
    readln(n);
    count:=0;
    top:=1;
    s[top]:=n;
    while top>0 do
    begin
        rest:=0;
        for i:=1 to top do rest:=rest+s[i];
        rest:=n-rest;
        if rest=0 then begin
                    count:=count+1;
                    write(n,'=');
                    for i:=1 to top-1 do write(s[i],'+');
                    writeln(s[top]);
                    while (s[top]=1) and (top>0) do top:=top-1;
                    if top>0 then begin
                                s[top]:=s[top]-1;
```

```
                        end;
            end
    else begin
        if rest>s[top]
            then begin x:=s[top];top:=top+1;s[top]:=x;end
            else begin top:=top+1;s[top]:=rest;end;
        end;
    end;
    writeln('total=',count);
end.
```

【例 9－6】　括号的匹配。

【问题描述】

栈在计算机科学领域有着广泛的应用。比如在编译和运行计算机程序的过程中,就需要用栈进行语法检查,如检查 begin 和 end、"("和")"等是否匹配。另外在计算表达式的值、实现过程和函数的递归调用等方面也都要用到栈。

现在假设一个表达式只由小写英文字母、运算符(＋,－,＊,/)和左右小括号构成,以"@"作为表达式的结束符。请编程检查表达式中的左右小括号是否匹配,若匹配,则返回"yes";否则返回"no"。

假设表达式长度小于 255,左小括号少于 20 个,不必关心表达式中的其他错误。

【问题分析】

将输入的表达式存储在字符串 c 中,定义一个栈来存放表达式中从左往右的左小括号。只要从左往右按顺序扫描表达式的每个字符 $c[i]$,若是"(",则让它进栈;若是")",则让栈顶元素出栈。当栈发生下溢或当表达式处理完毕而栈非空时,意味着表达式中的括号不匹配,输出"no";否则表示小括号完全匹配,输出"yes"。

【示范程序】

```
program ex9_6(input,output);
const maxn=20;
var c:string;

function judge(c:string):boolean;
    var s:array[0..maxn] of char;
        top,i:integer;
        ch:char;
    begin
        judge:=true;
        top:=0;
        i:=1;
        ch:=c[i];
```

```
        while ch<>'@' do
            begin
                if (ch='(') or (ch=')') then
                    case ch of
                        '(':   begin top:=top+1;s[top]:='(';end;
                        ')':   if top>0 then top:=top-1
                                            else begin judge:=false;exit;end;
                    end;
                i:=i+1;
                ch:=c[i];
            end;
        if top<>0 then judge:=false;
    end;

begin    {main}
    writeln('input a string,end of @:');
    readln(c);
    if judge(c) then writeln('yes') else writeln('no');
end.
```

【程序说明】

运行程序,输入:(a+b)*(c-(d/e))@

输出:yes

输入:((((a))@

输出:no

【例 9-7】 后缀表达式求值。

【问题描述】

表达式有三种表示法,分别称为中缀表达式(又称代数式,如 $a+b$)、后缀表达式(又称逆波兰式,如 $ab+$)和前缀表达式(又称波兰式,如 $+ab$)。

把数学中的一个代数式(中缀表达式)转换成后缀表达式的方法是:把每个运算符移到它的两个运算数后面,每个运算数后多加上一个空格(用以分隔各个运算数),然后去掉所有的括号。例如:

3/5+6 —————————— 3□5□/□6□+   {□表示空格,下同}

16-9*(4+3)—————————— 16□9□4□3□+*-

2*(x+y)/(1-x)—————————— 2□x□y□+*1□x□-/

(25+x)*(a*(a+b)+b)—— 25□x□+a□a□b□+*b□+*

由于后缀表达式是没有括号的,而且计算机只要从前往后扫描一遍后缀表达式就能算出它的值,因此,在计算机中广泛使用的是后缀表达式,而不是数学中使用的中缀表达式。

现要求编程求一个后缀表达式的值。具体要求如下:从键盘读入一个后缀表达式(字符串),以@作为输入结束标志,只含有0~9组成的运算数及加(+)、减(-)、乘(*)、除(/,当作 div 运算)四种运算符。每个运算数之间用一个空格隔开,不需要判断表达式是否合法。

【问题分析】

后缀表达式的求值过程如下:扫描后缀表达式,凡遇操作数则将之压进堆栈,遇运算符则从堆栈中弹出两个操作数进行运算,将运算结果再压栈;然后继续扫描,直到后缀表达式被扫描完毕为止,此时栈底元素即为该后缀表达式的值。

比如,代数式 16−9 * (4+3)转换成后缀表达式为 16□9□4□3□ + * −,存储在字符数组 a 中的形式如图 9−3 所示。

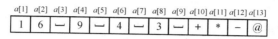

a[1]	a[2]	a[3]	a[4]	a[5]	a[6]	a[7]	a[8]	a[9]	a[10]	a[11]	a[12]	a[13]
1	6	−	9	−	4	−	3	−	+	*	−	@

图 9−3　后缀表达式对应的字符数组

栈中的变化情况如图 9−4 所示,最后的处理结果为−47。

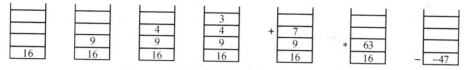

图 9−4　后缀表达式处理时栈的变化示意图

【示范程序】

```pascal
program ex9_7(input,output);
const maxn=100;
var stack:array[0..maxn] of integer;
    s:string;


function comp(s:string):integer;
    var ch:char;
        i,top,x,y,z:integer;
    begin
        top:=0;
        i:=1;
        ch:=s[i];
        while i<=length(s) do
        begin
            case ch of
                '0'..'9':begin
                    x:=0;
                    while ch<>' ' do begin      {得到一个操作数}
                        x:=x*10+ord(ch)−ord('0');
                        i:=i+1;
                        ch:=s[i];
                    end;
                    top:=top+1;
                    stack[top]:=x;
```

```pascal
                    end;
        '+':begin
                x:=stack[top];
                top:=top-1;
                y:=stack[top];
                z:=y+x;
                stack[top]:=z
            end;
        '-':begin
                x:=stack[top];
                top:=top-1;
                y:=stack[top];
                z:=y-x;
                stack[top]:=z
            end;
        '*':begin
                x:=stack[top];
                top:=top-1;
                y:=stack[top];
                z:=y*x;
                stack[top]:=z
            end;
        '/':begin
                x:=stack[top];
                top:=top-1;
                y:=stack[top];
                z:=y div x;
                stack[top]:=z
            end;
      end;
      i:=i+1;
      ch:=s[i];
    end;
    comp:=stack[top];
  end;

begin      {main}
   writeln('input a string,end of @:');
   readln(s);
   writeln('result=',comp(s));
end.
```

9.3 队 列

9.3.1 队列的概念

队列(queue)也是一种特殊的线性表,但它与栈不同,所有的插入操作均限定在表的一端进行,而所有的删除操作则限定在表的另一端进行。它也是一种运算受到限制的线性表,允许插入的一端称为队尾(rear),允许删除的一端称为队头(front)。队列的特点是先进队列的元素先出队列。假设有队列 $Q = (a_1, a_2, a_3, \cdots, a_n)$,则队列 Q 中的元素是按 $a_1, a_2, a_3, \cdots, a_n$ 的次序进队的,而出队也只能按照这个次序依次退出,即第一个出队的是 a_1,第二个出队的是 a_2;只有在 a_{i-1} 出队以后,a_i 才可以出队($2 \leqslant i \leqslant n$)。因此,通常把队列叫做先进先出线性表(fifo, first in first out),如图 9-5 所示。队列有点类似于生活中的排队购票:先来先买,后来后买。

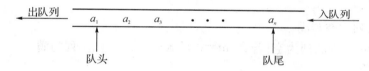

图 9-5 队列的示意图

当一个队列中已经没有元素时,称为"空队列";当队列中所有单元全部被占用时,称为"队满"。当队满时还有元素要进队,就造成"上溢";当队空时还要做出队操作,就造成了"下溢"。上溢、下溢两种情况合在一起,统称为队列的"溢出"。

9.3.2 队列的存储结构

同栈一样,在计算机中实现队列的最简单方法是用一维数组,如果每个结点数据比较复杂,则可以设置每个数组元素的基类型为记录。为了指示队头和队尾的位置,还要设置两个指针变量 front 和 rear 分别指向队列的头和尾,如图 9-6 所示。

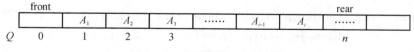

图 9-6 队列的顺序存储结构

假设有一个队列,我们用一维数组 $Q[0..\max]$ 来表示,max 为队列的最大容量,并约定头指针 front 总是指向队列中实际头元素的前面一个位置,而尾指针 rear 总是指向队尾元素。使用这样的约定后,队列的初始状态为 front＝rear＝0。假如 A_1, A_2 依次进队,然后又出队,则 front＝rear＝2,此时队列为空。所以只有当队列中没有元素,即队空时,才会出现 front＝rear,因此 front＝rear 被用作测试队空的条件。

当 front＝0 且 rear＝n 时队列满。随着不断做进队和出队操作,大多数时候在 front $\neq$ 0, rear＝n 时却上溢了,这种溢出叫"假溢",这时队列的状态叫"假满"。

队列顺序存储的数据结构定义如下:

```
const max＝10000;
type arraytype＝array[0..max] of elementtype;
var Q:arraytype;
    front,rear:integer;
```

因为任意一个队列的队头和队尾指针都是必不可少的,所以,和对栈的处理一样,有时我们也把队列定义成一个记录,即

```
type queue＝record
        vec:array[0..max] of elementtype;
        front,rear:integer;
    end;
var Q: queue;
```

此时,队列的第 i 个元素为 Q.vec[i],队头指针为 Q.front,队尾指针为 Q.rear。

9.3.3 队列的基本操作

(1) 队列初始化

front:＝0;rear:＝0;

(2) 测试队列的空与满

若 front＝rear,则队列为空;若 front＝0 且 rear＝max,则队列为满。

(3) 进队(插入)

进队即把一个新元素添加在队列的末尾。

```
procedure addq(var Q:arraytype;var rear:integer;max:integer;x:elementtype);
begin
    if rear＝max then begin writeln('queue full!');halt;end
              else begin rear:＝rear＋1;Q[rear]:＝x;end
end;
```

(4) 出队(删除)

出队即撤去队头元素。

```
procedure deleteq(var Q:arraytype;var front:integer;var x:elementtype);
begin
    if front＝rear then begin writeln('queue empty!');halt;end
               else begin front:＝front＋1;x:＝Q[front];end
end;
```

9.3.4 循环队列

为了充分利用内存空间,克服"假溢"现象造成的空间浪费,将队列的首、尾连接起来,形成一个"环",这种队列称为"循环队列(circular queue)",如图 9-7(a)所示。

循环队列初始时,front＝rear＝0。如果 max 个元素一个个依次入队,则 rear＝max,此时再有一个元素入队,则它会被存放在 Q[0]这个单元,也会出现 front＝rear＝0。那么,如何区分这种队列的空和满呢?方法有 3 种:

(1) 设一个布尔变量 full,区分队列的空(full＝false)和满(full＝true)。

（2）浪费一个单元的空间，让 front 所指的单元始终为空。约定数据入队前，测试尾指针在循环意义下加 1 后是否等于头指针，若相等则认为队满。

（3）设一个计数器 count，记录队列中实际存放的元素个数（队列实际长度），若出现 count＝max 则队满。

如果定义循环队列时，不定义 $Q[0]$ 这个单元（如图 9-7(b)所示），则循环队列的实际长度为$(rear-front+max) \bmod max$。

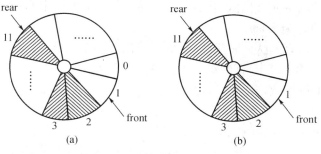

图 9-7　循环队列的示意图

9.3.5　队列的应用举例

【例 9-8】　猴群(monkey)。

【问题描述】

若某矩形由数字 0 到 9 组成，其中数字 0 代表树，1～9 代表猴子，凡是由 0 或矩形边围起来的区域表示有一群猴子在这一带。给定数字矩形，求矩形中有多少群猴子。

输入数据的第一行为矩形的行数 m、列数 n，后面为一个 $m \times n$ 的数字矩形。

输出数据仅一行，一个数，表示猴群的数目。

【样例输入】

4 10
0234500067
1034560500
2045600671
0000000089

【样例输出】

4

【样例解释】

以下 4 个色块表示猴群的数目。

0	2	3	4	5	0	0	0	6	7
1	0	3	4	5	6	0	5	0	0
2	0	4	5	6	0	0	6	7	1
0	0	0	0	0	0	0	0	8	9

【问题分析】

本题可以用"宽度优先搜索算法"来解决，一般采用"队列"作为算法实现的数据结构，具体描述如下：

（1）读入 m、n 和 $m×n$ 的数字矩形。将数字矩形转换成 boolean 型数组 bz，有猴子的位置为 true，没有猴子的位置为 false。

（2）沿数组 bz 从上往下、从左往右寻找第一个猴子。

（3）将猴子的位置入队（队列为 h），并将其上、下、左、右四个方向上有猴子的位置也入队，入队后将其所在位置的值置为 false。

（4）将队列 h 的队头元素出队，将其上、下、左、右四个方向上有猴子的位置入队，入队后将其所在位置的值置为 false。

（5）重复第（4）步，直至队列 h 空为止，此时找出了一个猴群。

（6）重复第（2）～第（5）步，直到矩形中找不出猴子为止。

（7）输出找到的猴群数。

【示范程序】

```pascal
program ex9_8(input,output);
const dx:array[1..4] of-1..1=(-1,0,1,0);        {常量数组,记录4个方向上 x,y
的增量}
      dy:array[1..4] of-1..1=(0,1,0,-1);
var pic:array[1..50,1..79] of byte;        {数字矩形}
    bz:array[1..50,1..79] of boolean;        {转换后的数字矩形}
    h:array[1..4000,1..2] of byte;        {队列}
    m,n,i,j,num:integer;
    s:string;

procedure doit(p,q:integer);
var i,t,w,x,y:integer;
begin
  inc(num);
  bz[p,q]:=false;        {离开原来的位置}
  t:=1;w:=1;h[1,1]:=p;h[1,2]:=q;        {遇到的第一个猴子入队}
  repeat
    for i:=1 to 4 do        {沿上、下、左、右四个方向搜索猴子}
    begin
      x:=h[t,1]+dx[i];y:=h[t,2]+dy[i];
      if (x>0) and (x<=m) and (y>0) and (y<=n) and bz[x,y] then
      begin        {猴子入队}
        inc(w);
        h[w,1]:=x;h[w,2]:=y;
        bz[x,y]:=false;
      end;
    end;
    inc(t);
```

```
        until t>w;
    end;


begin        {main}
    assign(input,'monkey. in');
    assign(output,'monkey. out');
    reset(input);
    rewrite(output);
    fillchar(bz,sizeof(bz),true);
    num:=0;
    readln(m,n);
    for i:=1 to m do
    begin
        readln(s);
        for j:=1 to n do
        begin
            pic[i,j]:=ord(s[j])-ord('0');
            if pic[i,j]=0 then bz[i,j]:=false        {根据是否为 0 修改数组的值}
                            else bz[i,j]:=true;
        end;
    end;
    for i:=1 to m do     {从上往下、从左往右寻找猴子}
        for j:=1 to n do
            if bz[i,j] then doit(i,j);
    writeln(num);
    close(input);
    close(output);
end.
```

【例 9 - 9】 旅行家问题。

【问题描述】

一个旅行家想驾驶汽车以最少的费用从一个城市到另一个城市(假设出发时油箱是空的)。给定两个城市之间的距离 $D1$、汽车油箱的容量 C(以升为单位)、每升汽油能行驶的距离 $D2$、出发点每升汽油的价格 P 和沿途加油站数 N(N 可以为零),加油站 i 离出发点的距离 di、每升汽油价格 $Pi(i=1,2,\cdots,N)$。

计算结果四舍五入到小数点后两位。

如果无法到达目的地,则输出"no solution"。

【样例输入】

$D1=275.6$ $C=11.9$ $D2=27.4$ $P=2.8$ $N=2$

油站号 i	离出发点的距离 Di	每升汽油价格 Pi
1	102.0	2.9
2	220.0	2.2

【样例输出】

26.95(该数据表示最小费用)

【问题分析】

首先,穷举法是不可行的,因为数据都是以实数的形式给出的。其次,由于汽车是由起点向终点单向移动的,因此我们无法预知汽车以后对汽油的需求及油价变动,换句话说,前面买的油是否多余只有开到后面才能确定。所以要想取得最优方案,就必须做到两点:一是只为用过的汽油付钱;二是只买最便宜的油。如果在以后的行程中发现先前买的某些油是不必要的,或是买贵了,我们就会说:"还不如当初不买"。

由这样一个想法,我们可以得到某种启示:假设我们在每个站都买了足够多的油,然后在行程中逐步发现哪些油是不必要的,以此修改我们先前的购买计划,节省资金。进一步说,如果把在各个站加上的油标记成不同的类别,我们在用时只用那些最便宜的油并为它们付钱,其余的油要么是太贵,要么是多余的,在最终的计划中会被排除。要注意的是,这里的便宜是相对于某一段路程而言的,而不是全程。

由此,我们得到如下算法:从起点起(包括起点),每到一个站都把油箱加满(终点除外)。每经过两站之间时,都按照从便宜到贵的顺序使用油箱中的油,并计算花费,因为这是在最优方案下不得不用的油。如果当前站的油价低于油箱中仍保存的油价,则说明以前的购买是不够明智的,其效果一定不如购买当前加油站的油,所以,明智的选择是用本站的油代替以前购买的高价油,留待以后使用,由于我们不是真的开车,也没有为备用的油付过钱,因而这样的反悔是可行的。当我们开到终点时,意味着路上的费用已经得到,此时剩余的油就没有用了,可以忽略。

那么如何实现上面的算法呢?我们采用一个队列,存放由便宜到贵的各种油,头指针指向当前应当使用的油(最便宜的),尾指针指向当前可能被替换的油(最贵的)。在一路用一路补充的过程中同步修改数据,求得最优方案。

还要注意,每到一站都要将油加满,以确保在有解的情况下能走完全程。同时假设出发前油箱里装满了比出发点贵的油,将出发点也看成一站,则程序循环执行换油、用油的操作,直到到达终点站为止。

【示范程序】

```pascal
program ex9_9(input,output);
const max=1000;
type recordtype=record
         price,content:real
     end;
var i,j,n,point,tail:longint;
    content,change,distance2,money,use:real;
    price,distance,consume:array[0..max] of real;
    oil:array [0..max] of recordtype;
```

```
begin
    write('input di,C,D2,P:');
    readln(distance[0],content,distance2,price[0]);
    write('input N:'); readln(n);
    distance[n+1]:=distance[0];
    for i:=1 to n do
    begin
        write('input D[',i,'],','P[',i,']:');
        readln(distance[i],price[i]);
    end;
    distance[0]:=0;
    for i:=n downto 0 do consume[i]:=(distance[i+1]-distance[i])/distance2;
    for i:=0 to n do
        if consume[i]>content then
            begin writeln('no solution'); halt;end;
    money:=0; tail:=1; change:=0;
    oil[tail].price:=price[0]*2; oil[tail].content:=content;
    for i:=0 to n do
    begin
        point:=tail;
        while (point>=1) and (oil[point].price>=price[i]) do
        begin
            change:=change+oil[point].content;
            point:=point-1;
        end;
        tail:=point+1;
        oil[tail].price:=price[i];
        oil[tail].content:=change;
        use:=consume[i]; point:=1;
        while (use>1e-6) and (point<=tail) do
            if use>=oil[point].content
                then begin
                        use:=use-oil[point].content;
                        money:=money+oil[point].content*oil[point].price;
                        point:=point+1;
                    end
                else begin
                        oil[point].content:=oil[point].content-use;
                        money:=money+use*oil[point].price;
                        use:=0;
```

```
            end;
    for j:=point to tail do oil[j-point+1]:=oil[j];
    tail:=tail-point+1;
    change:=consume[i];
  end;
  writeln(money:0:2);
end.
```

【程序说明】

本题的一个难点在于认识到油箱中的油的"可更换性"。在这里,突破现实生活中的思维模式显得十分重要。

【例 9 - 10】 迷宫里的最短路径。

【问题描述】

有如图 9 - 8 所示的迷宫图,其中阴影部分表示不通。迷宫中的每个位置都有 8 个方向探索可行路径前进。假设入口位置设在左上角,出口位置设在右下角,编程找出一条从入口到出口的最短路径,所谓最短路径是指走过的步数最少。如果解不唯一,只要输出任意一个解;如果无解,请输出"no way"。

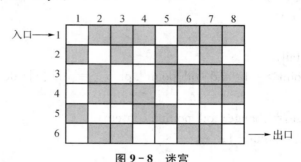

图 9 - 8 迷宫

【问题分析】

对于这样的迷宫图可以用一个邻接矩阵来存储,其中 0 表示通,1 表示不通。同时,为了不在移动过程中考虑复杂的"越界"问题,可以给这个邻接矩阵增加一个"圈",即人为地加上一个"边界",如图 9 - 9 所示。

1	1	1	1	1	1	1	1	1	1
1	0	1	1	1	0	1	1	1	1
1	1	0	1	0	1	0	1	0	1
1	0	1	0	0	1	1	1	1	1
1	0	1	1	1	0	0	1	1	1
1	1	0	1	1	1	0	0	0	1
1	0	1	1	0	0	1	1	0	1
1	1	1	1	1	1	1	1	1	1

图 9 - 9 迷宫图的邻接矩阵

从位置(X,Y)探索 8 个方向如图 9-10 所示,可以用一个增量数组(见表 9-1)来存储 8 个方向行走的坐标变化值,数据结构定义如下:

⑥	⑦	⑧
⑤	(X,Y)	①
④	③	②

图 9-10　8 个方向行走的示意图

```
type node＝record
        x,y：－1..1；
    end；
var F：array[1..8] of node；
```

表 9-1　增量数组

F	1	2	3	4	5	6	7	8
x	0	1	1	1	0	−1	−1	−1
y	1	1	0	−1	−1	−1	0	1

采用队列记录"探索的踪迹",数据结构定义如下:

```
type arraytype＝array[1..m*n] of record
        x,y：integer；
        pre：0..m*n；
    end；
var queue：arraytype；
```

对于样例可以得到如表 9-2 所示的队列。

表 9-2　队列变化示意

下标	1	2	3	4	5	6	7	8	9	10	11	12	13	14	15	16	17	18	19	20
X	1	2	3	3	3	2	4	4	1	5	4	5	2	5	6	5	6	6	5	6
Y	1	2	3	1	4	4	1	5	5	2	6	6	6	3	1	7	5	4	8	8
前趋	0	1	2	2	3	3	4	5	6	7	8	8	9	10	10	11	12	14	16	16
指针															头					尾

【示范程序】

```
program ex9_10(input,output)；
const maxn＝100；
    maxm＝100；
    dx：array[1..8] of integer＝(0,1,1,1,0,−1,−1,−1)；
    dy：array[1..8] of integer＝(1,1,0,−1,−1,−1,0,1)；
type node＝record
        x,y,father：integer；
    end；
```

```pascal
var queue:array[0..maxn * maxm] of node;
    front,tail,i,j,n,m,x,y:integer;
    a:array[0..maxn,0..maxm] of 0..1;

procedure print(i:integer);        {输出}
begin
    if i=1 then write('(1,1)')
            else begin
                    print(queue[i].father);
                    write('-->(',queue[i].x,',',queue[i].y,')');
                end;
end;

function ok(i:integer):boolean;        {检查某一个格子是否已走过}
var j:integer;
begin
    ok:=true;
    for j:=1 to i do
        if (queue[j].x=x) and (queue[j].y=y) then begin ok:=false;exit;end;
end;

begin        {main}
    write('input n,m:');
    readln(n,m);
    for i:=0 to n+1 do
        for j:=0 to m+1 do
            a[i,j]:=1;
    for i:=1 to n do
        begin
            for j:=1 to m do read(a[i,j]);
            readln;
        end;
    queue[1].x:=1;
    queue[1].y:=1;
    front:=1;
    tail:=1;
    while front<=tail do
    begin
        for i:=1 to 8 do
        begin
```

```
        x：=queue[front]. x+dx[i];
        y：=queue[front]. y+dy[i];
        if (x=n) and (y=m) then begin
          inc(tail);
          queue[tail]. x：=x;
          queue[tail]. y：=y;
          queue[tail]. father：=front;
          print(tail);
          halt;
        end
      else
        if (x>0) and (x<=n) and (y>0) and (y<=m) and (a[x,y]=0) and ok(tail)
        then begin
              inc(tail);
              queue[tail]. x：=x;
              queue[tail]. y：=y;
              queue[tail]. father：=front;
            end;
      end;
      inc(front);
    end;
    writeln('no way');
  end.
```

【程序说明】

运行程序,输入:6　8

```
0 1 1 1 0 1 1 1
1 0 1 0 1 0 1 0
0 1 0 0 1 1 1 1
0 1 1 1 0 0 1 1
1 0 0 1 1 0 0 0
0 1 1 0 0 1 1 0
```

输出:

$(1,1)$——＞$(2,2)$——＞$(3,3)$——＞$(3,4)$——＞$(4,5)$——＞$(4,6)$——＞$(5,7)$——＞$(6,8)$

9.4 树

9.4.1 树的定义

一棵树(tree)是由 $n(n>0)$ 个元素组成的有限集合,其中:

(1) 每个元素称为结点(node)。

(2) 有一个特定的结点称为根结点或树根(root)。

(3) 除根结点外,其余的结点被分成 $m(m \geqslant 0)$ 个互不相交的有限集合 $T_0, T_1, T_2, \cdots,$ T_{m-1}。每一个子集 T_i 又都是一棵树,称为原树的子树(subtree)。

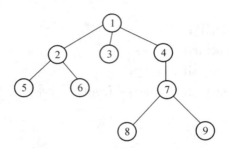

图 9 - 11 一棵典型的树结构

9.4.2 树的基本概念

一个结点的子树个数称为这个结点的度,如图 9 - 11 中结点 1 的度为 3,结点 3 的度为 0。度为 0 的结点称为叶结点,度不为 0 的结点称为分支结点。树中各结点的度的最大值称为这棵树的度(宽度),图 9 - 11 的这棵树的度为 3。

对于两个用线段(树枝)相连接的结点,称上端的结点为下端结点的父结点,下端的结点为上端结点的子结点;称同一个父结点的多个子结点为兄弟结点。图 9 - 11 中结点 1 是结点 2、3、4 的父结点,结点 2、3、4 都是结点 1 的子结点,它们又互为兄弟结点;同时结点 2 又是结点 5、6 的父结点。称从根结点到某个子结点所经过的所有结点为这个子结点的祖先,如结点 1、4、7 是结点 8 的祖先。称以某个结点为根的子树中的任一结点是该结点的子孙,如结点 7、8、9 都是结点 4 的子孙。

定义一棵树的根结点的层次为 1,其他结点的层次等于它的父结点的层次数加 1,如结点 2、3、4 的层次为 2,结点 5、6、7 的层次为 3,结点 8、9 的层次为 4。一棵树中所有结点的层次的最大值称为树的深度,图 9 - 11 的这棵树深度为 4。

9.4.3 树的表示方法

树的表示方法有多种,图 9 - 11 采用的就是一种形象的树形表示法。另外还有一种常用的表示方法叫"括号表示法"。它是先将整棵树的根结点放入一对圆括号中,然后把它的子树由左至右放入括号中,并用圆括号括在一起,子树之间用逗号隔开。对子树也采用同样的方法递归处理,直到所有的子树都处理完成为止。用括号表示法表示图 9 - 11 这棵树的步骤如下：

(T)

=(1(T1,T2,T3))　　　{1 是根结点,有 3 棵子树,用逗号隔开}

=(1(2(T11,T12),3,4(T31)))　　{分别对 3 棵子树做同样的扩展操作}

=(1(2(5,6),3,4(7(T311,T312))))

=(1(2(5,6),3,4(7(8,9))))

9.4.4　树的遍历

按照某种次序获得树中全部结点的信息的操作叫做"树的遍历"。遍历一般按照从左向右的顺序,常用的遍历方法有:先序遍历、后序遍历、层次遍历。

(1) 先序遍历:先访问根结点,再从左到右遍历各棵子树。图 9-11 树结构先序遍历的结果为:1,2,5,6,3,4,7,8,9。

(2) 后序遍历:先从左到右遍历各棵子树,再访问根结点。图 9-11 树结构后序遍历的结果为:5,6,2,3,8,9,7,4,1。

(3) 层次遍历:按层次从小到大逐个访问,同一层次按照从左到右的次序逐个访问。图 9-11 树结构层次遍历的结果为:1,2,3,4,5,6,7,8,9。

9.4.5　二叉树的基本概念

二叉树(BT, binary tree)是一种特殊的树型结构,它的特点是每个结点至多只有两棵子树,即二叉树中不存在度大于 2 的结点;而且二叉树的子树有左子树、右子树之分,孩子有左孩子、右孩子之分,其次序不能颠倒,所以二叉树是一棵有序树。它有如图 9-12 所示的 5 种基本形态。

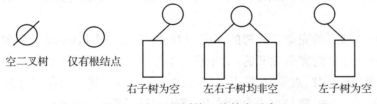

空二叉树　　仅有根结点　　　右子树为空　　左右子树均非空　　左子树为空

图 9-12　二叉树的 5 种基本形态

二叉树有如下几个性质:

(1) 在二叉树的第 i 层上至多有 2^{i-1} 个结点($i \geqslant 1$)。

(2) 深度为 k 的二叉树至多有 $2^k - 1$ 个结点($k \geqslant 1$)。若一棵深度为 k 的二叉树,含有 $2^k - 1$ 个结点,则称为满二叉树。图 9-13 是深度为 4 的满二叉树,这种二叉树的特点是每层上的结点数都达到了最大值。

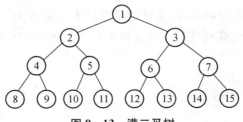

图 9-13　满二叉树

对满二叉树的结点进行连续编号,约定编号从根结点起,自上而下、从左到右,由此引出完全二叉树的定义:深度为 k 有 n 个结点的二叉树,当且仅当其每一个结点的编号都与深度为 k 的满二叉树中编号从 1 到 n 的结点一一对应时,称为完全二叉树。如图 9-14 所示就是一个深度为 4,结点数为 12 的完全二叉树。

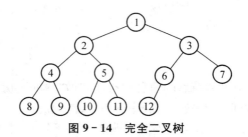

图 9-14　完全二叉树

完全二叉树具有如下特征:叶结点只可能出现在最下面两层上。对任一结点,若其右子树深度为 m,则其左子树的深度必为 m 或 $m+1$。如图 9-15 所示的两棵二叉树就不是完全二叉树。

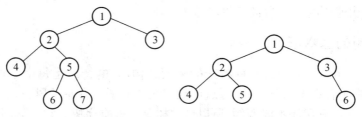

图 9-15　完全二叉树的反例

(3) 对任何一棵二叉树,如果其叶结点数为 n_0,度为 2 的结点数为 n_2,则一定满足 $n_0 = n_2 + 1$。

(4) 具有 n 个结点的完全二叉树的深度为 $\text{trunc}(\log_2 n) + 1$,trunc 为取整函数。

(5) 一棵 n 个结点的完全二叉树,对于任一编号为 i 的结点,有:

① 如果 $i = 1$,则结点 i 为根,无父结点;如果 $i > 1$,则其父结点编号为 $\text{trunc}(i/2)$。

② 如果 $2*i > n$,则结点 i 为叶结点;否则左孩子编号为 $2*i$。

③ 如果 $2*i+1 > n$,则结点 i 无右孩子;否则右孩子编号为 $2*i+1$。

9.4.6　普通树转换成二叉树

在实际生活中,经常需要把普通树转换成二叉树,转换方法如下:

(1) 将树中每个结点除了最左边的一个分支保留外,其余分支都去掉。

(2) 从最左边结点开始画一条水平直线,把同一层上的兄弟结点都连起来。

(3) 以整棵树的根结点为轴心,将整棵树顺时针大致旋转 45°。

把如图 9-11 所示的普通树转换成二叉树的过程如图 9-16 所示。

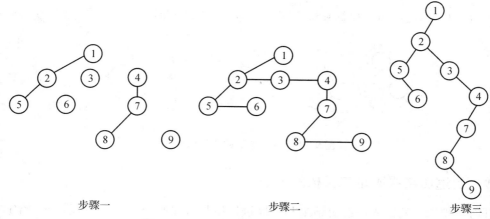

<table>
<tr><td>步骤一</td><td>步骤二</td><td>步骤三</td></tr>
</table>

图 9 - 16　普通树转换成二叉树的示意图

9.4.7　二叉树的遍历

所谓二叉树的遍历,是指按照一定的规律和次序访问二叉树中的各个结点,而且每个结点仅被访问一次。二叉树的遍历方法有 3 种:先序(根)遍历、中序(根)遍历、后序(根)遍历。

(1)先序遍历

若二叉树为空,则执行空操作,否则:

① 访问根结点;

② 先序遍历左子树;

③ 先序遍历右子树。

对如图 9 - 17 所示的二叉树进行先序遍历的结果为:

1,2,4,7,5,3,6,8,9。

(2)中序遍历

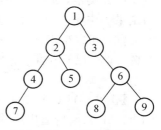

图 9 - 17　二叉树的遍历

若二叉树为空,则执行空操作,否则:

① 中序遍历左子树;

② 访问根结点;

③ 中序遍历右子树。

对如图 9 - 17 所示的二叉树进行中序遍历的结果为:7,4,2,5,1,3,8,6,9。

(3)后序遍历

若二叉树为空,则执行空操作,否则:

① 后序遍历左子树;

② 后序遍历右子树;

③ 访问根结点。

对如图 9 - 17 所示的二叉树进行后序遍历的结果为:7,4,5,2,8,9,6,3,1。

9.4.8　二叉树的计数

所谓二叉树的计数问题就是讨论具有 n 个结点、互不相似的二叉树的数目 B_n。很明显:$B_0 = 1, B_1 = 1, B_2 = 2, B_3 = 5$(如图 9 - 18 所示)。一般情况下,一棵具有 n 个结点的二叉树可以看成是由一个根结点、一棵具有 i 个结点的左子树和一棵具有 $n-i-1$ 个结点的右子树组成,其中 $0 \leqslant i \leqslant n-1$。根据乘法原理可以得出,在 $n>0$ 时,有 $B_n = \sum_{i=0}^{n-1} Bi * B_{n-i-1}$。

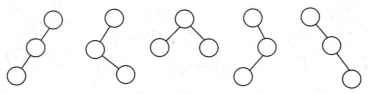

图 9 - 18 3 个结点的二叉树形态

9.4.9 由遍历结果确定二叉树的形态

任意一棵二叉树的先序遍历结果和中序遍历结果都是唯一的。那么反过来,给定一棵二叉树的先序遍历结果和中序遍历结果,能否唯一确定一棵二叉树呢?

由二叉树的遍历规则可知,二叉树的先序遍历是先访问根结点,再遍历左子树,最后遍历右子树。在二叉树的先序遍历结果中,第一个结点必然是根,假设为 root;再结合中序遍历,因为中序遍历是先遍历左子树,再访问根,最后遍历右子树,所以结点 root 正好把中序遍历结果分成了两部分,root 之前的应该是左子树上的结点,root 之后的应该是右子树上的结点。以此类推,便可递归得到一棵完整的、确定的二叉树。所以,已知一棵二叉树的先序遍历结果和中序遍历结果可以唯一确定一棵二叉树。

同理可以推出:已知一棵二叉树的后序遍历结果和中序遍历结果也可以唯一确定一棵二叉树。但是已知一棵二叉树的先序遍历结果和后序遍历结果却不能唯一确定一棵二叉树。

【例 9 - 11】 已知一棵二叉树的先序遍历结果为 ABCDEFG,中序遍历结果为 CBEDAFG,请构造出这棵二叉树。

【问题分析】

构造的过程如图 9 - 19 所示,方框中的字符表示此时这部分还不能确定。

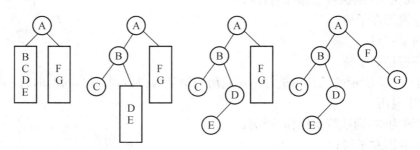

图 9 - 19 二叉树的构造

9.5 图

9.5.1 图的概念

简单地讲,一个图是由一些顶点和这些顶点之间的连线(边)组成的。严格地讲,图是一种数据结构,定义为 graph=(V,E),其中,V 是顶点的非空有限集合,E 是边的集合。边一般用 (v_x,v_y) 表示,v_x,v_y 属于 V。图 9-20(a)中共有 4 个顶点和 5 条边,表示为 $V=\{v_1,v_2,v_3,v_4\}$,$E=\{(v_1,v_2),(v_1,v_3),(v_1,v_4),(v_2,v_3),(v_2,v_4)\}$。

如果边是没有方向的,称此图为"无向图",如图 9-20(a)和图(c)。用一对圆括号表示无向边,如 (v_x,v_y)。显然 (v_x,v_y) 和 (v_y,v_x) 是两条等价的边。

如果边是有方向的,则称此图为"有向图",如图 9-20(b)。用一对尖括号表示有向边,如 $<v_x,v_y>$。把边 $<v_x,v_y>$ 中的 v_x 称为起点,v_y 称为终点。此时,边 $<v_x,v_y>$ 与边 $<v_y,v_x>$ 是不同的两条边。

如果一个图中的两个顶点间不仅有边,而且在边上还标明了数量关系,如图 9-20(c),这种数量关系可以是距离、费用、时间等,称为"权",则称这种图为"带权图"。

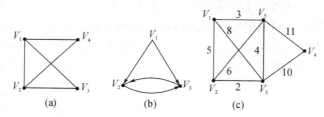

图 9-20 常见的图

图中顶点的个数称为图的"阶"。与某个顶点相关联的边的数目,称为该顶点的"度"。度为奇数的顶点称为"奇点",度为偶数的顶点称为"偶点",任意一个无向图一定有偶数个或 0 个奇点。在有向图中,把以顶点 V 为终点的边的数目称为顶点 V 的"入度",把以顶点 U 为起点的边的数目称为顶点 U 的"出度"。无向图中,所有顶点的度之和等于边数的 2 倍;有向图中,所有顶点的入度之和等于所有顶点的出度之和。

若无向图中的任意两个顶点之间都存在着一条边;有向图中的任意两个顶点之间都存在着方向相反的两条边,则称这种图为"完全图"。n 阶完全有向图含有 $n*(n-1)$ 条边;n 阶完全无向图含有 $n*(n-1)/2$ 条边。当一个图接近完全图时,称为稠密图;相反,当一个图的边很少时,称为稀疏图。

在无向图中,如果从顶点 U 到顶点 V 有路径,则称 U 和 V 是"连通"的。如果图中任意两个顶点 U 和 V 都是连通的,则称此图是"连通图",否则称为"非连通图"。在有向图中,如果对于任意两个顶点 U 和 V,从 U 到 V 和从 V 到 U 都存在路径,则称这种图是"强连通图"。

9.5.2 图的遍历

从图中某一顶点出发系统地访问图中所有顶点,使每个顶点恰好被访问一次的操作称为"图的遍历"。图的遍历分为深度优先遍历和广度(宽度)优先遍历两种。

(1)深度优先遍历

从图中某个顶点 V_i 出发,访问此顶点并作已访问标记,然后从 V_i 的一个未被访问过的邻接点 V_j 出发再进行深度优先遍历,当 V_i 的所有邻接点都被访问过时,则退回到上一个顶点 V_k,从 V_k 的另一个未被访问过的邻接点出发进行深度优先遍历,直至图中所有顶点都被访问到为止。图 9-21(a)从顶点 a 出发,进行深度优先遍历的结果为:a,b,c,d,e,g,f。图 9-21(b)从 V_1 出发进行深度优先遍历的结果为:$V_1,V_2,V_4,V_8,V_5,V_3,V_6,V_7$。

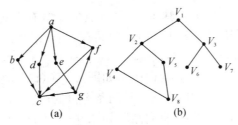

图9-21 图的遍历

(2) 广度(宽度)优先遍历

从图中某个顶点 V_0 出发,访问此顶点,然后依次访问与 V_0 邻接的、未被访问过的所有顶点,然后再分别从这些顶点出发进行广度优先遍历,直到图中所有被访问过的顶点的相邻顶点都被访问到。若此时图中还有顶点尚未被访问,则另选图中一个未被访问过的顶点作为起点,重复上述过程,直到图中所有顶点都被访问到为止。图9-21(a)从顶点 a 出发,进行广度优先遍历的结果为:a,b,d,e,f,c,g。图9-21(b)从顶点 V_1 出发进行广度优先遍历的结果为:$V_1,V_2,V_3,V_4,V_5,V_6,V_7,V_8$。

习 题 9

9-1 若已知一个栈的入栈顺序是 $1,2,3,\cdots,n$,其输出序列为 $P_1,P_2,P_3,\cdots,P_n$,若 P_1 是 n,则 P_i 是 （ ）

A. i B. $n-1$ C. $n-i+1$ D. $n-i$ E. 不确定

9-2 设有一个栈,其元素进栈的次序为 a,b,c,d,e,则下列出栈序列不可能出现的是 （ ）

A. $\{c,e,a,b,d\}$ B. $\{c,b,a,d,e\}$ C. $\{d,c,a,b,e\}$

D. $\{a,c,b,e,d\}$ E. $\{a,b,c,d,e\}$

9-3 已知有元素(8,25,14,87,51,90,6,19,20),这些元素以怎样的顺序入栈,才能使出栈的顺序满足:8 在 51 前面;90 在 87 的后面;20 在 14 的后面;25 在 6 的前面;19 在 90 的后面。 （ ）

A. 20,6,8,51,90,25,14,19,87 B. 51,6,19,20,14,8,87,90,25

C. 19,20,90,7,6,25,51,14,87 D. 6,25,51,8,20,19,90,87,14

E. 25,6,8,51,87,90,19,14,20

9-4 已知队列(13,2,11,34,41,77,5,7,18,26,15),第一个进入队列的元素是 13,则第五个出队列的元素是 （ ）

A. 5 B. 41 C. 77 D. 13 E. 18

9-5 设循环队列用数组 $a[m]$ 存储,front 和 rear 分别表示队头和队尾,则当前队列中的元素个数为 （ ）

A. rear－front B. rear－front+1

C. (rear－front) mod m D. (rear－front+1) mod m

E. (rear－front+m) mod m

9-6　设栈 S 和队列 Q 初始状态为空,元素 e_1,e_2,e_3,e_4,e_5,e_6 依次通过栈 S。一个元素出栈后即进入队列 Q,若出队的顺序为 e_2,e_4,e_3,e_6,e_5,e_1,则栈 S 的容量至少应该为（　　）

A. 2　　　　　　B. 3　　　　　　C. 4　　　　　　D. 5　　　　　　E. 6

9-7　一个高度为 h 的二叉树的最少元素数目是　　　　　　　　　　　　（　　）

A. $2h+1$　　　B. h　　　　　C. $2h-1$　　　D. $2h$　　　　　E. $2h-1$

9-8　按照二叉树的定义,具有 3 个结点的二叉树的形式有　　　　　　　　（　　）

A. 3 种　　　　　B. 4 种　　　　　C. 5 种　　　　　D. 6 种　　　　　E. 2 种

9-9　假设我们用 $d=(a1,a2,\cdots,a5)$ 表示无向图 G 的 5 个顶点的度数,下面给出的哪（些）组 d 值合理　　　　　　　　　　　　　　　　　　　　　　　　　　　　（　　）

A. $\{5,4,4,3,1\}$　　　　　　　B. $\{4,2,2,1,1\}$　　　　　　　C. $\{3,3,3,2,2\}$

D. $\{5,4,3,2,1\}$　　　　　　　E. $\{2,2,2,2,2\}$

9-10　在一个有向图中,所有顶点的入度之和等于所有顶点的出度之和的（　　）

A. 1/2 倍　　　　B. 1 倍　　　　　C. 2 倍　　　　　D. 4 倍

9-11　一棵二叉树的高度为 h,所有结点的度为 0 或 2,则此树的结点个数最少为

（　　）

A. 2^h-1　　　B. $2h-1$　　　　C. $2h+1$　　　　D. $h+1$

9-12　设循环队列的容量为 80（序号 1~80）,小强经过一系列的入队和出队操作后,发现队列的队首指针指向 14,队尾指针指向 21,则这个队列中原有多少个元素?

9-13　编码问题

设有一个整型数组 $a[0..n-1]$,数组中存储的元素为 0~n−1 之间的某个整数,且所有元素都各不相同。如果给数组 a 的每个元素的编码定义如下:$a[0]$ 的编码为 0,$a[i]$ 的编码为 $a[0],a[1],\cdots,a[i-1]$ 中比 $a[i]$ 的值小的元素个数,$1\leqslant i\leqslant n-1$。

输入 n 及数组 a,求这个数组元素的对应编码。

例如输入:6

　　　4 3 0 5 1 2

输出:0 0 0 3 1 2

9-14　特殊数列

① 写下两个 1,然后在它们中间插入 2(121);② 在任意两个相邻的和数为 4 的数之间插入 3(13231);③ 在任意两个相邻的和数为 4 的数之间插入 4(1432341)……

编程输入 $n(1\leqslant n\leqslant 9)$,求出用上面方法构造出来的序列,最后插入的数为 n。

9-15　魔术师与扑克问题

将 13 张黑桃扑克(A 2 3 4 5 6 7 8 9 10 J Q K)预先排好,正面朝下拿在魔术师的手里。从最上面开始,第一次数一张牌翻过来放在桌面上,正好是"A";第二次数两张牌,数 1 的那张放在手中扑克的最下面,数 2 的那张翻过来放在桌面上正好是"2"……最后放在桌面上的牌的最后顺序正好是"A 2 3 4 5 6 7 8 9 10 J Q K"(从下向上)。请编程输出魔术师手中扑克原来的排列顺序(从下向上)。

9-16　程序员终端编辑

程序员输入程序,出现差错时可以采取以下的补救措施:敲错一个键时,可以敲入一个退格符"#",以表示前一个字符无效;发现当前一行有错,可以敲入一个退行符"@",表示"@"与前一个换行符之间的字符全部无效。如在终端上输入了这样两行字符:

prkj＃＃ogran＃m   lx；

var@const n：＃＝10；

则实际有效的是：

program   lx；

const   n＝10；

从文件 edit. in 中输入数据,数据有若干行,每行有若干字符,表示程序员在终端上输入的字符,把实际有效的字符输出到文件 edit. out 中。

9-17　分油问题

设有大小不等的 3 个无刻度的油桶,分别能够存 X,Y,Z 升油。初始时,第一个油桶盛满油,第二、第三个油桶为空。编程寻找一种最少步骤的分油法,在某一个油桶中分出 targ 升油。

输入仅一行,共 4 个整数,依次表示 X,Y,Z,targ,每个数之间用一个空格隔开。

如果无解输出"unable";如果有解,则输出分油的方法(每一步写出三个油桶的状态),如果解不唯一只要输出任一个解。

如输入：80 50 30 40

输出：80 0　0

　　　30 50 0

　　　30 20 30

　　　60 20 0

　　　60 0　20

　　　10 50 20

　　　10 40 30

9-18　最少运算次数

设有数 2,3,5,7,13,运算符号＋,－,＊,且运算符无优先级之分,每个数可以用无数次,如 2＋3＊5＝25,3＊5＋2＝17。现给出任意一个整数 n,要求用以上的数和运算符,以最少的运算次数得出 n。

输入文件只有 1 个整数 n。

输出文件是满足条件的一个表达式,如 25＝2＋3＊5。如果满足条件的表达式不唯一,只要输出任意一个即可;如果无解,则输出"no answer"。

第 10 章   分区联赛模拟试题

10.1   分区联赛初赛模拟试题(普及组)

(二小时完成   满分 100 分)

一、选择一个正确答案代码(A/B/C/D),填入每题的括号内(每题 1.5 分,共 30 分)

1. 电子邮件地址的一般格式(   )。

A. 用户名@域名　　　B. 域名@用户名　　　C. IP@域名　　　D. 域名@IP

2. ((23) or (53)) xor ((57) and (34))的运算结果为(   )。

A. 55　　　　　　B. 32　　　　　　C. 23　　　　　　D. -33

3. IPv6 协议的地址长度是(   )。

A. 6　　　　　　B. 16　　　　　　C. 64　　　　　　D. 128

4. 下列不属于基本控制结构的是(   )。

A. 顺序　　　　B. 递归　　　　C. 分支　　　　D. 循环

5. 下列对于硬件设施的用途认识正确的是(   )。

A. 显示器的大小决定了最大分辨率

B. 显卡的性能决定了图像的质量

C. CPU 的性能决定了读写信息速度

D. 声卡的性能决定了 wav 声音文件的音质

6. 设循环队列中,数组的下标范围是 $0\sim n-1$,其头尾指针分别为 f 和 r,则其元素个数为(   )。

A. $r-f$　　　　　　　　　　　　　　B. $r-f+1$

C. $(r-f)$ mod $n+1$　　　　　　　D. $(r-f+n)$ mod n

7. 对于高度为 7 的二叉树,结点数量不可能是(   )。

A. 7　　　　　　B. 49　　　　　　C. 127　　　　　　D. 255

8. 下列对数据结构的认识不正确的是(   )。

A. 对于一颗给定的二叉树,深度优先遍历的结果唯一

B. 对于给定的进队列序列,出队列序列唯一

C. 对于一个给定的图,深度优先遍历的结果不唯一

D. 对于给定的进栈序列,出栈序列不唯一

9. 对于以下元素("A","R","T","F","Q","t","w","g"),可以将它们无冲突地放到一个定义为[1..10]的表中的 Hash 函数是(自变量为 X,len 函数为求自然数位数的函

数)(　　)。

    A. H＝(ord(X)) mod 10

    B. H＝(4 * len(ord(X))＋ord(X)) mod 10＋1

    C. H＝(4 * len(ord(X))＋ord(X)) mod 10

    D. H＝(ord(X)) mod 10＋1

10. 下列关于编译器的认识不正确的是(　　)。

    A. 编译器是将程序代码编译成 exe 文件的程序

    B. 不同语言的程序,编译器不同

    C. 编译器的质量某种程度上决定了程序的时间效率

    D. 同一程序用不同编译器编译后的运行结果可能有一些差异

11. 下面不是树的遍历的是(　　)。

    A. 先根遍历　　　　B. 中根遍历　　　　C. 后根遍历　　　　D. 按层遍历

12. 在一个带有头结点的单链表 head 中,若要向表头插入一个指针 p 指向的结点,则执行(　　)。

    A. head:＝p; p^.next:＝head;

    B. p^.next:＝head; head:＝p;

    C. p^.next:＝head; p:＝head;

    D. p^.next:＝head^.next; head^.next:＝p;

13. 某二叉树中有 n 个度为 2 的结点,则该二叉树中的叶子结点数为(　　)。

    A. $n+1$　　　　B. $n-1$　　　　C. $2n$　　　　D. n

14. 由权值分别为 3,8,6,2,5 的叶子结点生成一棵哈夫曼树,它的带权路径长度为(　　)。

    A. 24　　　　B. 48　　　　C. 72　　　　D. 53

15. 对线性表进行二分法查找的前提条件是(　　)。

    A. 线性表以顺序方式存储,并且按关键码值排好序

    B. 线性表以顺序方式存储,并且按关键码值的检索频率排好序

    C. 线性表以链接方式存储,并且按关键码值排好序

    D. 线性表以链接方式存储,并且按关键码值的检索频率排好序

16. 下列关键码序列不符合堆的定义的是(　　)。

    A. a、c、d、g、h、m、p、q、r、x

    B. a、c、m、d、h、p、x、g、o、r

    C. a、d、p、r、c、q、x、m、h、g

    D. a、d、c、m、p、g、h、x、r、q

17. 在微机系统中,最基本的输入输出模块 BIOS 存放在(　　)。

    A. RAM 中　　　　B. ROM 中　　　　C. 硬盘中　　　　D. 寄存器中

18. 设显示器的分辨率为 1024×768,显示存储器容量为 2 MB,则表示每个像素的二进制位数最合适的是(　　)。

    A. 2 bit　　　　B. 8 bit　　　　C. 16 bit　　　　D. 24 bit

19. 下列字符中,ASCII 码值最小的是(　　)。

    A. A　　　　B. a　　　　C. Z　　　　D. X

20. 下列关于栈的描述正确的是(　　)。

A. 在栈中只能插入元素而不能删除元素

B. 在栈中只能删除元素而不能插入元素

C. 栈是特殊的线性表,只能在一端插入或删除元素

D. 栈是特殊的线性表,只能在一端插入元素,而在另一端删除元素

二、问题求解(每题 5 分,共 10 分)

1. 已知 A、B 是两个不相等的正偶数,max 为两数中的大数,min 为两数中的小数,则
max＝_____,min＝_____。

2. 1003^{10} 除以 10 的余数为_____。

三、阅读程序(每题 8 分,共 32 分)

1.
```pascal
program program1;
    var ax,bx,cx,ay,by,cy:longint;
        mx,nx,px,my,ny,py:real;
        well:boolean;
    begin
        read(ax,ay,bx,by,cx,cy);
        well:=true;
        if (ax=bx) or (bx=cx) or (ax=cx) then well:=false;
        if well then
        begin
            mx:=(by-ay)/(ax-bx);
            my:=ax * mx+ay;
            nx:=(cy-ay)/(ax-cx);
            ny:=cx * nx+cy;
            px:=(by-cy)/(cx-bx);
            py:=bx * px+by;
        end;
        if (mx=nx) and (nx=px) then well:=false;
        if well then
            writeln(abs(mx * ny-my * nx+nx * py-ny * px+px * my-py * mx)/2:0:3)
        else
            writeln('Can''t constrct.');
    end.
```

输入 1:2 1 3－1－1 7

输入 2:3 1 5－3 4－2

输出 1:_____。

输出 2:_____。

2. program program2；
```
    var i,j:longint;
        s:string[11];
        tmp:char;
    begin
        s:='abcccdebcaf';
        tmp:=s[6];s[6]:=s[11];
        i:=1;j:=11;
        repeat
            while (i<j) and (s[i]<=tmp) do inc(i);
            if i=j then break;
            s[j]:=s[i];
            dec(j);
            while (i<j) and (s[j]>=tmp) do dec(j);
            if i=j then break;
            s[i]:=s[j];
            inc(i);
        until i=j;
        s[i]:=tmp;
        writeln(s);
    end.
```
输出：＿＿＿＿＿＿＿＿。

3. program progam3；
```
    var n:longint;
    function f(n:integer):longint;
    forward;
    function g(n:integer):longint;
    begin
        if n>1 then g:=f(n-1)+1
                else g:=1;
    end;
    function f;
    begin
        if n>1 then f:=g(n-1) * n
                else f:=1;
    end;
    begin
        n:=5;
        writeln(g(n));
```

```
        end.
    输出：_____。


4. program program4;
        var a:array[0..10] of real;
            i,m,n,s,t:longint;
        function f(x:longint):real;
        var i:longint;
            s,t:real;
        begin
            t:=x;
            s:=0;
            for i:=1 to n+1 do
            begin
                s:=s+a[i]*t;
                t:=t*x;
            end;
            f:=s;
        end;
        begin
            read(n);
            for i:=0 to n do read(a[i]);
            for i:=n+1 downto 1 do
                a[i]:=a[i-1]/i;
        read(s,t);
        writeln(f(t)-f(s):0:2);
    end.
```

输入：

4

1 2 3 4 5

1 4

输出：_____。

四、完善程序（前 4 空，每空 2 分，后 5 空，每空 4 分，共 28 分）

1. 小球

【题目描述】

许多小球一个一个地从一棵满二叉树上掉下来组成另一棵满二叉树。每一时刻，一个正在下降的球第一个访问的是非叶子节点；继续下降时，或者走右子树，或者走左子树，直到访问到叶子节点。决定球运动方向的是每个节点的布尔值。最初，所有的节点的布尔值都是 false。当球访问到一个节点时，如果这个节点是 false，则这个球把它变成 true，然后从左子树走,继续它的旅程。如果节点是 true,则球会改变它为 false,接下来从右子树走。满二叉树的标记方法如图 10-1 所示。

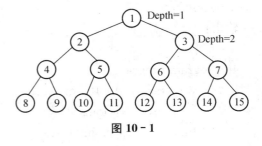

图 10-1

因为所有的节点最初为 false,所以第一个球将会访问节点 1、节点 2 和节点 4,转变节点的布尔值后在节点 8 停止;第二个球将会访问节点 1、节点 3、节点 6,在节点 12 停止;第三个球会访问节点 1、节点 2、节点 5,在节点 10 停止。

若给定 fbt 的深度 D,现在第 I 个小球下落,且 I 不超过给定的 fbt 的叶子数,写一个程序求小球停止时的叶子序号。

【输入格式】

输入文件共一行,包含两个用空格隔开的整数 D 和 I,其中 2≤D≤20,1≤I≤524288。

【输出格式】

共一行,输出第 I 个小球下落停止时的叶子序号。

【输入样例】

4 2

【输出样例】

12

【完善程序】

```pascal
program program1;
var d,i,j,k,x:longint;
    a:array[1..524288] of boolean;
begin
    ①;
    fillchar(a,sizeof(a),false);
    for j:=1 to i do
    begin
        x:=1;
        for k:=1 to ② Do
            if a[x] then
            begin
                a[x]:=false;
                x:= ③ ;
            end
            else
            begin
                a[x]:= ④ ;
                x:=x*2;
            end;
```

```
        end;
      writeln(x);{输出}
    end.
```

2. 遍历问题

【题目描述】

我们都很熟悉二叉树的前序、中序和后序遍历。在数据结构中,经常提出这样的问题:已知一棵二叉树的前序和中序遍历序列,求它的后序遍历序列;相应的,已知一棵二叉树的后序遍历和中序遍历序列,求出它的前序遍历序列。然而,给定一棵二叉树的前序和后序遍历序列,却不能确定其中序遍历序列。

考虑图 10-2 中的几棵二叉树,所有这些树都有着相同的前序遍历序列,同时这些树的后序遍历序列也是相同的,但中序遍历序列却不相同。

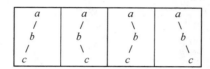

图 10-2

【输入格式】

输入数据共两行,第一行表示该二叉树的前序遍历序列 p,第二行表示该二叉树的后序遍历序列 b。p 与 b 的长度相等且不超过 20。若它们的长度为 k,则表示由前 k 个小写英文字母构成。题目保证有解。

【输出格式】

输出可能的中序遍历序列的总数,结果不超过长整型数。

【输入样例】

abc
cba

【输出样例】

4

【完善程序】

```
program program2;
var p,b:string;
function handle(pb,pl,bb,bl:longint):longint;
var t,y,z:longint;
begin
    if pl=1 then handle:=1
    else
        if( ① ) then handle:=handle(pb+1,pl-1,bb,bl-1)*2
        else
        begin
            t:=pb+1;
```

```
          y:=pos(p[t],copy(b,1,length(b)));
          t:= ② ;
          z:=pos(b[t],copy(p,1,length(p)));
          handle:=handle(pb+1,z-pb-1,bb,y-bb+1)*( ③ );
      end;
   end;
begin
   readln(p);
   ④ ;
   writeln( ⑤ );
end.
```

答卷纸

一、选择一个正确答案代码(A/B/C/D),填入每题的括号内(每题 1.5 分,多选无分,共 30 分)

题　号	1	2	3	4	5	6	7	8	9	10
选　择										
题　号	11	12	13	14	15	16	17	18	19	20
选　择										

二、问题解答(每题 5 分,共 10 分)

　　1. 答:＿＿＿＿＿＿＿＿＿＿＿

　　2. 答:＿＿＿＿＿＿＿＿＿＿＿

三、阅读程序,并写出程序的正确运行结果(每题 8 分,共 32 分)

　　(1) 程序的运行结果是:

　　(2) 程序的运行结果是:

　　(3) 程序的运行结果是:

　　(4) 程序的运行结果是:

四、根据题意,将程序补充完整(前 4 空,每空 2 分,后 5 空,每空 4 分,共 28 分)

　　1.
　　　　①＿＿＿＿＿＿＿＿＿＿＿＿＿＿＿＿
　　　　②＿＿＿＿＿＿＿＿＿＿＿＿＿＿＿＿
　　　　③＿＿＿＿＿＿＿＿＿＿＿＿＿＿＿＿
　　　　④＿＿＿＿＿＿＿＿＿＿＿＿＿＿＿＿

　　2.
　　　　①＿＿＿＿＿＿＿＿＿＿＿＿＿＿＿＿
　　　　②＿＿＿＿＿＿＿＿＿＿＿＿＿＿＿＿
　　　　③＿＿＿＿＿＿＿＿＿＿＿＿＿＿＿＿
　　　　④＿＿＿＿＿＿＿＿＿＿＿＿＿＿＿＿
　　　　⑤＿＿＿＿＿＿＿＿＿＿＿＿＿＿＿＿

参考答案

一、选择一个正确答案代码(A/B/C/D),填入每题的括号内(每题 1.5 分,多选无分,共 30 分)

题 号	1	2	3	4	5	6	7	8	9	10
选 择	A	C	D	B	B	D	D	A	B	C
题 号	11	12	13	14	15	16	17	18	19	20
选 择	B	D	A	D	A	C	B	C	A	C

二、问题解答(每题 5 分,共 10 分)

1. 答：max＝abs(a＋b)/2＋abs(a－b)/2

    min＝abs(a＋b)/2－abs(a－b)/2

2. 答：   9

三、阅读程序,并写出程序的正确运行结果(每题 8 分,共 32 分)

(1) 程序的运行结果是：can't constrct.

    1.000

(2) 程序的运行结果是：abcccacbdef

(3) 程序的运行结果是：13

(4) 程序的运行结果是：1359.00

四、根据题意,将程序补充完整(前 4 空,每空 2 分,后 5 空,每空 4 分,共 28 分)

1.

① readln(d,i)

② d－1

③ x＊2＋1

④ true

2.

① pl＝1

② bb＋bl－2

③ handle(z,pl－z＋pb,y＋1,bb＋bl－2－y)

④ readln(b)

⑤ handle(1,length(p),1,length(b))

10.2　分区联赛复赛模拟试题（普及组）

（三小时完成　每题 100 分　满分 400 分）

一、题目概览

题目名称	马克的任务	猜歌名	黑白棋	跳格子
可执行文件名	instruckcije.exe	pjesma.exe	lango.exe	nikola.exe
输入文件名	instruckcije.in	pjesma.in	lango.in	nikola.in
输出文件名	instruckcije.out	pjesma.out	lango.out	nikola.out
每个测试点时限	1 秒	1 秒	1 秒	1 秒
测试点数目	10	10	10	10
每个测试点分值	10	10	10	10

二、提交源程序文件名

对于 Pascal 语言	instruckcije.pas	pjesma.pas	lango.pas	nikola.pas
对于 C 语言	instruckcije.c	pjesma.c	lango.c	nikola.c
对于 C++ 语言	instruckcije.cpp	pjesma.cpp	lango.cpp	nikola.cpp

三、编译命令（不包含任何优化开关）

四、运行内存限制（每题的运行内存上限均为 64 MB）

1. 马克的任务

(instruckcije.pas/c/cpp)

【问题描述】

小马克今年成为小学生,不久后她将进行她的第一次考试,其中包括数学考试。她非常认真地复习,并认为自己已经准备好了。她的哥哥通过给她提出问题并解决的方式帮助她。

他的问题是:给定一连串整数。依次由 1 个 1、2 个 2、3 个 3 等组成,现在给马克两个整数 A 和 B。她的任务是:求出由第 A 个到第 B 个数的。例如 A 是 1,B 是 3,答案为 $1+2+2=5$。

要求给出一个问题,然后计算它们的和,马克的哥哥能够验证答案正确与否。

【输入格式】

输入文件 instruckcije.in 共一行,包括正整数 A 和 B,$1 \leqslant A \leqslant B \leqslant 1\,000$。

【输出格式】

输出文件 instruckcije.out 共一行,为和的值。

【输入输出样例 1】

instruckcije.in	instruckcije.out
1 3	5

【输入输出样例 2】

instruckcije.in	instruckcije.out
3 7	15

2. 猜歌名

（pjesma.pas/c/cpp）

【问题描述】

"guess the song" 是一项在年轻程序员中非常流行的游戏,它是一种集技能、智慧、耐性于一体的游戏。这个游戏给玩游戏的人放音乐,游戏者的目标是尽可能快地猜这首歌的歌名。

mirko 可能不是一个很好的程序员,但他是一个世界级的猜歌者。他总是在专辑里的某首歌播放出至少一半歌词的时候猜出歌名。所有歌名的单词是唯一的(没有一个单词会出现两次或更多次)。

写出一个程序,给出歌名和专辑名,看看 mirko 在这首歌的哪个点上(在多少个单词之后)猜出歌名。

【输入格式】

输入文件 pjesma.in 的第 1 行:包含一个整数 N,$1 \leqslant N \leqslant 50$,它是一首歌里的单词数目。

接下来的 N 行每一行包含歌名的一个单词。

第 $N+2$ 行:包含一个整数 M,$1 \leqslant M \leqslant 10\,000$,它是专辑里的单词数目。

接下来的 M 行每一行包含专辑里的一个单词。

注:歌名和专辑里的所有单词由 1 到 15 个小写英文字母组成。

测试数据将会使得 mirko 总能从专辑里猜出歌曲名。

【输出格式】

输出文件 pjesma.out 共一行,包含一个数,表示 mirko 在第几个单词处猜出歌曲名。

【输入输出样例 1】

pjesma. in	pjesma. out
3	6
sedam	
gladnih	
patuljaka	
7	
sedam	
dana	
sedam	
noci	
sedam	
gladnih	
godina	

【输入输出样例 2】

pjesma. in	pjesma. out
4	8
moj	
bicikl	
mali	
crveni	
11	
ja	
vozim	
bicikl	
crvene	
boje	
ali	
je	
moj	
moj	
samo	
moj	

3. 黑白棋

（lango. pas/c/cpp）

【问题描述】

lango 是一种二人智力游戏。游戏设有一个黑方和一个白方。游戏桌面是正方形的,包含8行8列。

如果黑方玩家走出这样一步棋:将一枚黑子放在任一空格上,而在这个空格的八个方向(上、下、左、右和 4 个对角线方向)的至少一个方向上有一排白子被夹在这枚新下的黑子和其他黑子之间,则任何方向在新黑子和原来黑子之间的所有白子都要变成黑子。为这个游戏设计一个程序,计算一步棋中黑方能转变的白子数量的最大值。

【输入格式】

输入文件 lango. in 共 8 行,每行 8 个字符。"."代表一个空格,"B"代表黑子,"W"代表白子。

【输出格式】

输出文件 lango. out 共一行,有一个整数,表示一步中黑方能吃掉白子的最大数,如果无法吃掉就输出"0"。

【输入输出样例 1】

lango. in	lango. out
....	1
....	
...bw...	
...wb...	
....	
....	
....	

【输入输出样例 2】

lango. in	lango. out
....	2
....	
...bb...	
...b....	
..bbw...	
..www...	
....wb..	
....	

4. 跳格子

(nikola. pas/c/cpp)

【问题描述】

nikola 现在已经成为一个游戏里的重要人物。这个游戏有一行 N 个方格,N 个方格用数字 1 到 N 表示。nikola 开始是在 1 号位置,然后能够跳到其他的位置,但第一跳必须跳到 2 号位置。随后的每一跳必须满足以下两个条件:

(1) 如果是向前跳,必须比前面一跳远一个方格。

(2) 如果是向后跳,必须和前面一跳一样远。

比如,在第一跳之后(在 2 号位置),nikola 能够跳回 1 号位置,或者向前跳到 4 号位置。

每次他跳入一个位置,nikola 必须付费。nikola 的目标是从一号位置尽可能便宜地跳到 N 号位置。

写一个程序,看看 nikola 跳到 N 号位置时最小的花费。

【输入格式】

输入文件 nikola. in 共有 $N+1$ 行。

第 1 行:包含一个整数 N,$2 \leqslant N \leqslant 1000$,它是位置的编号。

第 2.. $N+1$ 行:第 $i+1$ 行表示第 I 个方格的费用,是一个正整数,绝对不超过 500。

【输出格式】

输出文件 nikola. out 中只有一个数,表示 nikola 跳到 N 号位置时最小的花费。

【输入输出样例 1】

nikola. in	nikola. out
6 1 2 3 4 5 6	12

【输入输出样例 2】

nikola. in	nikola. out
8 2 3 4 3 1 6 1 4	14

简要解析

(1) 马克的任务

先循环生成数列,再求第 A 个数到第 B 个数和。

```
var A,B,k,i,j,total:longint;
    C:array[1..1100] of longint;
begin
    assign(input,'instrukcije. in');
    reset(input);
    readln(A,B);
    close(input);
    i:=1;k:=0;
    while k<B do
```

```pascal
  begin
    for j:=1 to i do C[k+j]:=i;
    k:=k+i;
    inc(i);
  end;
  for i:=A to B do inc(total,C[i]);
  assign(output,'instrukcije.out');
  rewrite(output);
  writeln(total);
  close(output);
end.
```

(2) 猜歌名

题目的本质是统计要猜的歌曲的歌词数至少出现一半的点。

```pascal
var i,n,m,T,j:longint;
    A:array[1..50] of boolean;
    word:array[1..50] of string;
    S:string;
procedure print(x:longint);
begin
    close(input);
    assign(output,'pjesma.out');
    rewrite(output);
    writeln(x);
    close(output);
    halt;
end;
begin
    assign(input,'pjesma.in');
    reset(input);
    readln(n);
    for i:=1 to n do
        readln(word[i]);
    fillchar(A,sizeof(A),1);
    readln(m);T:=0;
    for i:=1 to m do
    begin
        readln(S);
        for j:=1 to n do
            if (S=word[j]) and A[j] then
```

— 298 —

```
        begin
            inc(T);
            A[j]:=false;
            if T=(n+1) div 2 then print(i);
        end;
    end;
end.
```

(3) 黑白棋

试探每个空位放上黑子后可以转化多少白子,输出最大值。

```
const n:longint=8;
    fx:array[1..8,1..2] of longint=((-1,-1),(-1,0),(-1,1),(0,-1),
(0,1),(1,-1),(1,0),(1,1));
    var i,j,max:longint;
    A:array[0..9,0..9] of char;
procedure find;
var i,j,i1,j1,t,t1,k:longint;
begin
    for i:=1 to 8 do
        for j:=1 to 8 do
            if A[i,j]='.' then
            begin
                T:=0;
                for k:=1 to 8 do
                begin
                    T1:=0;
                    i1:=i+fx[k,1];j1:=j+fx[k,2];
                    while A[i1,j1]='W' do
                    begin
                        inc(T1);
                        inc(i1,fx[k,1]);
                        inc(j1,fx[k,2]);
                    end;
                    if A[i1,j1]='B' then inc(T,T1);
                end;
                if T>max then max:=T;
            end;
    end;
    begin
        assign(input,'lango.in');
```

```
        reset(input);
        for i:=1 to n do
        begin
            for j:=1 to n do
                read(A[i,j]);
            readln;
        end;
    close(input);
    find;
    assign(output,'lango.out');
    rewrite(output);
    writeln(max);
    close(output);
end.
```

（4）跳格子

因为跳的方法只有两个,很自然地想到用动态规划求解。描述一个状态有两个标准:目前所在格子的编号和若此时向后跳可以跳的格数,在程序里分别用 i 和 j 表示, $f[i,j]$ 表示达到此状态的最小花费。此时,可分为两种情况:

① 此状态由上一次向前跳得到,那么上一次一定是向前跳了 j 格,上一次状态为 $f[i-j,j-1]$。

② 此状态由上一次向后跳得到,那么上一次一定是向后跳了 j 格,上一次状态为 $f[i+j,j]$。

在这两种情况中取最小值加上 Nikola 跳到 N 号位置时最小的花费即可求得 $f[i,j]$（要注意 $i-j$ 和 $i+j$ 的范围）。在所有 $i=n$ 的 $f[i,j]$ 中取最小值即可得到最终答案。一些细节（如边界、初始值等）请参考程序。

```
var
    n,i,j,min:longint;
    a:array[1..1000] of longint;
    f:array[0..1000,0..1000] of longint;
begin
    assign(input,'nikola.in');reset(input);
    assign(output,'nikola.out');rewrite(output);
    read(n);
    for i:=1 to n do read(a[i]);
    min:=maxlongint;
    for i:=2 to n do f[i,0]:=99999;
    for j:=1 to n-1 do     {为了使 f[i-j,j-1]和 f[i+j,j]在 f[i,j]之前计算出来,这
里的循环有所不同}
        for i:=n downto 1 do
```

```
    begin
        f[i,j]:=99999;
        if i>j then f[i,j]:=f[i-j,j-1];      〈由上一次向前跳得到的情况〉
        if (i+j<=n)and(f[i+j,j]<f[i,j]) then f[i,j]:=f[i+j,j];      〈由上一次向
后跳得到的情况〉
        if f[i,j]<>99999 then f[i,j]:=f[i,j]+a[i];
        if (i=n)and(f[i,j]<min) then min:=f[i,j];
    end;
    writeln(min);
    close(input);
    close(output);
end.
```

附　录

附录1　常用字符的 ASCII 码对照表

字　符	ASCII 码			字　符	ASCII 码		
	十进制	二进制	十六进制		十进制	二进制	十六进制
nul(空)	0	0000000	0	M	77	1001101	4D
换行	10	0001010	A	N	78	1001110	4E
空格	32	0100000	20	O	79	1001111	4F
！（感叹号）	33	0100001	21	P	80	1010000	50
″	34	0100010	22	Q	81	1010001	51
♯	35	0100011	23	R	82	1010010	52
$	36	0100100	24	S	83	1010011	53
%	37	0100101	25	T	84	1010100	54
&	38	0100110	26	U	85	1010101	55
′（引号）	39	0100111	27	V	86	1010110	56
(	40	0101000	28	W	87	1010111	57
)	41	0101001	29	X	88	1011000	58
*	42	0101010	2A	Y	89	1011001	59
＋	43	0101011	2B	Z	90	1011010	5A
,	44	0101100	2C	[	91	1011011	5B
—（减号）	45	0101101	2D	\	92	1011100	5C
.	46	0101110	2E	]	93	1011101	5D
/（除号）	47	0101111	2F	ˆ	94	1011110	5E
0	48	0110000	30	—	95	1011111	5F
1	49	0110001	31	a	97	1100001	61
2	50	0110010	32	b	98	1100010	62
3	51	0110011	33	c	99	1100011	63
4	52	0110100	34	d	100	1100100	64
5	53	0110101	35	e	101	1100101	65
6	54	0110110	36	f	102	1100110	66
7	55	0110111	37	g	103	1100111	67
8	56	0111000	38	h	104	1101000	68
9	57	0111001	39	i	105	1101001	69
:	58	0111010	3A	j	106	1101010	6A
;	59	0111011	3B	k	107	1101011	6B
<	60	0111100	3C	l	108	1101100	6C
=	61	0111101	3D	m	109	1101101	6D
>	62	0111110	3E	n	110	1101110	6E
?	63	0111111	3F	o	111	1101111	6F
@	64	1000000	40	p	112	1110000	70
A	65	1000001	41	q	113	1110001	71
B	66	1000010	42	r	114	1110010	72
C	67	1000011	43	s	115	1110011	73
D	68	1000100	44	t	116	1110100	74
E	69	1000101	45	u	117	1110101	75
F	70	1000110	46	v	118	1110110	76
G	71	1000111	47	w	119	1110111	77
H	72	1001000	48	x	120	1111000	78
I	73	1001001	49	y	121	1111001	79
J	74	1001010	4A	z	122	1111010	7A
K	75	1001011	4B	{	123	1111011	7B
L	76	1001100	4C	}	125	1111101	7D

附录 2 FreePascal 的常用运算符

运 算 符		含 义	运算量类型	运算结果类型
:=		赋值	除文件以外的任何类型	
算术运算符	＋（单目）	恒等	整型或实型	同运算量
	－（单目）	变符		
	＋	加		整型或实型
	－	减		
	＊	乘		
	/	实除	整型或实型	实型
	div	整除	整型	整型
	mod	求余（取模）		
关系运算符	＝	相等	基本类型、字符串、集合类型、指针类型	布尔型
	<>	不等		
	<	小于	基本类型、字符串	
	>	大于		
	<=	小于等于	基本类型、字符串	
		包含于	集合类型	
	>=	大于等于	基本类型、字符串	
		包含	集合类型	
	in	属于	第一个运算量为基本类型，第二个运算量为集合类型	
逻辑运算符	not	否定（取反）	布尔型	布尔型
	or	析取（或）		
	and	合取（而且）		
集合运算符	＋	并	集合类型	集合类型
	－	差		
	＊	交		

附录3 FreePascal 编译和运行过程中的出错信息

程序编译过程中出现的错误时一般会在 Pascal 窗口菜单下边出现红色错误信息条，以"error xx：……"形式，按"esc"键取消后，光标会停在可能出错了的物理或逻辑位置。下面是常见的出错信息：

(1) "；"expected：缺少"；"

(2) "：＝"expected：把赋值号"：＝"写成了等号（＝）或冒号（：）

(3) "）"expected：缺少"）"

(4) "（"expected：缺少"（"

(5) "[" expected：缺少"["

(6) "]" expected：缺少"]"

(7) "．" expected：缺少"．"

(8) "．．" expected：缺少"．．"

(9) "end" expected：缺少"end"

(10) "do" expected：缺少"do"

(11) "of" expected：缺少"of"

(12) "procedure"or"function" expected：缺少"procedure"或"function"

(13) "then" expected：缺少"then"

(14) "to"or"downto" expected：缺少"to"或"downto"

(15) Boolean expression expected：布尔表达式存在错误

(16) file variable expected：文件型变量使用错误

(17) integer constant expected：没有对整型常量加以说明

(18) integer expression expected：将整型表达式写成了其他类型

(19) integer variable expected：应该用整型变量

(20) integer or real constant expected：应该用整型或实型常量

(21) integer or real expression expected：应该用整型或实型表达式

(22) integer or real variable expected：应该用整型或实型变量

(23) pointer variable expected：应该用指针型变量

(24) record variable expected：应该用记录型变量

(25) simple type expected：应该用简单数据类型

(26) simple expression expected：应该用简单数据类型构成的表达式

(27) string constant expected：应该用字符串常量

(28) string expression expected：应该用字符串表达式

(29) string variable expected：应该用字符串变量

(30) textfile expected：使用的文本文件未定义

(31) type identifier expected：使用了未定义的类型名

(32) untyped file expected：使用了未定义的文件

(33) unknown identifier or syntax error：未知的标号、常数、变量、标识符

(34) undefined label：一个语句中引用了未定义的标号

（35）undefined pointer type in preceding type definitions：指针类型定义中包含了对一个未知类型的标识符引用

（36）duplicate identifier or label：标识符或标号已经出现过

（37）type mismatch：类型不匹配

（38）constant out of range：常量超出范围

（39）constant and case selector type does not match：case 语句中的枚举分量不匹配

（40）operand type does not match operator：操作数类型不合要求

（41）invalid result type：不合法的结果类型

（42）invalid string length：字符串长度越界，必须在 1..255 之间

（43）string constant length does not match type：字符串常量的长度不匹配

（44）invalid subrange base bound：基类型不允许是实型

（45）lower bound＞upper bound：子界类型的下界大于上界

（46）reserved word：保留字不允许用作标识符

（47）illegal assignment：非法任务

（48）string constant exceeds line：字符串常数不允许跨行

（49）error in integer constant：整型常数错误

（50）error in real constant：实型常数错误

（51）illegal character in identifier：在标识符中出现了不合法的字符

（52）constants are not allowed here：变量不能在这里使用

（53）files and pointers are not allowed here：文件和指针不能在这里使用

（54）structured variables are not allowed here：结构体不能在这里使用

（55）textfiles are not allowed here：文本文件不能在这里使用

（56）untyped files are not allowed here：未定义的文件类型不能在这里使用

（57）I/O not allowed here：这种类型的变量不能输入/输出

（58）files must be var parameters：文件类型必须在变量部分说明

（59）files components may not be files：file of file 这种构造类型不允许

（60）invalid ordering of fields：域的引用顺序不对

（61）set base type out of range：集合的基类型必须是一个不多于 256 个可能值的标量或子界，其界值范围在 0..255 之间

（62）invalid goto：goto 语句不允许在一个 for 循环外引用其内部的标号

（63）label not within current block：goto 语句不能引用当前子程序外的标号

（64）undefined forward procedure：一个子程序已经超前定义了，但其没有出现

（65）inline error：行错误

（66）illegal use of absolute：绝对变量说明不合法

（67）overlays can not be forwarded：forwarded 说明不能与覆盖一起使用

（68）overlays not allowed in direct mode：只有将程序编译到一个文件中时才能用覆盖

（69）file not found：指定的文件不存在

（70）unexpected end of source：程序不能这样结束，一般是因为程序中的 end 比 begin 少

（71）unable to create overlay file：建立的新文件不能覆盖已存在的文件

（72）invalid compile directive：不正确的编译方向

（73）too many nested withs：嵌套的 with 语句太多

（74）memory overflow：需要的内存空间太多，无法分配

（75）compiler overflow：没有足够的内存空间运行程序，可以把源程序分成几个小的部分，并使用包含文件

除了编译阶段的错误外，在程序的运行过程中，可能会发生很多意想不到的错误，其往往会导致程序终止运行甚至死机。有时会在屏幕下显示出错信息，如 run-time error xx 等，要注意查找出错原因。一般有以下几种情况：

（1）浮点数溢出；

（2）零作除数；

（3）sqrt(x)的自变量为负数；

（4）ln(x)的自变量为负数；

（5）字符串长度＞255，或者想把长度大于 1 的字符串转换成字符类型；

（6）非法串下标，主要是 copy、delete、insert 等字符串函数的下标表达式的值的范围超出 1..255；

（7）数组下标越界；

（8）标量或子界越界；

（9）整数越界，如传递给 trunc(x)或 round(x)的值 x 不在 −32768～32767 之间；

（10）覆盖文件未找到；

（11）堆栈冲突；

（12）文件不存在：如用 reset，erase，rename，execute，chain 等操作的文件名字不存在；

（13）输入/输出文件未打开：未用 reset，rewrite 预先打开文件就试图对文件进行操作；

（14）文件过大：记录数大于 65535；

（15）打开的文件太多；

（16）文件已消失：用 close 关闭一个并不存在的文件。

附录4 FreePascal 的常用过程和函数

标识符	类型	解　释
abs(x)	函数	求 x 的绝对值
assign(f,c)	过程	将外部文件 c 与文件变量 f 建立关联
break	过程	跳出循环
chr(x)	函数	求 ASCII 码值为 x 的字符
close(f)	过程	关闭文件
concat($s_1,\cdots,s_n$)	函数	将多个字符串连接起来
continue	过程	进行下一次循环
copy(s,pos,len)	函数	求字符串 s 的子串
cos(x)	函数	余弦函数
dec(x)	过程	x：＝x－1
delete(s,pos,len)	过程	删除一个字符串中的子串
dispose(p)	过程	释放一个动态变量
eof(f)	函数	判断文件是否结束
eoln(f)	函数	判断文件类型中的一行是否结束
exit	过程	退出子程序或程序
exp(x)	函数	求以 e 为底的指数函数
fillchar(d,len,data)	过程	数组初始化
frac(x)	函数	取变量 x 的小数部分
halt	过程	立即终止程序
insert(s,d,pos)	过程	在一个字符串中某一位置开始插入一个子串
int(x)	函数	取 x 的整数部分
length(s)	函数	求一个字符串的长度
ln(x)	函数	求自然对数
inc(x)	过程	x：＝x＋1
move(s,d,len)	过程	块传送
new(p)	过程	建立一个新的动态变量
odd(x)	函数	判断一个变量的值是否为奇数
ord(ch)	函数	求一个字符的 ASCII 码
pos(str1,str2)	函数	测试一个字符串中包含的一个子串的开始位置
pred(x)	函数	求 x 的前驱
random	函数	返回 0～1 之间的随机数

续表

标识符	类型	解 释
randomize	过程	初始化随机数发生器
read(x)	过程	读入 x
readln(x)	过程	读入 x
reset(f)	过程	打开文件,并将文件指针指向开始,准备读
rewrite(f)	过程	打开文件,并将文件指针指向开始,准备写
round(x)	函数	求实数 x 的近似值(四舍五入)
sin(x)	函数	正弦函数
sizeof(x)	函数	测试变量所占空间的大小
sqr(x)	函数	求 x 的平方
sqrt(x)	函数	求 x 的平方根
str(i,s)	函数	将整数 i 转换成字符串
succ(x)	函数	求 x 的后继
trunc(x)	函数	截尾函数(截去实数的小数部分)
upcase(ch)	函数	将小写字母转换成大写字母
val(s,r,p)	过程	将一个字符串转换成数值(整数或实数)
write(x)	过程	输出 x
writeln(x)	过程	输出 x 并换行

附录 5　FreePascal 的调试技巧

（1）模块调试

这种分治策略针对 FP IDE 速度慢、bug 多的特点，降低了调试难度。

（2）避免使用 F7

F7 经常失效，它往往拒绝进入子程序展开进一步的跟踪。可以用 F4 代替 F7 完成工作。应切记这一点，不然在跳过子程序后再重头调试是很麻烦的。

（3）减少 F8 的使用频率

虽然 F8 不像 F7 那样，但也时常失效，尤其是在程序运行出错以后。

（4）尽量使用 F4

很多时候，F8 会在程序出错再调试时出现一些随机错误，比如蓝条会消失、FPCX 会莫名退出，甚至死机。F4 相对稳定一些，但当遇到类似 if 、case 语句时，最好看清楚程序会执行哪一步。

（5）Alt＋F7 有时会失效

对于这一点，似乎没有很好的补救措施，只能打开 run 菜单，点击 parameter。

（6）集合类型不能察看

有两条应对措施：简单的试题保证集合类型使用正确；繁琐的试题避免使用集合类型。

（7）发现错误，想结束调试

千万不要在修改程序后接着使用 F8，因为 FP 不会理睬你对程序的修改，它不会像 TB 和 Dlephi 一样出现类似"source hs been modified. rebuild? yes? no? cancle"的对话框，并可能导致蓝条的消失。所以，应使用快捷键 Ctrl＋F2 终止调试，然后使用快捷键 Alt＋F9 进行编译，当然不要忘记存盘。

（8）程序运行出错

使用 Alt＋F5 查看黑屏上有无出错信息。当再次调试时，有时一切运行良好，但有时会出现一些问题：

① 如果 F8 失效了，那么再次存盘并使用 build 编译；

② 如果 F8 仍然失效，那么尝试使用 F4；

③ 如果蓝条消失，尝试使用 F4；

④ 如果 F4 也失效，那么关闭其他窗口程序，再尝试一次；

⑤ 如果 F4 仍然失效，那么使用 Alt＋X 关闭所有可以关闭的程序，并退出 FP，然后重新进入。

参考文献

[1] 吴再陵主编. 全国青少年信息学奥林匹克联赛培训教材(中学). 南京:南京大学出版社,2002

[2] 曹文主编. 全国青少年信息学奥林匹克联赛培训教材(中学高级本). 南京:南京大学出版社,2004

[3] 章维铣主编. 全国青少年信息学奥林匹克联赛培训习题与解答(中学高级本). 南京:南京大学出版社,2004

[4] 林厚从,王新主编. 青少年信息学奥林匹克竞赛实战辅导丛书——数学与程序设计. 南京:东南大学出版社,2008

[5] 王静,吴再陵,高建君,王进主编. 青少年信息学奥林匹克竞赛实战辅导丛书——数据结构及其应用. 南京:东南大学出版社,2009